実験医学 増刊
Vol.34-No.7 2016

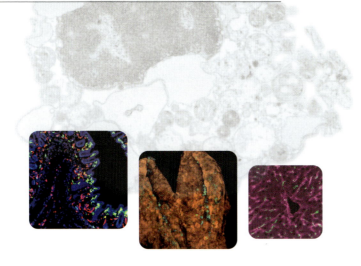
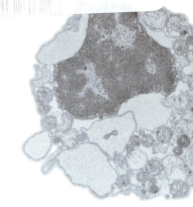

細胞死

新しい実行メカニズムの謎に迫り疾患を理解する

編集＝田中正人，中野裕康

ネクロプトーシス、パイロトーシス、
フェロトーシスとは？
死を契機に引き起こされる
免疫、炎症、再生の分子機構とは？

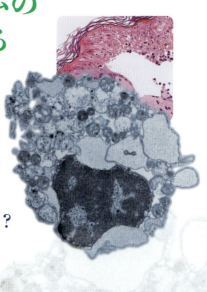

羊土社

【注意事項】本書の情報について ─────────────────────────────

　本書に記載されている内容は，発行時点における最新の情報に基づき，正確を期するよう，執筆者，監修・編者ならびに出版社はそれぞれ最善の努力を払っております．しかし科学・医学・医療の進歩により，定義や概念，技術の操作方法や診療の方針が変更となり，本書をご使用になる時点においては記載された内容が正確かつ完全ではなくなる場合がございます．また，本書に記載されている企業名や商品名，URL等の情報が予告なく変更される場合もございますのでご了承ください．

序にかえて

細胞はいかにして死に，何を残すのか

田中正人

1. 多様な細胞死

　われわれの体内では，毎日多くの細胞が細胞死により排除されている．死という言葉は，個体の死を連想させるため，ネガティブな響きがある．しかし，細胞に限っていえば，死は生命を形づくり維持するための必須の現象である．発生段階における不要な細胞の死は，死に至る細胞の選定やタイミングが綿密に計画された細胞死である．また，成体においても役目を終えた細胞や，ウイルス感染細胞，がん細胞などの有害な細胞には細胞死が誘導され，積極的に排除される．これらの細胞死の多くは，「アポトーシス(apoptosis)」によって起こると考えられている．アポトーシスは細胞に内在する"自爆システム"により実行される，分子によって制御された細胞死である．アポトーシスに関する研究は，1980年代後半より本格的に行われ，その後約20年以上にわたり，生命科学の中心課題として多くの研究者により解析が進められた．そのなかで，わが国の研究者は，その分子機構や生理的意義の解明の中心的な役割を担い続けてきた．アポトーシス誘導因子としてのFasリガンド/Fasの同定，アポトーシスシグナル制御因子であるBcl-2ファミリーの同定，アポトーシス実行因子であるカスパーゼの発見とその機能解析には，いずれも日本人研究者が大きく貢献し，アポトーシスが巧妙に制御された自爆システムであることの分子基盤を確立した．現在では，アポトーシスは，活性化カスパーゼによって実行される細胞死として，明確に定義することができる．

　一方で，アポトーシス研究の進展に伴って，アポトーシス以外の細胞死の存在に注目が集まるようになってきた．これまでは，分子によって制御された細胞死はアポトーシスであり，それ以外の細胞死は受動的な細胞死である「ネクローシス(necrosis)」とされてきた．しかし近年になって，これまでネクローシスとして一括りにされてきた受動的な細胞死のなかには，じつは特定の分子によって制御される細胞死が複数存在することが明らかになってきた（図1）．さらに，これら非アポトーシス細胞死が，炎症や虚血再灌流傷害などの病理的な状況で，重要な働きをしていることが相次いで報告され，大きな注目を集めている．病理的意義をもつ細胞死の存在は以前より想定されていたが，それらの細胞死の制御機構が具体的に明らかになってきたことにより，特に"疾患と細胞死"の分野で細胞死研究の新たな潮流が起きている．このような背景のもと，本特集号では，アポトーシスに加えて，最近明らかになってきた複数の非アポトーシス細胞死の制

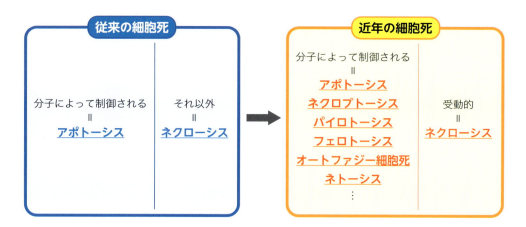

図1　細胞死研究の進展

御機構とその生理的，病理的意義について，各分野の第一人者の研究者に執筆をお願いし，最新の細胞死研究の潮流が概観できるものとした．

　ここで，本特集における細胞死の用語の統一について触れておきたい．
　「プログラム細胞死（programmed cell death：PCD）」とは本来，発生の過程で計画的に起こる生理的な細胞死のことを指しているが，その細胞死のほとんどがアポトーシスにより起こることから，"プログラム細胞死＝アポトーシス"との認識が定着してしまっている．しかし，アポトーシスとは細胞死の様式の1つを指す言葉であり，プログラム細胞死と同一の意味で使用することは厳密には誤りである．さらに，アポトーシス以外にも複数の細胞死が分子によって制御されていることが明らかになってきたことから，細胞死の様式をカテゴライズする用語が必要になってきた．このような背景のもと，最近では，「プログラム細胞死」は本来の意味である"発生の過程で計画的に起こる生理的な細胞死"をあらわす用語として用い，アポトーシスか否かにかかわらず，分子によって制御されている細胞死をあらわす用語として「制御された細胞死（regulated cell death：RCD）」が用いられるようになってきている．本特集でも，これらの用語を統一的に用いることとする．

2．制御された細胞死の種類

　アポトーシスの分子機構については，この30年間で多くのことが明らかにされてきたが，最近でも，細胞競合や再生におけるアポトーシスの意義（第1章-1）や，アポトー

表　主な細胞死様式とその特徴

細胞死様式	特徴	生理的・病理的特徴	実行・関連因子
アポトーシス	・クロマチンの凝集 ・細胞質の断片化	・指間膜の消失 ・肝炎など	カスパーゼ3, 6, 7
ネクロプトーシス	・細胞の膨潤破裂 ・核は正常	・脳梗塞 ・ウイルス感染	RIPK1, RIPK3, MLKL
パイロトーシス	・サイトカイン産生 ・細胞の破裂	・細菌, ウイルス感染	カスパーゼ1, 4/5, 11, Gasdermin D
フェロトーシス	・鉄イオン依存 ・脂質の過酸化	・腎虚血再灌流傷害 ・Ras高発現がん細胞の細胞死	xCT, GPx4
オートファジー細胞死	・核やオルガネラは正常 ・過剰なオートファジー	・ホルモン感受性臓器の退縮 ・アポトーシスの代償	オートファジー必須分子（Atg5やBeclin1など）, JNK
ネトーシス	・NET放出	・細菌やウイルス感染時の好中球	NADPHオキシダーゼ, PAD4

シスを起こした細胞で起こる細胞表面へのホスファチジルセリンの露出の分子メカニズムの解明（第2章-1, 2）など，新しい知見が次々と報告されている．一方で，アポトーシス以外の制御された細胞死は，その分子機構や意義についていまだ不明な点が多い．各細胞死の詳細については，各論に譲るとして，ここでは主な非アポトーシス細胞死の名称をあげ，それぞれの特徴を概説する（**表**）．

ネクロプトーシス

　ネクロプトーシス（necroptosis）は，アポトーシスの分子経路が明らかになる過程で見つかった細胞死である．このネクロプトーシスは，ある種の細胞でアポトーシスの阻害時に起こるネクローシス様の細胞死として解析がはじまった．その後，この細胞死を阻害する化合物としてNec-1が報告され，RIPK1/3やMLKLといったタンパク質分子がシグナル伝達や細胞死実行に関与していることが明らかになり，分子によって制御され

た能動的な細胞死であることがわかった．詳細については第1章-2を参照いただきたい．

パイロトーシス

パイロトーシス（pyroptosis）は，サルモネラの細胞内感染によって誘導されるカスパーゼ1依存性のネクローシス様の細胞死として，Cooksonらによって報告された細胞死様式である（注：活性化カスパーゼ1はアポトーシスを誘導しない）．このカスパーゼ1の活性化には，インフラマソームが関与しており，細胞死の直後にインターロイキン1β（IL-1β）の放出がみられる．IL-1βは炎症性サイトカインであり，炎症を積極的に惹起する細胞死であるといえる（第1章-3）．

フェロトーシス

フェロトーシス（ferroptosis）は，Rasを高発現するがん細胞に細胞死を誘導する化合物のスクリーニングとその解析を端緒として命名された細胞死様式である．これらの化合物のうち，erastinはシスチントランスポーターのサブユニットであるxCT分子を阻害し，細胞内グルタチオン濃度の低下を引き起こすことによりフェロトーシスを誘導すると考えられている．また，他の化合物であるRSL3は，過酸化脂質の還元酵素であるGPx4の阻害によりフェロトーシスを誘導すると考えられている．これらの化合物が誘導する細胞死には，鉄イオンのキレーターが阻害的に働くことから，フェロトーシスとよばれている．フェロトーシスは，過剰な過酸化脂質がその誘導に重要であると想定されているが，そのシグナル伝達分子や実行分子はほとんどわかっていない．つまり，現時点でフェロトーシスは，誘導剤や阻害剤により定義されているに過ぎないといえる．本特集の第1章-4, 5でとり上げている細胞死は，前述の化合物により誘導される細胞死（フェロトーシス）と共通の性質をもつ可能性があるが，その差異を明確に論じるためには，フェロトーシスの分子経路が明らかにされる必要がある．

オートファジー細胞死

オートファジー（autophagy）は，飢餓などやDNA損傷時などに活性化され，細胞や個体の生を維持するための機構であると考えられている．一方で，例えばアポトーシス経路の異常のためアポトーシスが実行できない場合には，オートファジーの異常活性化が細胞死を誘導することがある．実際，このような細胞死ではオートファジーの阻害が細胞死を阻害することが観察され，オートファジー細胞死（autophagic cell death）とよぶ．この細胞死は，*Drosophila*の変態においては，その存在が報告されているが，哺乳類の生体内においてどのような場合にこの細胞死が誘導されるか，またその生理的，病理的意義を明らかにすることは今後の重要な課題である（第1章-6）．

ネトーシス

本増刊号の各論ではとり上げていないが，好中球に起こる特殊な細胞死として，ネトーシス（NETosis）があげられる．好中球は，感染時に活性酸素の放出などにより細菌を殺

菌するだけでなく，自身の染色体DNAを細胞外に放出することにより，好中球細胞外トラップ（neutrophil extracellular trap：NET）を形成し，細菌を物理的に封じ込めることにより排除する．この際に起こる細胞死をネトーシスとよんでいる．このネトーシスによるNET形成は，細菌感染症に対しては防御的に働くが，逆に非感染性の組織傷害時に誘導されると，過度の炎症とそれに伴う組織修復の遅延を引き起こすと考えられている．ネトーシスの誘導には，NADPHオキシダーゼを介した活性酸素の発生が重要な役割を担っていると考えられており，また，PAD4によるヒストンのシトルリン化が，染色体DNAの放出に関与していることが報告されている．しかし，PAD4活性化のシグナル伝達経路や細胞死を実行する分子については，いまだ明らかになっていない．

前述の5種類の非アポトーシス細胞死の他にも，新規ネクローシスにおいても報告がある．詳細は，第1章-7を参照いただきたい．

3．生体にはなぜ複数の制御された細胞死様式が存在するのか？

なぜ，われわれの体内には複数の細胞死様式が備わっているのか．細胞死研究の究極な目標の1つは，この問いに対する答えを見つけることだと考える．複数の制御された細胞死の存在は，生体にとって細胞死がいかに重要であるかを示しているが，これらが，単なるバックアップ機構であると考えるのには，違和感を覚える．複数の細胞死様式の謎を解く鍵の1つとして，細胞死後に起こる生体応答の違いに注目するのはどうであろうか．

これまで，細胞死は不要となった細胞，有害な細胞の除去が目的であり，それによって生じた死細胞は単に捨て去られる存在であると考えられてきた．しかし，最近になって，死にゆく細胞は周囲の細胞にさまざまなシグナルを発信して，炎症，免疫応答，線維化，修復，再生といった細胞死後の生体応答をコントロールしている可能性が明らかになってきている（図2）．実際，細胞が死にゆく過程でHMGB1，IL-11，セマフォリンといった分子が放出され，これらが炎症，修復，再生に関与していることが報告されている．さらに，疾患においても，特定の細胞死様式および死細胞から放出される分子が，病理，病態の形成に，重要な役割を担っていることも想定されている．本特集の第2章，第3章では，細胞死とその後に起きる生体応答との関連について，貪食，炎症，感染防御，再生などの観点から，その分野の第一人者の研究者に解説をしていただいた．

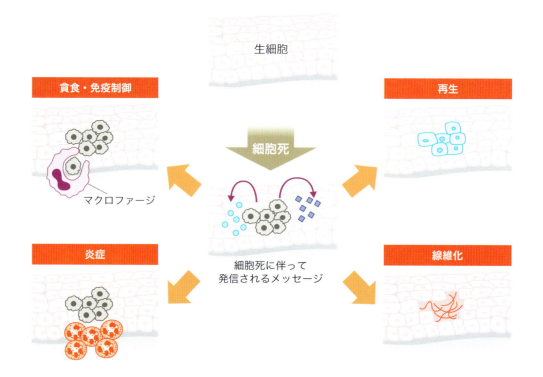

図2　細胞死を起点とする生体応答
　生体内で細胞死が起きると，死細胞から発信されるメッセージが周囲の細胞に働きかけ，さまざまな生体応答が引き起こされると考えられる．

　細胞死の生体内での意義を明らかにするためには，その細胞死が，いつ，どのような細胞で起きているかという情報を得ることが非常に大切である．アポトーシス研究が急速に発展した要因として，研究の早期にTUNEL染色が発表されたことがあげられる．実際の組織傷害では，複数の細胞死様式が同時に起こっていることが想定されるため，細胞死様式を特定することは簡単ではないが，本特集では，細胞死の可視化に関する最新技術（第2章-4，第4章-4）や新しいモデル生物を用いた細胞死研究（第4章-1〜3）についてもとり上げている．読者の方々には，新しい細胞死研究の息吹を感じてもらい，1人でも多くの研究者に興味をもっていただければ，望外の喜びである．

　最後になりましたが，編集に携わっていただいた東邦大学医学部医学科生化学講座教授 中野裕康先生，各稿の執筆者の先生方，羊土社の間馬彬大様，田頭みなみ様にこの場をお借りして厚くお礼を申し上げます．

執筆者一覧

● 編　集

田中正人	東京薬科大学生命科学部免疫制御学研究室
中野裕康	東邦大学医学部医学科生化学講座

● 執　筆 （五十音順）

浅野謙一	東京薬科大学生命科学部免疫制御学研究室
阿部理一郎	新潟大学大学院医歯学総合研究科皮膚科学分野
池田史代	Institute of Molecular Biotechnology
伊藤美智子	東京医科歯科大学大学院医歯学総合研究科分子内分泌代謝学分野
今井浩孝	北里大学薬学部衛生化学教室
植松　智	千葉大学大学院医学研究院医学部粘膜免疫学/東京大学医科学研究所国際粘膜ワクチン開発研究センター自然免疫制御分野
上村紀仁	京都大学大学院医学研究科臨床神経学
小川佳宏	東京医科歯科大学大学院医歯学総合研究科分子内分泌代謝学分野/日本医療研究開発機構AMED-CREST
小田（中橋）ちぐさ	筑波大学医学医療系免疫制御医学
勝山朋紀	東京大学大学院薬学系研究科遺伝学教室
椛垣伸彦	ジェネンテック
河村佳見	北海道大学遺伝子病制御研究所動物機能医科学研究室
齊藤達哉	徳島大学先端酵素学研究所炎症生物学分野
阪口翔太	京都大学大学院生命科学研究科高次遺伝情報学分野
澤田雅人	名古屋市立大学大学院医学研究科再生医学分野
澤本和延	名古屋市立大学大学院医学研究科再生医学分野
七田　崇	慶應義塾大学医学部微生物学免疫学教室/科学技術振興機構さきがけ
渋谷　彰	筑波大学医学医療系免疫制御医学/筑波大学生命領域学際研究センター
清水重臣	東京医科歯科大学難治疾患研究所病態細胞生物学分野
進藤綾大	東邦大学医学部医学科生化学講座
菅波孝祥	名古屋大学環境医学研究所分子代謝医学分野/科学技術振興機構さきがけ
鈴木　淳	大阪大学免疫学フロンティア研究センター免疫・生化学
瀬川勝盛	大阪大学免疫学フロンティア研究センター免疫・生化学
袖岡幹子	理化学研究所袖岡有機合成化学研究室
竹原徹郎	大阪大学大学院医学系研究科消化器内科学
武村直紀	千葉大学大学院医学研究院医学部粘膜免疫学/東京大学医科学研究所国際粘膜ワクチン開発研究センター自然免疫制御分野
田中正人	東京薬科大学生命科学部免疫制御学研究室
田中　稔	国立国際医療研究センター研究所細胞組織再生医学研究部
田中　都	名古屋大学環境医学研究所分子代謝医学分野
土屋晃介	金沢大学新学術創成研究機構がん微小環境研究ユニット/金沢大学がん進展制御研究所免疫炎症制御研究分野
闐闐孝介	理化学研究所袖岡有機合成化学研究室
長田重一	大阪大学免疫学フロンティア研究センター免疫・生化学
永田雅大	九州大学生体防御医学研究所分子免疫学分野
中野裕康	東邦大学医学部医学科生化学講座
久本直毅	名古屋大学大学院理学研究科生命理学専攻
松本邦弘	名古屋大学大学院理学研究科生命理学専攻
三浦恭子	北海道大学遺伝子病制御研究所動物機能医科学研究室
三浦正幸	東京大学大学院薬学系研究科遺伝学教室
森脇健太	マサチューセッツ大学医学部
安友康二	徳島大学医歯薬学研究部生体防御医学分野
山口良文	東京大学大学院薬学系研究科遺伝学教室
山崎　晶	九州大学生体防御医学研究所分子免疫学分野
山本雅裕	大阪大学微生物病研究所感染病態分野/大阪大学免疫学フロンティア研究センター免疫寄生虫学教室
吉村昭彦	慶應義塾大学医学部微生物学免疫学教室
米原　伸	京都大学大学院生命科学研究科高次遺伝情報学分野
劉　霆	東京大学大学院薬学系研究科遺伝学教室

実験医学 増刊 Vol.34-No.7 2016

細胞死
新しい実行メカニズムの謎に迫り疾患を理解する

ネクロプトーシス、パイロトーシス、フェロトーシスとは？
死を契機に引き起こされる免疫、炎症、再生の分子機構とは？

序にかえて ─細胞はいかにして死に，何を残すのか ……………… 田中正人

第1章 多様な細胞死様式とその分子メカニズム

1. 発生，組織修復，再生におけるアポトーシスの役割
   ……………………………………………………… 勝山朋紀，三浦正幸　18（1026）

2. ネクロプトーシスの分子機構と意義 ……………… 進藤綾大，中野裕康　24（1032）

3. パイロトーシスの分子機構と意義 ………………………………… 土屋晃介　29（1037）

4. GPx4により制御される脂質酸化依存的細胞死と
   フェロトーシス ……………………………………………………… 今井浩孝　37（1045）

5. 酸化ストレスによるネクローシス選択的阻害剤
   ─細胞死研究への阻害剤の活用 …………………… 闐闐孝介，袖岡幹子　47（1055）

6. オートファジーと細胞死 ………………………………………… 清水重臣　55（1063）

7. 新規ネクローシスの分子機構 …………………… 阪口翔太，米原　伸　62（1070）

CONTENTS

第2章 死細胞の認識，貪食，生体応答

1. スクランブラーゼによるホスファチジルセリンの露出
   鈴木 淳，長田重一 68 (1076)

2. リン脂質フリッパーゼとアポトーシス細胞の認識……瀬川勝盛，長田重一 74 (1082)

3. 死細胞貪食マクロファージ……浅野謙一，田中正人 81 (1089)

4. 成体脳における神経細胞死と再生の生体イメージング
   澤田雅人，澤本和延 87 (1095)

5. C型レクチンMincleによる死細胞の認識……永田雅大，山崎 晶 93 (1101)

6. アポトーシス細胞と結合して細胞の活性化を制御する
   免疫受容体—CD300a……小田（中橋）ちぐさ，渋谷 彰 98 (1106)

7. 脳虚血と細胞死……七田 崇，吉村昭彦 105 (1113)

8. 放射線誘導性細胞死が引き起こす臓器障害に対する
   自然免疫学的治療戦略……武村直紀，植松 智 110 (1118)

9. 細胞死と炎症におけるRIPK3の多様な機能……森脇健太 116 (1124)

第3章 疾患と細胞死

1. 細胞死を介した抗ウイルス応答……齊藤達哉 124 (1132)

2. 病原性寄生虫に対する宿主免疫系と
   インターフェロン-γ依存的な感染細胞死……山本雅裕 129 (1137)

3. メタボリックシンドロームと細胞死
   菅波孝祥，田中 都，伊藤美智子，小川佳宏 135 (1143)

4. 重症薬疹における細胞死……阿部理一郎 142 (1150)

5. NLRC4変異による細胞死機能異常と疾患……安友康二 146 (1154)

6. Sharpin欠損マウスを用いたアポトーシスおよび皮膚炎症研究
　　　　　　　　　　　　　　　　　　　　　　　　　　　　　　池田史代　151（1159）

7. 細胞死からみた肝線維化の制御機構　　　　　　　　　　　田中　稔　158（1166）

8. グラム陰性細菌感染によるパイロトーシス
　　―カスパーゼ11を介した非古典的インフラマソームと宿主細胞死　　梶垣伸彦　164（1172）

9. 肝臓におけるアポトーシスとオートファジー
　　―がんにおけるそれぞれの二面性　　　　　　　　　　　　竹原徹郎　170（1178）

第4章　新しいモデル生物と研究手法

1. 線虫をモデル系とした神経軸索再生研究　　　久本直毅，松本邦弘　176（1184）

2. ハダカデバネズミを用いた老化研究　　　　　河村佳見，三浦恭子　181（1189）

3. メダカを用いたパーキンソン病研究　　　　　　　　　　　上村紀仁　187（1195）

4. アポトーシスとパイロトーシスのイメージング
　　　　　　　　　　　　　　　　　　　　劉霆，三浦正幸，山口良文　195（1203）

索　引　　　　　　　　　　　　　　　　　　　　　　　　　　　　　　202（1210）

CONTENTS

表紙イメージ解説

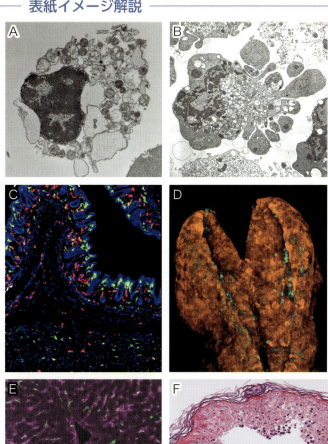

A) ネクロプトーシスの電子顕微鏡写真．写真提供：中野裕康博士（東邦大学医学部医学科生化学講座）．**B)** アポトーシスの電子顕微鏡写真．野生型のマウス線維芽細胞に，エトポシド処理したもの．写真提供：荒川聡子博士（東京医科歯科大学難治疾患研究所）．**C)** CX3CR1gfpマウスの大腸の凍結切片の蛍光顕微鏡写真．詳細は，第2章-3参照．写真提供：浅野謙一博士（東京薬科大学生命科学部免疫制御学研究室）．**D)** マウス胚頭部神経管閉鎖の初期におけるアポトーシス（緑や青で表示された細胞）．写真提供：山口良文博士（東京大学大学院薬学系研究科遺伝学教室）．**E)** HTVi法によりSema3Eを持続発現させた肝臓の障害後の免疫染色像．詳細は，第3章-7参照．写真提供：田中稔博士（国立国際医療研究センター研究所細胞組織再生医学研究部）．**F)** 重症薬疹の病理像．表皮が広範な細胞死を起こしている．詳細は，第3章-4参照．写真提供：阿部理一郎博士（新潟大学大学院医歯学総合研究科皮膚科学分野）

略語一覧

ARF	:	alternative reading frame
ASC	:	apoptosis-associated speck-like protein containing a CARD
α-Syn	:	α-Synuclein（αシヌクレイン）
BID	:	Bcl-2 interacting domain
BMDM	:	bone marrow-derived macrophage（骨髄由来マクロファージ）
BRET	:	bioluminescence resonance energy transfer
cAMP	:	cyclic AMP
CAPS	:	cryopyrin-associated periodic syndrome（クリオピリン関連周期熱症候群）
CCV	:	Chlamydia-containing vacuole（クラミジア含有小胞）
c-FLIP	:	cellular FLICE（FADD-like IL-1β-converting enzyme）-inhibitory protein
cIAP	:	cellular inhibitor of apoptosis
CKD	:	chronic kidney disease（慢性腎臓病）
CLP	:	cecal ligation and puncture
CLR	:	C-type lectin receptor（C型レクチン受容体）
CLS	:	crown-like structure
Cpdm	:	chronic proliferative dermatitis mouse
CTGF	:	connective tissue growth factor（結合組織成長因子）
CypD	:	cyclophilin D（サイクロフィリンD）
DAG	:	diacylglycerol
DAI	:	DNA-dependent activator of IFN regulatory factors
DAMPs	:	damage-associated molecular patterns
DLK	:	dual leucine-zipper kinase
DMT1	:	divalent metal transporter 1（2価金属トランスポーター1）
DSS	:	dextran sodium sulfate/dextran sulfate sodium（デキストラン硫酸ナトリウム）
DTH	:	delayed-type hypersensitivity（遅延型過敏症）
EAE	:	experimental autoimmune encephalomyelitis（実験的自己免疫性脳脊髄炎）
EPA	:	eicosapentaenoic acid（エイコサペンタエン酸）
FACS	:	fluorescence-activated cell sorting（フローサイトメトリー）
FADD	:	Fas-associated death domain/Fas-associated via death domain
FCAS	:	familal cold autoinflammatory syndrome（家族性寒冷蕁麻疹）
FcR	:	Fc receptor（Fc受容体）
FGF1	:	fibroblast growth factor 1
FLICA	:	fluorescent labelled inhibitor of caspases
FPR1	:	formyl peptide receptor 1
FRET	:	fluorescence resonance energy transfer
GPx	:	glutathione peroxidase（グルタチオンペルオキシダーゼ）
GVHD	:	graft-versus-host disease（移植片対宿主病）
HCC	:	hepatocellular carcinoma（肝細胞がん）
HCV	:	hepatitis C virus（C型肝炎ウイルス）
HGF	:	hepatocyte growth factor（肝細胞増殖因子）
HIF-1α	:	hypoxia-inducible factor-1α
HIV-1	:	human immunodeficiency virus-1
HMGB1	:	high-mobility group box 1
HOIL-1L	:	heme-oxidized IRP2 ubiquitin ligase-1
HOIP	:	HOIL-1-interacting protein
HPLC	:	high-performance liquid chromatography（高速液体クロマトグラフィー）
IAP	:	inhibitor of apoptosis
IBR	:	in between ring fingers
IFI16	:	interferon-γ-inducible protein 16
IFN	:	interferon
IFN-γ	:	interferon-γ（インターフェロン-γ）
IKK	:	IκB kinase

ILC2	: type2 innate lymphoid cell	**MyD88**	: myeloid differentiation primary response gene 88
INK4a	: inhibitor of cyclin-dependent kinase 4a	**NAC**	: *N*-acetyl cystein
iNKT	: invariant natural killer T（インバリアントナチュラルキラーT細胞）	**NAIP**	: NLR family, apoptosis inhibitory protein
IRF	: interferon regulatory factor（インターフェロン制御因子）	**NASH**	: nonalcoholic steatohepatitis（非アルコール性脂肪肝炎）
ISG	: IFN-stimulated gene（インターフェロン誘導性遺伝子）	**Nec-1**	: necrostatin-1
ITAM	: immunoreceptor tyrosine-based activation motif（免疫レセプターチロシン活性化モチーフ）	**NEMO**	: NF-κB essential modifier
IκB	: inhibitor of κB	**NETs**	: neutrophil extracellular traps（好中球細胞外トラップ）
JNK	: c-Jun N-terminal kinase	**NF-κB**	: nuclear factor-κB
JNK DN	: JNK dominant negative	**NLRC**	: nucleotide binding oligomerization domain-like receptor family CARD domain-containing protein
LC3	: microtubule-associated light chain 3	**NLR**	: NOD-like receptor（NOD様受容体）
LDD	: linear ubiquitin chain determining domain	**NLRP3**	: NLR family, pyrin domain containing 3
LDH	: lactate dehydrogenase（乳酸脱水素酵素）	**NMR**	: nuclear magnetic resonance（核磁気共鳴分析）
LPS	: lipopolysaccharide（リポ多糖）	**PAMPs**	: pathogen-associated molecular patterns
LUBAC	: linear ubiquitin chain assembly complex	**PC**	: phosphatidylcholine（ホスファチジルコリン）
MAMP	: microbe-associated molecular pattern	**PD**	: Parkinson's disease（パーキンソン病）
MAP	: mitogen activated protein	**PDGF**	: platelet derived growth factor（血小板由来成長因子）
MAPK	: MAP kinase	**PE**	: phosphatidylethanolamine（ホスファチジルエタノールアミン）
MAPKK	: MAP kinase kinase	**PGE2**	: prostaglandin E2
MAPKKK	: MAP kinase kinase kinase	**PI**	: propidium iodide
MC4R	: melanocortin 4 receptor	**PKC**	: protein kinase C（プロテインキナーゼC）
MEF	: mouse embryonic fibroblast（マウス胎仔由来線維芽細胞）	**PKR**	: IFN-induced dsRNA-activated protein kinase
Mincle	: macrophage inducible C-type lectin	**poly (I:C)**	: polyinosinic-polycytidylic acid
MLKL	: mixed lineage kinase domain-like	**PRR**	: pattern recognition receptor（パターン認識受容体）
MMP	: matrix metalloproteinase（マトリックス分解酵素）	**PS**	: phosphatidylserine（ホスファチジルセリン）
MOG	: myelin oligodendrocyte glycoprotein（ミエリンオリゴデンドロサイト糖タンパク質）	**PTEN**	: phosphatase and tensin homolog deleted from chromosome 10
MPTP	: mitochondrial permeability transition pore		
MS	: mass spectrometry（質量分析）		

略語一覧

PYHIN : pyrin and HIN domain-containing protein
RBR : RING in between RING
RHIM : RIP homotypic interaction motif
RING : really interesting new gene
RIP1 : receptor-interacting protein 1
RIP3 : receptor-interacting protein 3
RIPK : receptor-interacting protein kinase
RIPK1 : receptor-interacting protein kinase 1
RIPK3 : receptor-interacting protein kinase 3
RLR : RIG-I-like receptor（RIG-Ⅰ様受容体）
ROS : reactive oxygen species（活性酸素種）
S6K1 : p70 ribosomal protein S6 kinase 1
SCAT3 : sensor for caspase-3 activation based on FRET
SCV : Salmonella-containing vacuole（サルモネラ含有小胞）
SDF-1 : stromal-derived factor-1
Sema3E : Semaphorin 3E
SIRS : systemic inflammatory response syndrome（全身性炎症反応症候群）
SJS : Stevens-Johnson syndrome（スティーブンス・ジョンソン症候群）
SM : sphingomyelin（スフィンゴミエリン）
SOD : superoxide dismutase（スーパーオキシドジスムターゼ）
TAB2 : TAK1-binding protein 2
TAK1 : TGF-β-activated kinase 1
TAM : tumor associated macrophage（腫瘍随伴マクロファージ）
TDM : trehalose-6,6′-dimycolate（トレハロースジミコール酸）
TEN : toxic epidermal necrolysis（中毒性表皮壊死症）
TGF-β : transforming growth factor-β
TH : tyrosine hydroxylase（チロシンヒドロキシラーゼ）
TIMP : tissue inhibitor of metalloproteinase
TLC : thin-layer chromatography（薄層クロマトグラフィー）
TLR : Toll-like receptor（Toll様受容体）
TLR4 : Toll-like receptor 4
TNF : tumor necrosis factor（腫瘍壊死因子）
TNFR : TNF receptor（腫瘍壊死因子受容体）
TRADD : TNFR1-associated death domain
TRAF : TNFR-associated factor
TRIF : Toll/IL-1 receptor（TIR）domain-containing adaptor inducing interferon-β
TUNEL : terminal deoxynucleotidyl transferase-mediated dUTP nick end labeling
UVB : ultraviolet B
VC : vitamin C（ビタミンC）
VE : vitamin E（ビタミンE）
VGAT : vesicular GABA transporter（小胞GABAトランスポーター）
vIRA : viral inhibitor of RIP activation
XK : X-linked Kx blood group
ZBP1 : Z-DNA binding protein 1

実験医学 増刊 Vol.34-No.7 2016

細胞死

新しい実行メカニズムの謎に迫り疾患を理解する

ネクロプトーシス、パイロトーシス、フェロトーシスとは？
死を契機に引き起こされる免疫、炎症、再生の分子機構とは？

第1章 多様な細胞死様式とその分子メカニズム

1. 発生，組織修復，再生におけるアポトーシスの役割

勝山朋紀，三浦正幸

組織や器官では，細胞機能が衰えた細胞や致命的なダメージを負った細胞を新たな細胞で置き換えながら，絶えず細胞数の制御を行いその恒常性を維持している．ここでは，ショウジョウバエの成虫原基を用いた研究を中心に，発生や再生における細胞数制御にかかわる細胞死と細胞増殖とのきわめて密接な相互作用（細胞競合，代償性増殖），また再生における細胞死の役割を紹介したい．

はじめに

細胞数制御は組織の恒常性を保つうえで基本的なしくみであろう．毎日3,000億もの血球細胞が失われているが，それに気づくことがないのは過不足なく造血がなされているからで，造血器官である骨髄では細胞数のセンシングを行っているに違いない．血球細胞の場合，細胞が死んでいく場所と，それを埋め合わせるために造血する場所が分離しているため，細胞死と増殖との相互作用がどのように制御されているかは不明な点が多い．それに対し，上皮細胞からなる組織では，細胞死と増殖が近い場所で起こり，特にショウジョウ

バエの成虫原基を用いた遺伝学的な研究から細胞死と増殖とのきわめて密接な相互作用が明らかになってきた．ここでは，ショウジョウバエ成虫原基をモデルに細胞社会での細胞死制御である「細胞競合」，細胞死に伴いその組織の細胞数制御にかかわる「代償性増殖」，そして組織が大幅に失われても起こる「再生」に焦点をあて解説する．

1 細胞競合

1）細胞競合のしくみと働き

細胞競合は成虫原基での遺伝子変異細胞のクローン解析から見出された現象であり，「周りの細胞集団の遺伝的差を感知して細胞集団のなかでより適応度の高い細胞が生き残るしくみ」として意味づけられてきた．がん細胞の出現とは異なり，正常発生で遺伝的に異なるクローンが増殖することは，染色体削減が卵割期にみられるウマ回虫以外ではあまり知られていない．それよりも発生での細胞競合は，細胞競合にかかわる遺

[キーワード&略語]
アポトーシス，細胞競合，代償性増殖，組織修復，再生

JNK：c-Jun N-terminal kinase
MAP：mitogen activated protein
ROS：reactive oxygen species（活性酸素種）

Roles of apoptosis in development, tissue repair and regeneration
Tomonori Katsuyama/Masayuki Miura：Department of Genetics, Graduate School of Pharmaceutical Sciences, The University of Tokyo（東京大学大学院薬学系研究科遺伝学教室）

Graphical Abstract

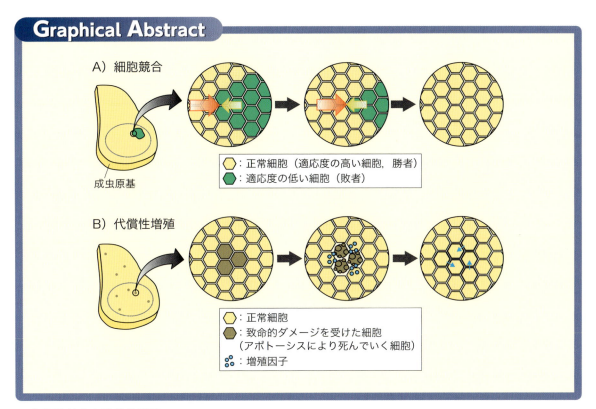

◆ **細胞競合と代償性増殖**

A）細胞競合．成虫原基という細胞集団のなかに適応度の低い細胞クローンを作製すると，周りの正常細胞との競合により排除（細胞死や細胞層からの脱落）される．B）代償性増殖．成虫原基の発生中に致命的なダメージを受けた細胞はアポトーシスを実行する．このとき，細胞が死んでいく過程で放出される増殖因子により周りの細胞に代償性の増殖能が付与されると考えられる．

伝子の発現が何らかの理由で変化した細胞が散発的に出現し，周りとの差を感知して除去されるしくみと捉えることができよう．例えば，Myc発現量の高いクローンは周りの細胞にアポトーシスを誘導して増殖するため超競合者（super competitor）としてふるまうが，マウス初期胚ではMyc発現量の高い細胞が選択的に胚盤葉上層形成にかかわることが観察されている[1]．

注目する遺伝子が細胞競合にかかわるかどうかは，成虫原基に遺伝子型の異なるクローンをつくって，（初期は同じようにできていたクローンの集団が，発生が進むにつれて）周りとの差を感知して一方の遺伝子型クローンが失われるかどうかをみることで検定できる．クローンが遺伝学的組換えによってつくられるので，組換わった直後は細胞に組換え前の遺伝子産物が残っており，すぐには遺伝子型を反映した効果（例えば増殖の不具合）が現れない．したがって，はじめは増殖に劣る遺伝子型のクローンも同じように増えることができるが，しだいに細胞競合によってクローンの細胞が除去されていく．このような手法を用いて明らかにされた細胞競合にかかわる遺伝子は，①栄養の受けとりや細胞分裂に優位な遺伝子（*Minute*, *Myc*, *rab5*, *hippo*, *STAT*など），②細胞頂低極性にかかわる遺伝子（特に*scribble*や*discs large*など）に分類される．①の細胞競合は細胞社会での細胞の質的なチェック機構として，②の場合はがん原性細胞の除去機構として働くと考えられる．

細胞競合は勝者（winner）によって敗者（loser）が置き換わる現象であり，細胞数は維持されて組織のサイズは保たれている（**Graphical Abstract A**）．細胞競合ではwinnerが増殖するためにはloserの細胞死が

必要である．このような細胞死と増殖とがバランスをとって組織再編にかかわることは，蛹期に幼虫表皮と成虫表皮芽細胞とが入れ替わる場面でも観察されている[2]．死んでいく幼虫表皮は基底部へ落ち込んで分断化して血球細胞（ヘモサイト）によって貪食処理される．翅成虫原基での細胞競合モデルにおいても同様のloser処理機構が働いている[3]．

2）Myc細胞競合

Myc細胞競合では，Myc発現量の高いwinnerクローンの影響が8～10細胞まで及ぶので，拡散性因子がloserの排除にかかわると予想されている[4) 5)]．この文脈において，自然免疫TollあるいはToll様受容体を活性化する分泌性リガンドSpätzleを介したloserの除去機構があることが報告された[6]．また，Myc細胞競合にはp53が重要な働きをもつ．Myc winnerではp53依存的に酸化的リン酸化による呼吸が抑制され，代わって解糖系のエネルギー代謝が亢進して増殖に有利な代謝環境がつくられる[7]．逆にp53がないとwinnerはクローナルな増殖が起こらないばかりか逆に細胞死が誘導される．Myc細胞競合では，液性因子の他にwinnerとloserの認識にかかわる膜タンパク質を介した機構も知られている．*flower*遺伝子のアイソフォームLose-A，Lose-Bはloserの膜表面に発現し，除去される細胞の目印となる[8]．複眼の発生では余分な神経細胞が除去されるが，除かれる終分化した神経はLose-Bによってマークされる[9]．これは細胞競合のしくみが増殖とは独立に細胞除去に働く例として考えることができるが，前述の幼虫表皮細胞が成虫細胞によって置き換えられる現象でも幼虫表皮細胞は増殖能を失った細胞であり[3]，この様式の細胞競合は発生のさまざまな場面で使われている可能性がある．

3）その他の細胞競合

細胞競合はaxin変異クローンをつくりWg（wingless）シグナリングを活性化しても誘導できるが，この細胞競合にMycは必要とされない[10]．また，STAT変異クローンはloserとして，STAT活性化クローンはwinnerとしてふるまうが，JAK/STATシグナリングの活性の違いでみられる細胞競合はWg，Myc，Hippo，Minuteのどれにも依存しない[11]．このことから，細胞競合はさまざまなしくみによって実行されていることがわかる．

2 代償性増殖

1）代償性増殖の発見

ショウジョウバエ幼虫に成虫原基の半分の細胞が失われるレベルのX線を照射しても，残った細胞が代償性に増殖して成虫原基を再生し，正常な成虫器官をもったハエが生まれてくる[12]．1977年に報告されたこの現象に関して，細胞死が積極的に増殖にかかわるとの認識はされてこなかったが，その後，毒タンパク質であるRicinを翅成虫原基の一部領域に発現させて細胞死を誘導すると，その領域の細胞増殖が亢進することから[13]，細胞死が周りの細胞に積極的に増殖を促していると考えられるようになってきた．そして，実際に代償性増殖にカスパーゼがかかわることが示されたのは2004年のことである．

2）カスパーゼの代償性増殖への関与

成虫原基においてアポトーシス誘導遺伝子とともに，アポトーシス実行カスパーゼを阻害するp35を同じ領域で発現させる（この場合，細胞が失われていないので代償性増殖という言葉が適切ではなくundead cellの誘導ということで定義された）と周りの細胞の過増殖が起こり，undead cellからWgやDpp（decapentaplegic）といった増殖因子が発現されることが示された[14]．この結果は，アポトーシス刺激を受けた細胞は細胞死実行カスパーゼ活性化までに増殖シグナルを放出する可能性を示唆した．実際，その後のカスパーゼ変異体を用いた研究から，細胞死開始カスパーゼDroncの下流でJNKシグナリングを介して増殖シグナルが出ていることが示された[14) 15)]．

複眼成虫原基では増殖細胞と増殖停止細胞，神経へと分化した細胞が領域によって順次形成されていく．この組織で神経に終分化した細胞にアポトーシス誘導を行うと，増殖を停止しているがまだ神経には分化していない近隣の細胞が再び代償性に分裂を開始する．このとき細胞死実行カスパーゼの下流においてHh（hedgehog）発現を促すシグナルが発動される[14]．

これらショウジョウバエの成虫原基をモデルにした一連の研究によって，アポトーシス刺激を受けた細胞が増殖因子の発生源であることが明らかになり，代償性増殖の基本的なしくみであるアポトーシス誘導性増殖という概念が形成された（**Graphical Abstract B**）．

3 再生における細胞死

カスパーゼを介した代償性増殖が実際の組織再生でみられるのかどうか，多くの再生モデル生物で調べられはじめている．生物には，種によってその能力に大きな違いはあるけれども，失われたり傷ついたりした体の一部を修復し恒常性を維持するための再生能が備わっている．例えば，非常に優れた再生能を示すヒドラやプラナリアは，体を小さく切り刻んでもその断片一つひとつからもとの体を再構築する．

1）ヒドラの再生

2009年にGalliotグループは，ヒドラの再生で形態調節だけでなく代償的増殖に似たメカニズムも働くことを見出した．すなわち，ヒドラを体幹の中央で2等分すると，（これから頭部を再生する）後部断片の切断面近傍で顕著にアポトーシスが誘導され，アポトーシスが頭部の再生誘導に必要不可欠であることを示した[16]．さらに，このときアポトーシスによる死を選択した細胞は，死ぬ前にWnt3を放出する．その結果，再生にかかわる周囲の細胞でβ-カテニンシグナリングが活性化され，これがヒドラ頭部再生に必要な細胞増殖の原動力となる．

2）プラナリアの再生

プラナリアの再生能は全身に散在する全能性幹細胞neoblastに依存する．再生中のアポトーシスに着目すると，まず切断後数時間以内に切断面近傍で誘導される局所的なアポトーシスと，ボディサイズに合わせて体が再編成される3日後あたりに観察される全身性のアポトーシスの，2つが確認できる[17]．その後の研究から，プラナリア切断後に活性化されるJNKシグナリングが，プラナリア再生中にみられるアポトーシスとneoblastの細胞分裂のタイミングを協調的に制御していることが示唆された[18]．JNKシグナリングを阻害すると，切断面近傍では，傷害により誘導される遺伝子発現とアポトーシスが抑制される一方，neoblastにおいてはG2-M期の移行が亢進する．しかしながら，JNKシグナリングがこれらのプロセスを別々に制御しているのか，それとも相互に関連しているのかについてはわかっていない．

3）局所的な細胞増殖を伴う再生

再生過程において局所的な細胞増殖を必要とする付加形成のモデル生物研究においても，再生中に細胞死が観察できる．イモリの網膜再生過程では，再生的細胞増殖のみられる初期だけではなく，分化や網膜から視蓋への神経投射といった再生後期においても細胞死の存在が確認されている[19]．アフリカツメガエルのオタマジャクシ尾部再生においてもアポトーシスは観察され，切断後24時間以内にカスパーゼ3の活性を阻害すると再生芽形成のための細胞増殖が抑制されることから，再生初期における細胞死が再生に必要であることが示されている[20]．しかし，このときアポトーシスを起こす細胞から，尾部再生に重要な役割を担うWntが分泌されているかどうかについては詰められていない．一方，AmayaグループはZF生中の尾部先端においてROS（活性酸素種）が持続的に産生されることを発見し，ROSがWnt/β-カテニンシグナリングの活性化を通して尾部再生に重要な役割を担うことを明らかにしている[21]．

4）ROSの産生が引き起こす再生

再生におけるROSと細胞死や細胞増殖との相互関係は，ゼブラフィッシュとショウジョウバエ成虫原基の再生モデルでもすでに報告がある．ゼブラフィッシュのひれ再生では，切断直後より切断面付近からのROS産生が認められる．また，アポトーシスのピークは切断1時間以内と切断15～18時間後の2回みられ，後者は再生的細胞増殖の開始時期と一致する．各経路に特異的な阻害剤を用いたエピスタシス解析から，ROSがアポトーシス経路とJNKシグナリングの上流に位置しそれぞれ個別に活性化にかかわること，さらに活性化したこれら2つの経路のどちらもが再生芽形成のための細胞増殖に必要であること，が明らかにされている[22]．

ショウジョウバエ成虫原基は，幼虫からとり出して成虫の腹腔内に移植することで，成虫器官への分化を誘導することなく培養できる．成虫原基の一部領域を切除したもの（以下，成虫原基片）を移植した場合には，失われた領域を再生することから，再生のプロセスを発生と切り離して継時的に解析できる有用な系として古くから研究が進められてきた．最近，成虫原基片の再生においても断片化直後から切断面近傍にて一過的なROS産生が認められ，ROSが成虫原基における一連の再生プログラムの開始に必要なJNKシグナリン

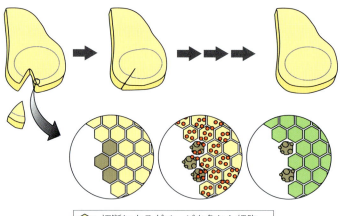

図 成虫原基片の再生
成虫原基片の切断面の細胞（切断時のダメージにより死んでいく細胞？）から放出されるROSは，損傷部位近傍の細胞に伝播してJNKシグナリングおよびp38 MAPキナーゼシグナリングを活性化する．文献23をもとに作成．

グとp38 MAPキナーゼ経路の上位で働いていることが明らかになった（**図**）[23]．さらに，これらシグナリング経路の下流では，再生的細胞増殖に必要なJAK/STATシグナリングやWgシグナリングが協調して働いている[24]．

5）JNKシグナリングによる細胞死と再生の制御

JNKシグナリングは細胞ストレスに応答してしばしばカスパーゼ依存的/非依存的な細胞死をもたらす．実際にアポトーシス誘導遺伝子である*hid*や*rpr*は，JNKシグナリングの活性化によっても誘導されることが知られている．しかしながら，正常発生や再生中の組織においてJNKシグナリングは，細胞骨格再構成，細胞移動，細胞増殖といった生細胞のふるまいにもかかわり，その役割は多岐にわたる．ショウジョウバエ成虫原基片においても損傷部位周辺においてJNKシグナリングが活性化するが，細胞を細胞死へと導くことなく再生のために必要な創口閉鎖や局所的な細胞増殖を促す．

それでは，JNKシグナリングはどのようにして細胞死と再生シグナルのバランスを制御しているのだろうか？ JNKシグナリングのターゲットであるPuc（JNKホスファターゼ）によるネガティブフィードバック機構は，JNKシグナリングの一時的な活性化または活性化レベルの調節に働くだろう．最近，新たな可能性として，Dppシグナリングが，JNKシグナリングにより*rpr*が発現しないよう転写抑制に働くことでアポトーシスを防いでいることが，ショウジョウバエ胚期の背側閉鎖の研究から報告された[25]．背側閉鎖は，細胞や細胞骨格の動態のみならずそこにかかわる遺伝子やシグナリング経路など，組織や器官再生における創口閉鎖と驚くほど類似した特性を示す[26]．したがって，背側閉鎖で示されたDppシグナリングによる*rpr*発現抑制は創口閉鎖においても同様に作用している可能性があろう．

おわりに

再生における代償性増殖の特徴は組織サイズが保たれることにあり，細胞競合においても適応度に応じて細胞死と増殖はバランスがとれた状態で起こる．細胞競合は，それにかかわる遺伝子の活性が自分と周りの細胞との違いを感知して実行されるしくみであるが，*loser*の状態はストレスを受けた細胞で細胞競合にかか

わる遺伝子活性が変化しても起こりうるため，アポトーシス刺激がトリガーとなる代償性増殖と，細胞競合でみられるwinner細胞の増殖メカニズムには共通点が多いはずである．

文献

1) Claveria C, et al：Nature, 500：39-44, 2013
2) Nakajima Y, et al：Mol Cell Biol, 31：2499-2512, 2011
3) Lolo FN, et al：Cell Rep, 2：526-539, 2012
4) de la Cova C, et al：Cell, 117：107-116, 2004
5) Senoo-Matsuda N & Johnston LA：Proc Natl Acad Sci U S A, 104：18543-18548, 2007
6) Meyer SN, et al：Science, 346：1258236, 2014
7) de la Cova C, et al：Cell Metab, 19：470-483, 2014
8) Rhiner C, et al：Dev Cell, 18：985-998, 2010
9) Merino MM, et al：Curr Biol, 23：1300-1309, 2013
10) Vincent JP, et al：Dev Cell, 21：366-374, 2011
11) Rodrigues AB, et al：Development, 139：4051-4061, 2012
12) Haynie JL & Bryant PJ：Rouxs Arch Dev Biol, 183：85-100, 1977
13) Milán M, et al：Proc Natl Acad Sci U S A, 94：5691-5696, 1997
14) Ryoo HD & Bergmann A：Cold Spring Harb Perspect Biol, 4：a008797, 2012
15) Kondo S, et al：Mol Cell Biol, 26：7258-7268, 2006
16) Chera S, et al：Dev Cell, 17：279-289, 2009
17) Pellettieri J, et al：Dev Biol, 338：76-85, 2010
18) Almuedo-Castillo M, et al：PLoS Genet, 10：e1004400, 2014
19) Kaneko Y, et al：Brain Res Dev Brain Res, 117：225-228, 1999
20) Tseng AS, et al：Dev Biol, 301：62-69, 2007
21) Love NR, et al：Nat Cell Biol, 15：222-228, 2013
22) Gauron C, et al：Sci Rep, 3：2084, 2013
23) Santabárbara-Ruiz P, et al：PLoS Genet, 11：e1005595, 2015
24) Katsuyama T, et al：Proc Natl Acad Sci U S A, 112：E2327-E2336, 2015
25) Beira JV, et al：Dev Cell, 31：240-247, 2014
26) Martin P & Parkhurst SM：Development, 131：3021-3034, 2004

＜筆頭著者プロフィール＞

勝山朋紀：2005年，東北大学大学院薬学研究科にて博士号取得．'06年より約8年間，ドイツ・ハイデルベルグ大学，およびスイス連邦工科大学チューリッヒ校（ともにRenato Paroグループ）にてポスドク研究員．留学中に故Walter J. Gehring（スイス・バーゼル大学）より成虫原基片の移植再生実験の手技を習得．'14年より東京大学大学院薬学系研究科，特任研究員を経て'15年6月より特任助教．

第1章 多様な細胞死様式とその分子メカニズム

2. ネクロプトーシスの分子機構と意義

進藤綾大,中野裕康

> プログラム細胞死は個体発生や組織の恒常性維持にとり必須のプロセスである.これまで細胞死は偶発的に起こるネクローシスと,カスパーゼにより誘導されるアポトーシスに分類されてきた.最近になり制御されたネクローシスの1つであるネクロプトーシスの発見がなされた.RIPK1,RIPK3およびMLKLの活性化がネクロプトーシス誘導のキーステップであり,多くのマウスモデルを用いた解析からネクロプトーシスはウイルス感染や病態時の組織損傷に関与することが示されている.本稿ではネクロプトーシスシグナルの詳細,そして生理学的・病理学的な役割について言及する.

はじめに—ネクロプトーシスとは

アポトーシスとは対照的に,ネクローシスは物理的な刺激や極度のストレスなどの外的要因により誘導される制御不可能な細胞死であると考えられてきた.その形態学的な特徴は細胞容積の増大,オルガネラの膨張,細胞膜の崩壊であり,細胞内容物の漏出を伴うため炎症反応を誘導する(表).

一方で,以前からある種の細胞では,炎症性サイトカインの1つであるTNFα(tumor necrosis factor α)によりネクローシス様の細胞死が誘導されることが知られていた[1].カスパーゼの阻害により,このネクローシスは増悪したことからカスパーゼがネクローシスを抑制していることが明らかになった.その後この細胞死を抑制する阻害剤であるネクロスタチン(Nec)-1が同定され[2],その標的分子がRIPK(receptor-interacting protein kinase)1とよばれる分子であることが明らかにされたことで,ネクロプトー

[キーワード&略語]
ネクロプトーシス,カスパーゼ8

- **cFLIP**: cellular FLICE (FADD-like IL-1β-converting enzyme)-inhibitory protein
- **cIAP**: cellular inhibitor of apoptosis
- **FADD**: Fas-associated death domain
- **LUBAC**: linear ubiquitin chain assembly complex
- **MLKL**: mixed lineage kinase domain-like
- **RHIM**: RIP homotypic interaction motif
- **RIPK**: receptor-interacting protein kinase
- **SIRS**: systemic inflammatory response syndrome (全身性炎症反応症候群)
- **TRADD**: TNF receptor 1-associated death domain protein
- **TRAF**: TNF receptor-associated factor

Mechanism and function of programmed necrosis
Ryodai Shindo/Hiroyasu Nakano:Department of Biochemistry, Toho University School of Medicine(東邦大学医学部医学科生化学講座)

Graphical Abstract

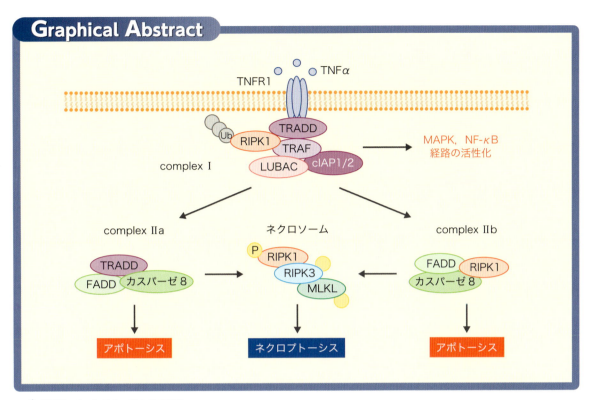

◆ **TNFαによるシグナル伝達**

TNFαは受容体に結合すると，NF-κB経路ならびにMAPK経路を介して細胞の生存，炎症応答を誘導する．またある状況下においてはcomplex ⅡaおよびⅡbの形成，カスパーゼ8の活性化を経てアポトーシスが誘導される．最近の研究からRIPK1→RIPK3→MLKLの連続的な活性化が起こり，計画的なネクローシス（ネクロプトーシス）が誘導されることが明らかとなった．

シスの研究に飛躍的な進歩がもたらされた[3]．2009年，RIPK1と同じRIPキナーゼファミリーに属するRIPK3とよばれる分子が，RIPK1の下流でネクロプトーシス（necroptosis）の誘導に必須であることが発見された[4)5]．RIPK1およびRIPK3はセリン（Ser）/スレオニン（Thr）キナーゼであり，N末端側にキナーゼドメイン，C末端側にRHIM（RIP homotypic interaction motif）ドメインをもち，両者はRHIMドメインを介して会合することで活性化しネクロプトーシスを誘導する．前述したようにネクロプトーシスの本来の定義はRIPK1依存性の細胞死だが，本稿では広くRIPK1やRIPK3依存性に誘導されるネクローシスを指すことにする．多くの研究からRIPK1は多様な機能を有するタンパク質であり，ネクロプトーシスの他にNF-κB経路，MAPK経路，アポトーシスの誘導にもかかわることが明らかにされた．したがってRIPK1の

表　アポトーシス，ネクロプトーシスの特徴と比較

	アポトーシス	ネクロプトーシス
細胞の形態	縮小	膨張
細胞膜	維持	崩壊
核	染色体の凝集 DNA断片化	ほぼ変化なし
細胞内小器官	比較的無影響	膨潤，損傷
実行分子	カスパーゼ	RIPK1, RIPK3, MLKL
免疫系への影響	抑制	活性化

活性化がネクロプトーシス誘導を必ずしも反映しているとはいえない．現在ではRIPK3と，その基質として同定されたMLKLとよばれる分子がネクロプトーシスシグナルの活性化の指標となっている．

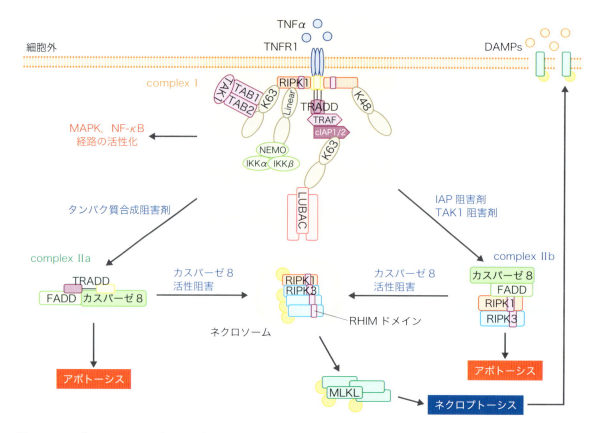

図 ネクロプトーシスのシグナル伝達機構
多くの細胞ではTNFαが受容体に会合した場合には，TRADD，RIPK1がおのおののデスドメインを介して受容体へ会合する．続いてTRADDへTRAF，cIAP1/2，LUBACの動員が起こり，複合体にユビキチン鎖（K63型，直鎖型）の付加が起こる．その結果，TAK1-TAB1-TAB2複合体，NEMO-IKKα-IKKβ複合体が結合しMAPK経路，NF-κB経路が活性化され，炎症性サイトカインの産生や細胞生存が誘導される．一方でタンパク質合成阻害剤であるシクロヘキシミドの存在下では，TRADD-FADD-カスパーゼ8からなるcomplex IIaの形成が促進されアポトーシスが誘導される．一方IAP阻害剤やTAK1の阻害剤の存在下では，RIPK1がcomplex Iから解離し，FADD-カスパーゼ8-RIPK1-RIPK3から構成されるcomplex IIbの形成が起こり，RIPK1キナーゼ活性依存的にアポトーシスが誘導される．さらにカスパーゼの活性化が阻害されると，RIPK1，RIPK3，MLKLから構成されるネクロソームが形成される．活性化したRIPK3はMLKLをリン酸化し，その結果MLKLは多量体を形成し，細胞膜やミトコンドリアなどの細胞内小器官の膜脂質に移行し孔を形成し，最終的にネクロプトーシスが誘導される．

1 ネクロプトーシスシグナル

1）TNFαにより誘導されるシグナル伝達機構

　ネクロプトーシスシグナルの誘導はRIPキナーゼの活性化が必須のステップである．ここからは，詳細な解析がなされているTNFαによるシグナル伝達機構を例にとり，細胞内シグナルについて概説する（図）[6]．

　通常多くの細胞においてTNFαにより細胞死が誘導されることはない．刺激が入ると，TRADD（TNF receptor 1-associated death domain protein），TRAF（TNF receptor-associated factor），RIPK1，cIAP（cellular inhibitor of apoptosis）1/2，LUBAC（linear ubiquitin chain assembly complex）からなるcomplex Iが形成される．この際RIPK1はcIAP1/2およびLUBACによりそれぞれK63型，直鎖型のユビキチン化を受け，TAK1-TAB1-TAB2複合体，NEMO-IKKα-IKKβ複合体がリクルートされる．その結果MAPK経路およびNF-κB経路の活性化が誘導され，炎症応答や細胞の生存がもたらされる．

　タンパク質合成阻害剤であるシクロヘキシミド

(CHX) の投与は TRADD, FADD (Fas-associated death domain), カスパーゼ8からなる complex IIa の形成を促し細胞にアポトーシスを誘導する．一方 IAP 阻害剤や TAK1 阻害剤存在下では RIPK1 が complex I から解離し FADD, カスパーゼ8, RIPK1 からなる complex IIb の形成が起こり，RIPK1 のキナーゼ活性依存的にアポトーシスが誘導される[7)8)]．また CYLD (cylindromatosis) とよばれる脱ユビキチン化酵素は K63 型にユビキチン化された RIPK1 を脱ユビキチン化することで，complex IIb 形成を促進すると考えられている．このとき RIPK3 のキナーゼ活性は不要であり，足場として機能していることが報告されている[8)]．

ネクロプトーシスはカスパーゼ8の活性が抑制された場合に誘導される（その制御機構は後述する）．RIPK1, RIPK3 は構造中の RHIM ドメインを介して会合し，ネクロソームとよばれるアミロイド状の複合体を形成する[9)]．複合体の形成に伴い，RIPK1, RIPK3 の複数の Ser/Thr 残基がリン酸化され多量体の形成，自己活性化が起こる．なかでも RIPK3 の Ser227 のリン酸化が下流分子である MLKL へのシグナル伝達に重要である．

MLKL は N 末端側に4つの α-ヘリックス構造 (4-HBD) を，C 末端側にキナーゼ様ドメインを有する細胞質タンパク質である．4-HBD がネクロプトーシス実行に重要な役割を担うが，通常はキナーゼ様ドメインにより不活性化されておりモノマーとして存在する．活性化された RIPK3 は MLKL のキナーゼ様ドメインと結合し，MLKL の Thr357/Ser358 をリン酸化する．その結果 MLKL の構造変化が起こり，多量体が形成される．多量体化した MLKL は 4-HBD を介して膜脂質であるホスファチジルイノシトールリン酸やカルジオリピンと結合し，膜上に孔を形成する[10)]．孔形成の結果 Na^+, Ca^{2+} の流入が起こるとされているが[11)12)]，これら両イオンを含有していない条件下でもネクロプトーシスは誘導されることから，このイオンの流入はネクロプトーシスの実行において必須ではなく実行によりもたらされた結果であると考えられる[13)]．多くの研究からネクロプトーシスの分子機構が明らかとなったが，MLKL の膜移行はどのように制御されているのかなど解明すべき点も残されている．

2）ネクロプトーシス制御機構

Complex II 構成タンパク質の1つであるカスパーゼ8は RIPK1, RIPK3, CYLD を切断・不活性化することでネクロプトーシスを抑制する．さらに，cFLIP〔cellular FLICE (FADD-like IL-1β-converting enzyme) -inhibitory protein〕とよばれる分子が，カスパーゼ8とヘテロ二量体を形成することでネクロプトーシスを制御することが in vitro の実験から報告された．cFLIP は NF-κB 経路活性化の結果産生され，その構造はカスパーゼ8に非常に類似しているが酵素活性をもたない[14)]．cFLIP は選択的スプライシングにより，long form (cFLIP$_L$) および short form (cFLIP$_S$) が産生される．われわれのグループはこれまでに，cFLIP が腸管や肝臓においてアポトーシス，ネクロプトーシスを抑制することで，生体恒常性維持に非常に重要な役割を果たしていることを明らかにしてきた[15)]．cFLIP$_L$ はカスパーゼ8とヘテロダイマーを形成し，カスパーゼ8のプロセシング（活性化）を抑制することでアポトーシス実行を防ぐ．この cFLIP$_L$-カスパーゼ8ヘテロダイマーは RIPK1 や RIPK3, CYLD の不活性化をするに足りる酵素活性を有することから，ネクロプトーシスシグナルを抑制することができる．その一方で cFLIP$_S$ は in vitro の実験からアポトーシスを抑制するものの，ネクロプトーシスを促進することが報告されている．われわれは現在 CFLIP$_S$ のトランスジェニックマウスを樹立し解析しており（未発表データ），このマウスを解析することで，in vivo において cFLIP$_S$ がネクロプトーシスを促進するのかについての結論が出ると考えられる．

2 ネクロプトーシスの生理的・病理的役割

1）生理的役割

外因性アポトーシスにおいて重要な役割を担う Fadd や Caspase8 を欠損させたマウスは卵黄嚢の血管形成不全のため重度の出血を伴い，胎生 10.5 日目に死に至る．長きにわたりこの謎は解明されていなかったが，これらの致死的表現型はそれぞれ Ripk1 あるいは Ripk3 のノックアウト（KO）マウスとの交配によりレスキューされることが証明された[16)17)]．すなわち Fadd KO,

Caspase8 KO マウスでは，発生過程に生じるカスパーゼ8の活性化を誘導することができず，ネクロプトーシスが誘導されたため胎生致死となっていたのである．このことはFADD，カスパーゼ8がネクロプトーシスの活性化を抑制することが，胎仔期の発生に重要であることを意味する．一方で，*Ripk3* KOや*Mlkl* KOマウスは正常に発育することから，ネクロプトーシスが発生過程における器官形成などに重要な役割を担っているとは考えがたい．

2）病理的役割

現在ネクロプトーシスは細菌・ウイルス感染に対する宿主防御反応の1つであると考えられている（第1章-7参照）．

さまざまな動物モデルを用いた研究から，急性膵炎や薬物誘導性肝障害，クローン病，網膜剥離など多くの疾患とネクロプトーシスの関連性が示唆されている[18]．例えば，セルレイン誘導性急性膵炎モデルやTNFαによる全身性炎症反応症候群（SIRS）モデルでは*Ripk3* KOマウスとの交配により症状が軽減することが示されている．さらにリン酸化特異的MLKLの組織染色から，薬物誘導性肝障害患者の肝細胞はネクロプトーシスに陥っていることが明らかにされている[12]．

ネクロプトーシスの疾患関連性が明らかにされ，RIPK1やRIPK3のキナーゼ活性の阻害薬が新薬開発の標的となる可能性が考えられる．RIPK1のkinase deadのノックイン（KI）マウスである*Ripk1*$^{D138N/D138N}$や*Ripk1*$^{K45A/K45A}$マウスは正常に発育することから[19)20)]，Nec-1が新たな治療薬のシーズとなりうる．一方でRIPK3のkinase deadのKIマウスである*Ripk3*$^{D161N/D161N}$マウスは成獣となるものの，体重減少と腸管傷害のため致死となる[20]．さらにこの変異はアポトーシスを誘導することが明らかにされているため[21]，RIPK3のキナーゼ活性阻害による細胞死抑制効果は限定的であると考えられる．さらなるネクロプトーシスの分子マーカーの同定や特異的阻害剤の開発が疾患関連性の追及，治療薬開発に必要であるといえる．

おわりに

これまでの研究からMLKLのネクロプトーシス実行における役割が明らかにされてきたが，MLKLによる膜構造の崩壊のみで細胞が死に至るのか，そしてMLKLを膜へと導く因子が存在するのかなど解明すべき点も残っている．さらに，現在ヒトにおいてはリン酸化MLKLを認識する抗体があることからネクロプトーシスの誘導を検出することができるが，マウスにおいてネクロプトーシスを検出する方法はいまだに確立されていない．*In vivo*における検出方法が確立されれば，疾患とネクロプトーシスの関係解明に飛躍的な進歩がもたらされると考えられる．

文献

1) Laster SM, et al：J Immunol, 141：2629-2634, 1988
2) Degterev A, et al：Nat Chem Biol, 1：112-119, 2005
3) Degterev A, et al：Nat Chem Biol, 4：313-321, 2008
4) He S, et al：Cell, 137：1100-1111, 2009
5) Cho YS, et al：Cell, 137：1112-1123, 2009
6) Pasparakis M & Vandenabeele P：Nature, 517：311-320, 2015
7) Wang L, et al：Cell, 133：693-703, 2008
8) Dondelinger Y, et al：Cell Death Differ, 20：1381-1392, 2013
9) Li J, et al：Cell, 150：339-350, 2012
10) Wang H, et al：Mol Cell, 54：133-146, 2014
11) Chen X, et al：Cell Res, 24：105-121, 2014
12) Murphy JM, et al：Biochem J, 457：369-377, 2014
13) He S, et al：Proc Natl Acad Sci U S A, 108：20054-20059, 2011
14) Nakano H, et al：Curr Top Microbiol Immunol, Epub ahead of point, 2015
15) Piao X, et al：Sci Signal, 5：ra93, 2012
16) Zhang H, et al：Nature, 471：373-376, 2011
17) Kaiser WJ, et al：Nature, 471：368-372, 2011
18) Silke J, et al：Nat Immunol, 16：689-697, 2015
19) Kaiser WJ, et al：Proc Natl Acad Sci U S A, 111：7753-7758, 2014
20) Newton K, et al：Science, 343：1357-1360, 2014
21) Mandal P, et al：Mol Cell, 56：481-495, 2014

＜筆頭著者プロフィール＞

進藤綾大：2013年，東北薬科大学薬学部卒業．同年，順天堂大学大学院医学研究科免疫学博士課程入学．日本学術振興会特別研究員（DC1）．'14年6月より指導者である中野裕康先生の異動に伴い，東邦大学医学部医学科生化学講座にて研究に従事している．「日々楽しく研究！」がモットー．ぜひ，一緒に研究の楽しさを感じましょう．生化学講座にてお待ちしております．

第1章 多様な細胞死様式とその分子メカニズム

3. パイロトーシスの分子機構と意義

土屋晃介

パイロトーシス（pyroptosis）はカスパーゼ1および他の炎症性カスパーゼ（カスパーゼ4/5/11）によって誘導されるプログラム細胞死である．パイロトーシス細胞はネクローシス様の形態を示し，種々の炎症メディエーターを放出することで炎症を惹起する．パイロトーシスは感染防御などで重要な役割を果たす一方，エンドトキシンショックやエイズの病態形成にも関与する．最近，長らく不明であったパイロトーシスの細胞死メディエーターが同定されたことから，本細胞死の生理学的・病理学的役割の解明が今後さらに進展すると期待される．

はじめに

パイロトーシスはグラム陰性病原細菌であるサルモネラや赤痢菌の感染で宿主細胞に誘導される特徴的な細胞死として最初に報告された[1)2)]．炎症誘導性のプログラム細胞死であることから，ギリシャ語で火や熱をあらわす"pyro"と落下をあらわす"ptosis"に由来して「パイロトーシス（pyroptosis）」と名づけられた．パイロトーシスの基本的な特徴は，カスパーゼ1依存的なプログラム細胞死であること，早期の細胞膜傷害を伴うネクローシス様の形態を示すこと，および炎症を誘導することである．パイロトーシス細胞では軽度のDNA断片化（TUNEL陽性化）や核収縮が観察される．一方，アポトーシスと異なりカスパーゼ3非依存的であり，caspase-activated DNaseによる重度のDNAラダー化は起こらない．パイロトーシスでみられる膜傷害は，受動的ネクローシスの膜傷害と同様に浸透圧制御の喪失を原因とする[3)]．ただし，この過程がパイロトーシスではカスパーゼ1に制御されるのに対してネクローシスではカスパーゼ1非依存的である．

[キーワード＆略語]
カスパーゼ1，炎症性カスパーゼ，インフラマソーム，damage-associated molecular patterns，gasdermin D

DAMPs：damage-associated molecular patterns
HMGB1：high-mobility group box 1
IFI16：interferon-γ-inducible protein 16
NLRP3：NLR family, pyrin domain containing 3
NLR：nucleotide-binding domain, leucine rich repeat containing receptor
PYHIN：pyrin and HIN domain-containing protein
TUNEL：terminal deoxynucleotidyl transferase-mediated dUTP nick end labeling

Pyroptosis: molecular mechanisms, physiological and pathological roles
Kohsuke Tsuchiya[1)2)]: Institute for Frontier Science Initiative, Kanazawa University[1)] /Cancer Research Institute of Kanazawa University[2)]（金沢大学新学術創成研究機構がん微小環境研究ユニット[1)] / 金沢大学がん進展制御研究所免疫炎症制御研究分野[2)]）

Graphical Abstract

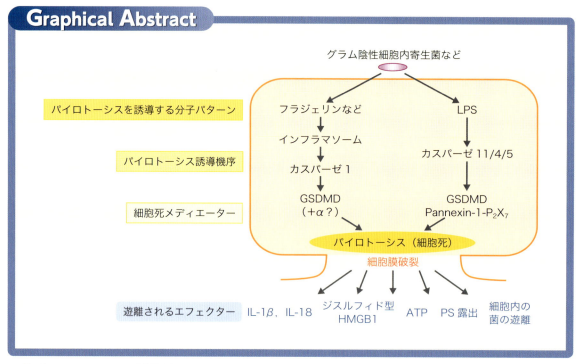

◆ **パイロトーシスの誘導機構と下流エフェクター**
細菌鞭毛のフラジェリンやLPSを含む特定の分子パターンは,カスパーゼ1やカスパーゼ11/4/5の活性化を介してパイロトーシスを誘導する.パイロトーシス細胞からは種々の炎症メディエーターが放出されて炎症を惹起する.

表 各細胞死の特徴

項目	パイロトーシス	アポトーシス	ネクローシス
カスパーゼ1	必要	不要	不要
細胞の形態	膨潤・破裂	縮小・アポトーシス小体	膨潤・破裂
細胞膜傷害と内容物の放出	速やかに誘導される	比較的遅い（二次ネクローシスの後）	状況次第
ホスファチジルセリン (PS) の露出	細胞膜傷害の後	二次ネクローシスの前	細胞膜傷害の後
炎症応答	誘導する	誘導しない（誘導する場合もある）	誘導する
核の変化	軽度の縮小	縮小・断片化	膨潤
DNA断片化	軽度	重度・ラダー化	軽度
放出されるHMGB1	ジスルフィド型または還元型	完全酸化型	還元型またはジスルフィド型

パイロトーシスはこのように他の細胞死と区別され,ネクローシス様プログラム細胞死として分類される（**表**）.近年,カスパーゼ1活性化機構であるインフラマソームに関する研究が大きく進展し,その広範な生理的・病理学的役割が明らかになってきた.これに伴いパイロトーシスの誘導機序や意義にも注目が集まっている（**Graphical Abstract**）.

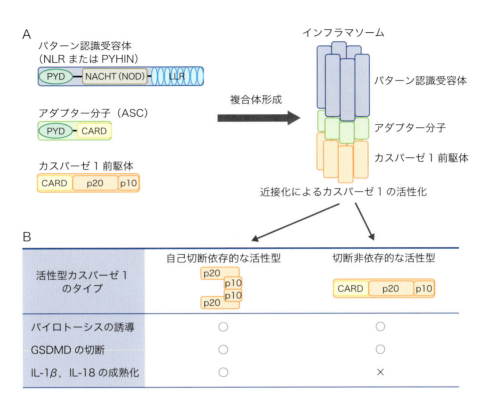

図1 インフラマソームとパイロトーシス
A) パターン認識受容体が特定の分子パターンを認識するとオリゴマーを形成し，直接またはアダプター分子を介してカスパーゼ1前駆体と結合する．この複合体がインフラマソームであり，カスパーゼ1前駆体を近接化させることで活性化を誘導する．図のインフラマソームは簡略化されており実際のものと異なる．また，インフラマソーム構成タンパク質の各ドメインを記す．B) 活性型カスパーゼ1には自己切断を要するものとしないものがあり，どちらもパイロトーシスを誘導できる．

1 インフラマソームとパイロトーシス

1）典型的インフラマソーム経路

ここではパイロトーシスが誘導されるまでの機序を紹介する．パイロトーシスはサルモネラと赤痢菌に限らず多様な内因性および外因性因子によって誘導される．それらの多くはインフラマソーム[※1]とよばれるタンパク質複合体の形成を介してカスパーゼ1の活性化を誘導し，最終的にパイロトーシスを引き起こす（図1）[4]．活性型カスパーゼ1として一般的に知られるのはカスパーゼ1の自己切断で生じるp10断片およびp20断片のヘテロテトラマーである．しかし，パイロトーシスの誘導にはカスパーゼ1の切断が必須でないことがわかっており，インフラマソームは別タイプの活性型カスパーゼ1（＝切断非依存的な活性型）も誘導することが示唆される（図1）[5) 6)]．インフラマソーム形成後にカスパーゼ1前駆体のポリユビキチン化が誘導されるが，この翻訳後修飾が切断非依存的な活性化に関与するかは不明である．炎症性サイトカインであるインターロイキン（IL-）1βおよびIL-18の前駆体はカスパーゼ1の基質であり，カスパーゼ1はこれらを切断して成熟型に変換する．また，パイロトーシス細胞からはHMGB1などのDAMPsが放出され，IL-1βやIL-18とともに炎症の惹起にかかわる[4]．

※1 インフラマソーム
NLRやPYHINファミリーに属するパターン認識受容体とカスパーゼ1前駆体を含む高分子複合体であり，カスパーゼ1前駆体分子を近接化させてその活性化を誘導する．

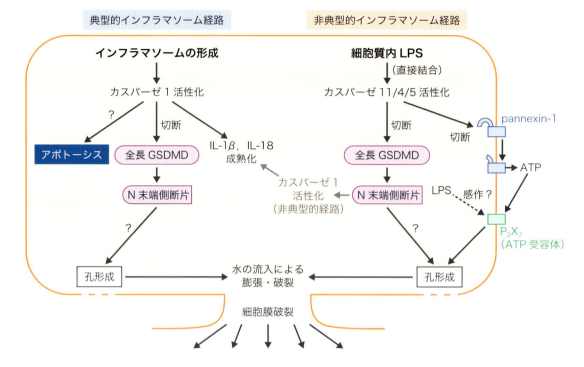

図2　パイロトーシスの分子機序
GSDMDはカスパーゼ1やカスパーゼ11/4/5によって切断され，そのN末端側断片がパイロトーシスを誘導する．カスパーゼ1はGSDMD存在下ではパイロトーシスを誘導するがGSDMD非存在下ではアポトーシスを誘導する．カスパーゼ11の下流ではpannexin-1–P_2X_7経路もパイロトーシスの誘導にかかわるが，GSDMD経路との関係性は不明である．細胞内LPSはP_2X_7のATP感受性を上昇させて孔形成を促進する．

2）非典型的インフラマソーム経路

カスパーゼ11やそのヒトホモログであるカスパーゼ4およびカスパーゼ5は，パイロトーシスと類似のネクローシス様プログラム細胞死を誘導する[7)8)]．この細胞死はカスパーゼ1非依存的であるため従来のパイロトーシスの条件は満たさないが，しばしば研究者らによってパイロトーシスとあらわされる．カスパーゼ1とカスパーゼ11/4/5は基質特異性が近く，共通の細胞死メディエーターを活性化させる（詳細は次項に記述）．したがって，これらのカスパーゼ[※2]が類似の細胞死を誘導する理由もこれで説明できる．カスパーゼ11/4/5は，カスパーゼ1と異なり活性化にインフラマソームを必要とせず，グラム陰性菌の外膜構成成分であるリポ多糖（LPS）と直接結合することで活性化する（図2）[8)9)]．カスパーゼ11/4/5によるパイロトーシスにおいても炎症メディエーターが放出されるが，HMGB1の放出がカスパーゼ1非依存的であるのに対してIL-1βおよびIL-18の成熟化はカスパーゼ1依存的である．これは，IL-1β/IL-18がカスパーゼ11/4/5によって直接的に成熟化されるのではなく，カスパーゼ11/4/5によるパイロトーシスの過程で活性化されるカスパーゼ1によって成熟化されるためである（図2）．このカスパーゼ1活性化はNLRP3インフラマソームに依存しており非典型的インフラマソーム経路とよばれる[7)]．

> **※2　カスパーゼ**
> システインプロテアーゼのファミリーであり，特定のアミノ酸配列を認識してアスパラギン酸残基のC末端側を切断する．アポトーシス（カスパーゼ2/3/7/6/8/9/10）やパイロトーシス（カスパーゼ1/4/5/11）といったプログラム細胞死の誘導にかかわる．

2 パイロトーシスの分子機序

1）低分子透過性孔の形成

　パイロトーシス細胞の形態的特徴は細胞の膨潤とそれに続く細胞膜の傷害（破裂）であり，これがすみやかに進行する．この膨潤および膜傷害は，培養にグリシンを添加することで抑制されるため，低分子イオンの流動制御が破綻したことによる水の流入（浸透圧性の膨張）が原因であると考えられる[2]．ATP枯渇などによるネクローシスでも同様の機序で細胞膜が傷害されることから，このモデルはパイロトーシスがネクローシス様の形態を示す理由を説明しうる．パイロトーシス細胞では膨潤に先行して細胞膜に低分子透過性の孔が形成される．この孔は約500 Da（直径約1 nm）の分子を通過させることができ，細胞膜のイオン透過性を亢進させて水の流入を引き起こす[2]．つまり，パイロトーシス細胞の形態的変化は孔形成から開始される（図2）．

2）パイロトーシスのシグナル伝達

　パイロトーシスの分子機序は長らく不明であったが，最近カスパーゼ1やカスパーゼ11/4/5の下流でパイロトーシスのシグナルを伝達する分子としてGSDMD（Gasdermin D）が同定された[6)10)11]．GSDMDは他のプログラム細胞死（アポトーシスおよびネクロプトーシス）には不要であり，パイロトーシス特異的な細胞死メディエーターである．GSDMD欠損細胞ではカスパーゼ11/4/5を介した細胞死がほぼ完全に抑制される．一方，インフラマソーム形成によるカスパーゼ1を介した細胞死は，GSDMD欠損細胞において遅延するが完全には抑制されない．そのため，カスパーゼ1の下流ではGSDMD依存的経路と非依存的経路の両方が細胞死に寄与する可能性がある．GSDMDは哺乳類に保存される分子量約52 kDaの細胞内タンパク質であり，中央領域付近の認識切断部位でカスパーゼ1やカスパーゼ11/4/5によって切断される．そのN末端側断片にはパイロトーシスを誘導する活性があり，一方，C末端側断片はN末端側断片の活性を抑制する．このことから，全長GSDMDはそのN末端側領域がC末端側領域の制御下にあるためパイロトーシスを誘導しないが，カスパーゼ1やカスパーゼ11/4/5で切断されたGSDMDのN末端側断片はC末端側領域から解放されてパイロトーシスを誘導する，というモデルが考えられる（図2）．しかしながら，GSDMDのN末端側領域による細胞死誘導の機序や孔形成への関与はまだ不明である．

　さらに最近，ヘミチャネルpannexin-1とP$_2$X$_7$受容体がカスパーゼ11依存的なパイロトーシスに関与することが報告された[12]．この報告の筆者らのモデルでは，カスパーゼ11がpannexin-1の細胞内ドメインを切断することでpannexin-1が活性化され，ATPがpannexin-1を通じて細胞外に放出される．次いで細胞外ATPがP$_2$X$_7$を活性化させ，P$_2$X$_7$が孔を形成することでネクローシス様の細胞死が誘導される（図2）．しかし，このモデルとGSDMD経路のモデルの関係は現時点において不明である．GSDMDのN末端側断片の発現が細胞死の誘導に十分であることが実験的に証明されており，GSDMD経路のモデルはカスパーゼ11が他の細胞死メディエーターを切断する必要性を想定していない．一方，pannexin-1-P$_2$X$_7$経路のモデルはカスパーゼ11によるpannexin-1切断の必要性を主張する．両モデルについてさらなる説明が必要である．

3 パイロトーシスの生理学的意義

1）パイロトーシスによる炎症メディエーターの放出

　その名が示す通り，パイロトーシスは炎症応答を誘導する細胞死であり，パイロトーシス細胞からは種々の炎症メディエーターが放出される．前述したIL-1β，IL-18，HMGB1はその代表例である．IL-1βおよびIL-18はシグナル配列を欠くため古典的分泌経路では分泌されない．GSDMD欠損細胞ではカスパーゼ1活性化後でも成熟型のIL-1βおよびIL-18が細胞内に留まることから，これらのサイトカインはパイロトーシスによる膜破壊で細胞外に放出されると考えられる[6)10)11]．

　HMGB1は核に局在するDNA結合タンパク質であり，パイロトーシスやネクローシス，アポトーシス後の二次ネクローシスなどで細胞外に放出される．HMGB1は終末糖化産物受容体，TLR4（Toll-like receptor 4），TLR2などの細胞外受容体を介してシグナル伝達経路を活性化するが，興味深いことにHMGB1の炎症誘導活性は自身のレドックス状態に影響を受け

る[13)14)]．HMGB1の23，45，106番目のアミノ酸残基はシステイン（それぞれC23，C45，C106とあらわす）であり，これらは核内では還元されているが核外や細胞外に移動すると酸化修飾を受ける．その結果，C23とC45がジスルフィド結合してC106が還元状態の「ジスルフィド型HMGB1」やすべてのシステイン残基が酸化修飾を受けた「完全酸化型HMGB1」などに変化する．このうちジスルフィド型HMGB1がTLR4シグナルを強く活性化するのに対し，完全酸化型HMGBにはその活性がない．また，TLRリガンドで感作されたマクロファージがパイロトーシスを起こすとジスルフィド型HMGB1が多く放出され，一方でアポトーシス後には完全酸化型HMGB1が多く放出される（表）[15)16)]．すなわち，細胞死の種類はHMGB1の活性を決定する．

2）パイロトーシス細胞の貪食

アポトーシス細胞はマクロファージなどにすみやかに貪食される．これはアポトーシス細胞がいわゆる"Eat-me signal"を発現するためであり，膜リン脂質のホスファチジルセリン（PS）はその代表例である．PSは通常は細胞表面に存在しないが，アポトーシスが起こると細胞表面に露出し，マクロファージ上の認識受容体と結合して細胞の貪食を促進する．同様の現象はパイロトーシスにおいても観察され，パイロトーシス細胞はPSが細胞表面に露出することでマクロファージに貪食されやすくなる[17)]．貪食によるアポトーシス細胞の除去には炎症応答を抑制する意味があるが，パイロトーシス細胞ではPSの露出と同時に炎症メディエーターの放出が起こるため貪食を受けても炎症は惹起されると考えられる．むしろ，核などの抗原が露出したパイロトーシス細胞が残存することで自己免疫疾患のリスクが高まる可能性があり，貪食による除去はそのリスクを軽減しているのかもしれない．さらに，パイロトーシス細胞は多量のATPを放出し，これが"Find-me signal"としてマクロファージを誘引する[17)]．パイロトーシスによるATP放出はアポトーシスによるものと比べてより効率的であり，パイロトーシス細胞の方がマクロファージを強く誘引する．

3）生体内での役割

パイロトーシスの生体内での役割を論ずるにあたり，細胞死の影響のみをパイロトーシス特異的役割とするか，放出されるDAMPsの影響も含めるのか，IL-1β/IL-18の影響も含めるのかは議論がわかれるであろう．解析手段も限られており，カスパーゼ1/11二重欠損マウスを用いた解析では細胞死の役割とサイトカインの役割を切り分けて考察することは難しい．それでもカスパーゼ1/11二重欠損マウスとIL-1β/IL-18二重欠損マウスの表現型を直接比較することでパイロトーシスのサイトカイン非依存的な役割を推察することは可能である．

これまで，カスパーゼ1/11二重欠損マウスがIL-1β/IL-18二重欠損マウスと比較していくつかの病原細菌（レジオネラ，フランシセラ，バークホルデリア，フラジェリン恒常発現サルモネラ組換株）の感染により高い感受性を示すことが報告されており，生体防御におけるパイロトーシス性細胞死の重要性が示唆されている（図3A）[18)]．前述の細菌はいずれも細胞内寄生菌であるため，宿主細胞のパイロトーシスは「菌の増殖の場」を失わせることで感染抵抗性に貢献すると考えられる．また，パイロトーシスで宿主細胞が破壊されると細胞内の菌が細胞外に遊離される．そのような菌は感染局所に遊走した好中球によって処理されることが示唆されている．

細胞内LPSを認識するカスパーゼ11は，グラム陰性の細胞内寄生菌に対して防御的に働く[19)]．しかしながら，カスパーゼ11はエンドトキシンショック[※3]においては病態形成の中心的役割を担う（図3B）．カスパーゼ11によるエンドトキシンショックの増悪化には非典型的インフラマソーム経路を介したカスパーゼ1-IL-1β/IL-18軸よりも自身が引き起こすパイロトーシスが重要であり，HMGB1やIL-1αなどのDAMPsが関与すると考えられる[7)9)]．このような知見は，カスパーゼ4/5がグラム陰性敗血症における治療標的である可能性を示す．

最後に，エイズ発症におけるパイロトーシスの役割を紹介する（図3C）．HIV（Human immunodeficiency virus）に感染した休止期リンパ組織系CD4$^+$T

> ※3 エンドトキシンショック
> グラム陰性菌の敗血症や実験的LPS投与によって誘導されるショック症状のこと．多量のLPS（＝内毒素，エンドトキシン）によって病的な炎症応答が誘導され，血管拡張による低血圧や血管内血液凝固による多臓器不全をきたす．

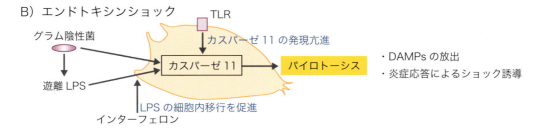
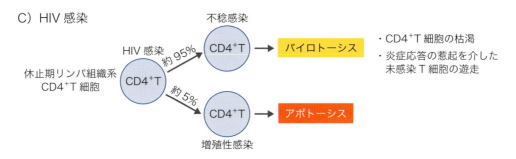

図3 パイロトーシスの生体での役割
パイロトーシスは細胞内寄生菌の感染に対する宿主防御に貢献するが（A），エンドトキシンショックやHIV感染では病態形成に関与する（B, C）．

細胞のうち，増殖性感染に陥るのは5％程度であり約95％が不稔感染になる．増殖性感染細胞がアポトーシスで死ぬことは以前から知られていたが，最近，大部分を占める不稔感染CD4⁺T細胞はIFI16インフラマソームの形成を介してパイロトーシスを起こすことが示された[20]．これは，HIV感染者におけるCD4⁺T細胞の減少を説明する重要な機序であると考えられ，パイロトーシスの阻害がエイズ発症を防ぐための有望な戦略であることを示す．

おわりに

パイロトーシスの提唱から15年を迎え，その「カスパーゼ1依存的細胞死」という定義は変わりゆこうとしている[1]．非典型的インフラマソーム経路の発見はパイロトーシス様細胞死を誘導するカスパーゼがカスパーゼ1以外にも存在することを示した．また，細胞死メディエーターとしてのGSDMDの同定は，パイロトーシスがカスパーゼと細胞死メディエーターのどちらに規定されるのかという問題を提起する．例えばカスパーゼ1の下流ではGSDMD依存的経路と非依存的経路が細胞死を介在するが，果たしてGSDMD非依存的経路を介した細胞死もパイロトーシスとよべるのだろうか？ Heらは，GSDMDを欠損するマウス細胞ではカスパーゼ1がアポトーシス様細胞死の誘導に関与することを報告している（図2）[6]．われわれもカスパーゼ1のみを強制的に活性化できるマウス細胞株を作製し，それがGSDMD存在下ではパイロトーシスを起こすが非存在下ではアポトーシス様細胞死を起こすことを観察している．細胞死の定義に形態を重視する

のであれば，パイロトーシスは将来的にGSDMD依存的な細胞死と再定義されるのかもしれない．しかしながら，カスパーゼ1の下流におけるGSDMD経路およびGSDMD非依存的経路の役割について，ヒト細胞を用いた検討は十分ではなく，今後の課題である．また，GSDMDを発現しないタイプの細胞でカスパーゼ1活性化が誘導される状況も想定できるため，GSDMD非依存的経路の機序を解明する必要がある．その他の展望として，GSDMDや他の細胞死メディエーターを欠損するマウスを用いることでカスパーゼ1依存的細胞死の生体内での役割をより詳細に明らかにできると期待される．

文献

1） Cookson BT & Brennan MA：Trends Microbiol, 9：113-114, 2001
2） Fink SL & Cookson BT：Infect Immun, 73：1907-1916, 2005
3） Fink SL & Cookson BT：Cell Microbiol, 8：1812-1825, 2006
4） Tsuchiya K & Hara H：Crit Rev Immunol, 34：41-80, 2014
5） Broz P, et al：Cell Host Microbe, 8：471-483, 2010
6） He WT, et al：Cell Res, 25：1285-1298, 2015
7） Kayagaki N, et al：Nature, 479：117-121, 2011
8） Shi J, et al：Nature, 514：187-192, 2014
9） Kayagaki N, et al：Science, 341：1246-1249, 2013
10） Kayagaki N, et al：Nature, 526：666-671, 2015
11） Shi J, et al：Nature, 526：660-665, 2015
12） Yang D, et al：Immunity, 43：923-932, 2015
13） Venereau E, et al：J Exp Med, 209：1519-1528, 2012
14） Yang H, et al：J Exp Med, 212：5-14, 2015
15） Nyström S, et al：EMBO J, 32：86-99, 2013
16） Kazama H, et al：Immunity, 29：21-32, 2008
17） Wang Q, et al：Int Immunol, 25：363-372, 2013
18） Miao EA, et al：Nat Immunol, 11：1136-1142, 2010
19） Aachoui Y, et al：Science, 339：975-978, 2013
20） Doitsh G, et al：Nature, 505：509-514, 2014

＜著者プロフィール＞
土屋晃介：京都大学大学院医学研究科にて光山正雄教授（現名誉教授）に師事し，2005年に同大学院博士課程を修了．その後，COEポスドクを経て助教に就任し，細菌感染と自然免疫機構（特にインフラマソーム）の研究に従事．'15年からは金沢大学・がん進展制御研究所にて須田貴司教授とともにパイロトーシスの分子機序やがん微小環境形成における役割の解明に取り組んでいる．

第1章 多様な細胞死様式とその分子メカニズム

4. GPx4により制御される脂質酸化依存的細胞死とフェロトーシス

今井浩孝

リン脂質ヒドロペルオキシドグルタチオンペルオキシダーゼ（GPx4）はリン脂質ヒドロペルオキシドをグルタチオン依存的に直接還元する抗酸化酵素である．ミトコンドリア型GPx4はミトコンドリアを介するアポトーシスを抑制する．一方，非ミトコンドリア型GPx4は近年明らかになってきた抗がん剤Erastinをはじめとする鉄依存性の脂質酸化依存的新規細胞死（フェロトーシス）の制御因子であるとともに，鉄非依存性の脂質酸化依存的な新規細胞死経路も制御する．本稿では，新規細胞死であるフェロトーシスを中心に脂質酸化依存的細胞死経路について紹介したい．

はじめに

抗がん剤ErastinやSulfasalazineは変異Rasを有するがん細胞を特異的に殺し，正常細胞には毒性を示さない化合物としてスクリーニングされた[1]．その細胞死のメカニズムの解析から，カスパーゼ非依存性で，鉄（ferrum）を介した細胞内で生じる脂質酸化が起因となる新しい細胞死であることから，Stockwellらのグループにより，「フェロトーシス（ferroptosis）」と名づけられた[2]．ここ1～2年で最も注目されている新しい細胞死経路である．この細胞死では酸化リン脂質を還元する酵素，リン脂質ヒドロペルオキシドグルタチオンペルオキシダーゼ（PHGPx，GPx4）の高発現やノックダウンにより細胞死を制御できることが報告されている[3]．

一方，われわれを含めたこれまでのGPx4研究から，フェロトーシスの報告以前より，PHGPx（GPx4）は全身性のノックアウトマウスが胚発生過程の7.5日で胚致死となること[4]，また精巣[5]，肝臓[6]，心臓[7]，視神経[8]，腎臓[9]，脳[10][11]など組織特異的GPx4欠損マウスも，欠損した正常組織の細胞で致死となること，ビタミンEの添加により致死が回復すること[7]，カスパーゼ非依存性の脂質酸化依存的な新規細胞死が誘導されることが明らかとなっていた[7]．本稿では，Erastinを中心としたフェロトーシス研究の現状とGPx4欠損による脂質酸化依存的新規細胞死のメカニズムについて紹介する．

[キーワード＆略語]
フェロトーシス，リン脂質ヒドロペルオキシド，PHGPx（GPx4），フェントン反応，シスチントランスポーター

DMT1：divalent metal transporter 1（2価金属トランスポーター1）

Ferroptosis and phospholipid peroxidation dependent cell death regulated by GPx4
Hirotaka Imai：Health Science, School of Pharmaceutical Sciences, Kitasato University（北里大学薬学部衛生化学教室）

Graphical Abstract

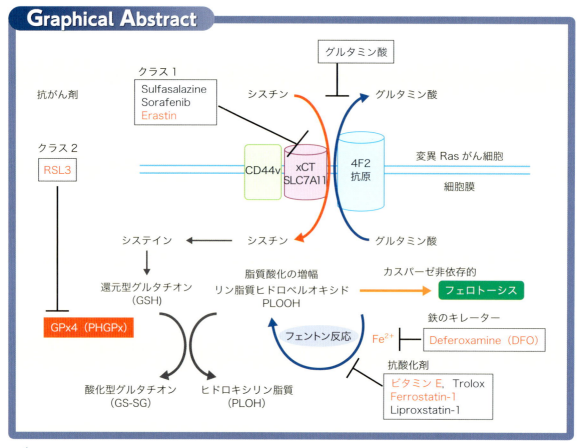

◆**抗がん剤によるフェロトーシスの分子メカニズム**

クラス1の抗がん剤はシスチントランスポーター（xCT；SLC7A11と4F2抗原の複合体）を阻害する．クラス2はGPx4を直接阻害する．細胞内のシスチン，システイン，グルタチオンが枯渇すると，GPx4活性が低下し，遊離2価鉄依存的なフェントン反応により生体膜リン脂質の酸化が亢進し細胞死に至る．鉄依存的な細胞死をフェロトーシス（ferroptosis）とよぶ．ビタミンE，フェロスタチン-1の抗酸化剤，鉄のキレーターで抑制される．文献22をもとに作成．

1 抗がん剤によるフェロトーシス

Stockwellらのグループは，変異Ras依存的がん細胞を選択的に殺し，正常細胞を殺さない化合物を得るために，化合物ライブラリーからスクリーニングを行った[1]．その結果，Erastin（クラス1）[2]およびRSL3（クラス2）[3]を代表とする化合物を得た（**Graphical Abstract**）．クラス1は，シスチントランスポーターを標的にしている．シスチントランスポーター（xCT）はSLC7A11ともよばれ，4F2抗原とダイマーを形成し，細胞外からシスチンを取り込み，代わりにグルタミン酸を放出するトランスポーターである（**Graphical Abstract**）．xCTはがん細胞に強い発現をしており，がん細胞内に高いグルタチオン量を維持し，細胞内レドックスの調節に寄与する．Erastinはシスチントランスポーターに結合し，細胞内へのシスチンの取り込みを阻害する．その結果，細胞内のシステイン量が減少する．細胞内の還元物質であるグルタチオンは，グルタミン，システイン，グリシンからなるトリペプチドであるため，細胞内のグルタチオンも減少し，グルタチオンペルオキシダーゼ活性が減少する．このとき，細胞内に鉄を介したフェントン反応（**図1**）によりリン脂質の酸化が亢進し，細胞死が誘導される．この細胞死では，アポトーシスの特徴であるカスパーゼの阻

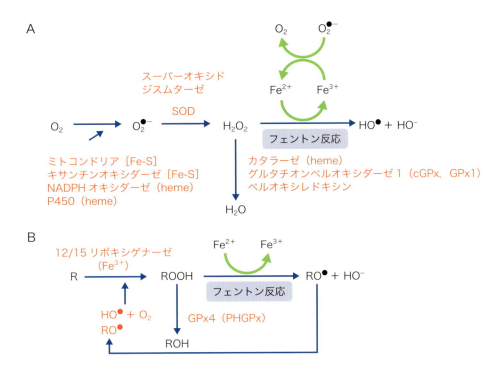

図1 活性酸素の産生および消去酵素とフェントン反応
A) 過酸化水素と2価鉄との反応によりヒドロキシラジカルが生成．$O_2^{\bullet -}$：スーパーオキシドアニオンラジカル，H_2O_2：過酸化水素，$HO^{\bullet}$：ヒドロキシラジカル．**B)** 脂質ヒドロペルオキシドと2価鉄との反応により，脂質ヒドロキシラジカルが生成し，連鎖的な脂質酸化反応が起きる．ROOH：脂質ヒドロペルオキシド，ROH：脂質ヒドロキシ体．

害剤（z-Vad-FMK）では阻害がかからないこと，ネクロプトーシスに関与するRIP1やRIP3のKOでも致死が誘導されることから，既知の細胞死とは異なる細胞死である．本細胞死は，脂質酸化を抑制するビタミンEで抑制されること，鉄（ferrum, iron）のキレーター（Deferoxamine：DFO）による細胞死が抑制されることから，鉄依存性の脂質酸化依存的な新規細胞死として，フェロトーシス[2]と名づけられた．またErastinによるフェロトーシスを特異的に抑制できる化合物をスクリーニングし，フェロスタチン-1（Ferrostatin-1）を得ている（**Graphical Abstract**）．フェロスタチン-1はアポトーシスやネクロプトーシスやネクローシスを抑制できないが，ErastinやRSL3によるフェロトーシスを特異的に抑制することから，フェロトーシスの特異的阻害剤として位置づけている．ただし，フェロスタチン-1の細胞死抑制メカニズムは抗酸化活性であり，ビタミンEを含む脂質酸化抑制剤もフェロトーシスを抑制することから，フェロスタチン-1のみがフェロトーシスの特異的な阻害剤ではない．実際，フェ

ロスタチン-1以外に，別の抗酸化物質リプロスタチン-1（Liporoxstatin-1）も報告されているし，われわれもこの細胞死を*in vivo*でも抑制できる脂質酸化抑制剤を見出している．*In vitro*で脂質酸化を抑制できる化合物でも細胞レベルで致死を抑制できないものも多く，この違いについてはまだ明らかではない．

　グルタチオンペルオキシダーゼには，過酸化水素を還元するグルタチオンペルオキシダーゼ1（cGPx, GPx1）とリン脂質ヒドロペルオキシドを直接還元するリン脂質ヒドロペルオキシドグルタチオンペルオキシダーゼ（PHGPx, GPx4）がある（**図1**）．フェロトーシスの際，グルタチオンが枯渇した場合にはGPx4以外にもGPx1やグルタチオンS-トランスフェラーゼなど多くの酵素が活性低下となると考えられるが，それらの酵素の影響についての報告はない．ビタミンEが致死を抑制することから，フェロトーシスの際にはリン脂質酸化の抑制が重要であるため，GPx4が重要な制御因子であると考えられている．また実際にクラス2である化合物であるRSL3は，多くの酵素との結合が

みられたが，そのなかに直接GPx4もターゲットであることがわかり，酵素活性を阻害することも報告された[3]．RSL3による細胞死は，グルタチオンの低下はみられないが，ビタミンEや鉄のキレーター，フェロスタチン-1により抑制されるため，GPx4の失活がフェロトーシスに直接重要であることが示された．またGPx4の高発現やノックダウンにより細胞死の感受性が変わることから，フェロトーシスにおいて，GPx4は細胞死の重要な制御因子であることは間違いない．またがん細胞においては，細胞内の鉄の含量が高く，鉄によるフェントン反応がリン脂質酸化を引き起こし，フェロトーシスの細胞死実行経路において重要な役割を担っていると考えられている（図1）．現在までのところ，フェロトーシスの概念では，フェントン反応によるランダムなリン脂質の酸化の亢進により細胞膜の損傷により細胞死が誘導されると考えられる．

これまで報告されているフェロトーシスのメカニズムでは，xCT，グルタチオン，鉄，脂質酸化が鍵を握るが，なぜグルタチオンが減少しただけで初発反応の脂質酸化が起きるのか，細胞内のどこで，どのように起こるのか，脂質酸化の下流で共通の細胞死の実行メカニズムが存在するのかについては明らかになっていない．

病態におけるフェロトーシスの有無は，フェロスタチン-1で抑制されるのかが1つの指標である．フェロスタチン-1により抑制される細胞死，病態モデルとしては，培養細胞に関しては，Sorafenib[12]，ErastinおよびRSL3[1)~3)]などの抗がん剤によるがん細胞死モデルかグルタミン酸誘導性神経細胞死[13) 14)]がある．アルテスネイトは2015年ノーベル医学生理学賞を受賞した中国のTu Youyou博士が開発したマラリアの特効薬であるが，分子中に鉄イオンと反応してフリーラジカルを産生してがん細胞を死滅させることができ，鉄依存性の細胞死（フェロトーシス）を誘導できることも報告された[15]．Ex vivoでは腎臓の尿細管[16]および脳スライスの海馬におけるグルタミン酸誘導神経細胞死の報告[2]がある．またマウスではシュウ酸塩による急性腎症モデル[16]，虚血再灌流モデル[16]の報告がある．

2 フェロトーシスとアポトーシスのクロストーク

p53はアポトーシス誘導によるがん抑制因子として知られているが，そのメカニズムには細胞周期をとめるp21やアポトーシスを誘導するBAXやPUMAなどの発現を上昇させたり，老化細胞への誘導がある．p53のDNA結合領域である117番目，161番目，162番目のリジンをアルギニンに変えたp53^{3KR}はアセチル化を受けなくなり，細胞周期の停止，アポトーシス誘導や老化細胞への誘導活性を失っているにもかかわらず，がんの抑制効果を示した（図2A）．そのメカニズムを調べたところ，p53^{3KR}がシスチントランスポーターSLC7A11の発現を抑制し，活性酸素の産生亢進によるフェロトーシスを引き起こすことや腫瘍の形成阻害をすることが明らかとなった[17]．このフェロトーシスの誘導活性は，N末端側の4つのアミノ酸L25Q，W26S，F53Q，F54Sを変異させると消失する（図2A）．アポトーシス誘導活性を消失したp53^{3KR}をもちp53を分解するユビキチンリガーゼであるMDM2の欠損マウスでは胚致死がおこりフェロトーシスが関与していることが報告された[17]．

アミノ酸欠乏培地でのMEF細胞の培養では，通常アポトーシスが引き起こされるが，アミノ酸欠乏培地に血清を添加するとフェロトーシスが起きるようになることが報告された[18]．このアミノ酸欠乏培地および血清添加によるフェロトーシスはシスチンの添加で解除されることから，シスチントランスポーター（SLC7A11）を介したフェロトーシスである（図2B）．この血清成分のなかの何がフェロトーシスを起こすのに必要なのかを解析した結果，トランスフェリンとL-グルタミンであった．トランスフェリンは，3価の鉄イオン（Fe^{3+}）を2個運搬できる血漿タンパク質である．3価の鉄イオンを結合したトランスフェリンは細胞膜に存在するトランスフェリン受容体に結合するとエンドサイトーシスによって細胞内に取り込まれる．そして，エンドソーム内の酸性条件下で受容体から離れ，STEAP3による還元活性によって2価の鉄イオン（Fe^{2+}）に還元され，2価金属トランスポーター1（divalent metal transporter1：DMT1）を通ってエンドソームを出て細胞質内に移行して，細胞内鉄プールに入る（図2B）．

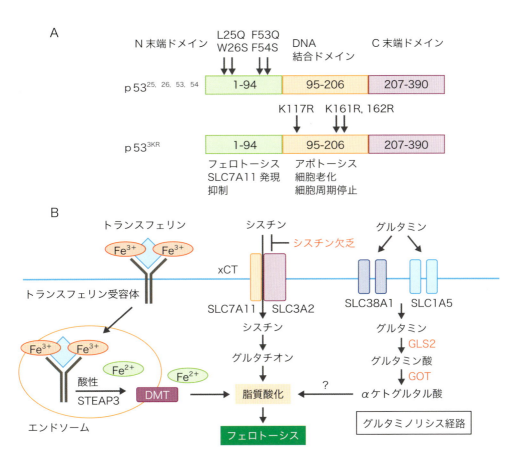

図2 フェロトーシスの制御因子
A) p53のフェロトーシスおよびアポトーシス誘導ドメイン．B) アミノ酸欠乏によるアポトーシスからフェロトーシスへの変換に必要なトランスフェリンとグルタミン．DMT：2価金属トランスポーター，GOT：グルタミン酸オキサロ酢酸トランスアミナーゼ，GLS2：グルタミナーゼ．

細胞内の鉄はDNA合成酵素，ヘム合成，鉄-イオウクラスターの形成などに利用され（**図1**），細胞内ではフェリチンと結合し貯蔵される．細胞内の鉄の量は厳密に管理されている．アミノ酸欠乏および血清添加によるフェロトーシスやエラスチン誘導によるフェロトーシスも，トランスフェリン受容体のノックダウンにより抑制された．また一方，がん細胞では低酸素で効率よくエネルギー産生するために主に解糖系を利用するが，それ以外にグルタミンも多く利用する．グルタミンは，グルタミン酸になった後，TCAサイクルのαケトグルタル酸となり，リンゴ酸からリンゴ酸酵素によりピルビン酸となりさらに乳酸になりエネルギー産生に利用される．この経路はグルタミノリシス※とよばれている（**図2B**）．グルタミンのトランスポーターSLC38A1のノックダウンやSLC1A5の阻害剤GPNAによりフェロトーシスは抑制された．またグルタミンからグルタミン酸への変換酵素グルタミナーゼ（GLS2）のshRNAおよびその阻害剤Compound 968，グルタミン酸からαケトグルタル酸への変換酵素GOTのshRNA，その阻害剤アミノオキシ酢酸（AOA）によっても，アミノ酸欠乏および血清添加によるフェロトーシス，エラスチンによるフェロトーシスが抑制された．

> ※ **グルタミノリシス**
> glutaminolysis．がん細胞や増殖の速い細胞ではグルタミンが重要なエネルギー源NADPHと高分子化合物の材料として使用されている．グルタミンがαケトグルタル酸を通って乳酸に分解されること．

このようにフェロトーシスの誘導には，グルタミノリシスの経路が重要であるが，その意義についてはまだ明らかになっていない．

以上の結果は，フェロトーシスの新しい制御因子を同定したのみならず，フェロトーシスとアポトーシスのどちらも起きるのか，あるいはどちらかの経路が抑制された場合に別の経路が誘導される可能性を示している．実際，虚血再灌流モデルでは，ネクロプトーシス，フェロトーシスやMPT依存性のネクローシスのそれぞれの阻害剤，Nec-1，Fer-1およびSfAの3剤投与で劇的な抑制効果が観察されているため，同時に複数の細胞死経路が動いている可能性が考えられる[16]．

3 GPx4による脂質酸化依存的細胞死の制御

1）組織特異的GPx4欠損マウスにおける正常細胞の細胞死誘導

リン脂質ヒドロペルオキシドグルタチオンペルオキシダーゼ（PHGPx，GPx4）は，生体膜リン脂質の酸化により生じたリン脂質ヒドロペルオキシドをグルタチオン依存的に直接還元できる抗酸化酵素で，活性中心にセレノシステインを有しているセレンタンパク質である[19]．本酵素は過酸化水素の消去能は弱く，リン脂質ヒドロペルオキシドに対して高い選択性をもつ（図1B）．さらに，本酵素の特徴として，1つのゲノム遺伝子より，異なるオルガネラに存在する3つのタイプのGPx4（ミトコンドリア型，細胞質，核に存在する非ミトコンドリア型，核小体に存在する核小体型）が存在するということである[20]．体細胞では主に，非ミトコンドリア型とミトコンドリア型が発現しており，核小体型の発現は著しく低い．

3つのタイプのGPx4をすべて欠損した場合，胚発生過程の7.5日で致死となる[4]．受精卵の初代培養でもKO受精卵はInner Cell Massの形成が不全となる．われわれは3つのタイプのどのタイプがこの発生過程の致死に必須であるかについて，レトロウイルス感染系およびトランスジェニックレスキュー法[21]を用いて解析した．その結果，非ミトコンドリア型GPx4のみが生存に必須であることを明らかにした[20]〜[22]．またわれわれや他のグループによりGPx4欠損による細胞死は，受精卵に限らず，精母細胞[5]，心筋細胞[7][22]（図3），肝細胞[6][22]，視神経細胞[8]，腎臓[9]，脳神経[10][11]などにおいて，組織特異的GPx4欠損マウスを用いて明らかにされてきている．このようにさまざまな正常な組織においてGPx4が欠損するだけで細胞死が誘導される．このような細胞死は，ミトコンドリア型GPx4欠損マウスや核小体型GPx4欠損マウスではみられないことから，非ミトコンドリア型GPx4欠損により正常細胞で起きる細胞死である．

われわれは，ビタミンE添加食を精巣，心臓，肝臓特異的GPx4欠損マウスに与えることにより，精巣における精母細胞死が回復すること，また心臓特異的GPx4欠損による17.5日における胎仔死（図3）および，肝臓特異的GPx4欠損マウスにおける出生直後死も完全に抑制され正常に生育できることを見出している[6][7][22]．また正常に生育した心臓特異的GPx4欠損マウスの餌を通常食に変え，餌のビタミンE量を下げることで約10日で突然死が誘導されることも見出している（図3）．ビタミンEが減少した心筋細胞では，カスパーゼの活性化やDNAのラダーはみられず，リン脂質ヒドロペルオキシドの蓄積がみられる．このことはGPx4あるいはビタミンEにより，内在性で生じるリン脂質酸化反応を抑制することが細胞および個体の生存に必須であることを示している（図3）．同様な現象は，肝臓特異的なGPx4欠損マウスでもみられた．このようにGPx4欠損による細胞死誘導は，がん細胞だけでなく正常細胞でも起きる細胞死であり，またグルタチオンの枯渇やGPx4活性の阻害，ビタミンEの低下などによる内在性のリン脂質の酸化は脂質酸化依存的な新規細胞死を誘導し，さまざまな疾患の原因となることが考えられる[22]．最近，ヒトの常染色体劣性疾患において，GPx4の変異が骨幹端軟骨異形成（Sedagatian型）と関連があることが報告された[23]．この患者は亜急性心筋炎をおこし，新生児深呼吸不全であり，重度の骨端異形成，軽度の四肢近位短縮がみられ，新生児死亡，周産期で致死となる．

2）GPx4欠損によるMEF細胞における新規脂質酸化依存的細胞死

われわれはこのGPx4欠損による細胞死のメカニズムを明らかにするために，タモキシフェン誘導型GPx4欠損MEF（マウス線維芽細胞株）を作製し，詳細な解

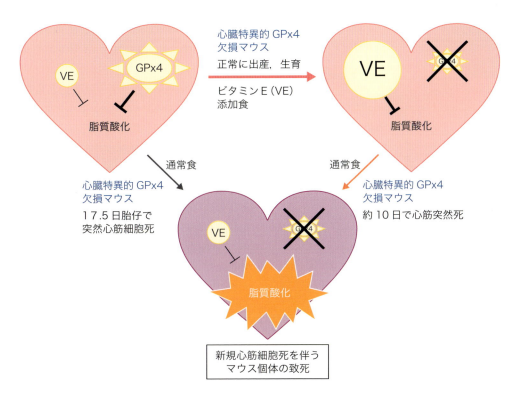

図3 GPx4とビタミンEによる脂質酸化の抑制は心筋細胞の生存に必須
心筋特異的GPx4欠損マウスは17.5日で胚致死となるが，ビタミンE添加食での飼育で正常に出産，生育する．正常に生育した心筋特異的GPx4欠損マウスを通常食に変えると，脂質酸化依存的新規細胞死を伴い心筋突然死が起きる．VE：ビタミンE．

析を行った[6)][7)][22)]．タモキシフェン添加によるGPx4欠損MEF細胞死では，タモキシフェン添加後，24時間までにGPx4タンパク質が消失し，細胞内のリン脂質の酸化が24時間後から36時間後までに起きる．一方細胞死は，48時間後から72時間後までに誘導される．この細胞死はビタミンEやその誘導体トロロックスの添加で完全に抑制される．トロロックスの添加による細胞死の抑制効果は，タモキシフェン添加後36時間後からの添加ではその抑制効果が著しく低下することから，24時間から36時間後に起きる脂質酸化反応がこの新規細胞死の実行に必須である．われわれはこれまでにLC-ESI-MS/MSを用いた解析から，この初発反応にホスファチジルコリンのヒドロペルオキシドが生成してくることを見出している[6)]．この細胞死は，カスパーゼの阻害剤Z-VAD-FMKやAIFの放出の抑制剤であるDHIQでも抑制はかからず，カスパーゼ活性の上昇やチトクロームCの放出は全くみられないことから，カスパーゼ非依存性の非アポトーシス経路である．オートファジー細胞死を制御するATG5や，ネクロプトーシスを制御するRIP1キナーゼのノックダウンによっても細胞死は全く抑制されないことから，オートファジー細胞死やネクロプトーシスとも異なる．またネクローシスの際にみられる核からのHMGB1の放出もみられないことから，GPx4欠損MEF細胞死を脂質酸化依存的新規細胞死として報告してきた[6)][7)][22)]．

われわれのMEF細胞でも，フェロトーシスを起こすSulfasalazineやErastin添加は24時間以内に細胞死を誘導し，その細胞死は前述で示したとおり，鉄のキレーターであるDeferoxamineやビタミンEおよびフェロスタチン-1で抑制され，確かにフェロトーシスが誘導された．しかし，意外なことにタモキシフェン添加によるGPx4欠損による72時間かかる細胞死では，ビタミンEやフェロスタチン-1添加では抑制できるが，鉄のキレーターであるDeferoxamineを添加しても細

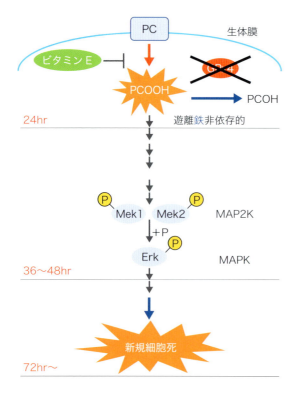

図4　GPx4欠損MEF細胞における脂質酸化依存的新規細胞死
タモキシフェン誘導型GPx4欠損MEF細胞では，タモキシフェン添加後，GPx4欠損により遊離鉄非依存的な脂質酸化反応が起きる．また脂質酸化の下流でMEK-ERKの活性化がおき，脂質酸化依存的新規細胞死が誘導される．

胞死は全く抑制できなかった．濃度や添加時間を変えても抑制できないことから，GPx4欠損による脂質酸化依存的な細胞死は，遊離鉄非依存性の細胞死であり抗がん剤によるフェロトーシスとは異なる細胞死経路であることが示唆された．実際，フローサイトメトリーを用いたタモキシフェン添加後30時間までに上昇するヒドロペルオキシドの上昇は，ビタミンEの添加では抑制できたが，フェロトーシスを抑制できる鉄のキレーターでは抑制できなかった．しかし，xCTの阻害剤であるSulfasalazineで処理した場合，6時間後には細胞内ヒドロペルオキシドが上昇するが，このヒドロペルオキシドの上昇は鉄のキレーターにより抑制された．このことはxCT阻害による細胞内グルタチオンの減少による細胞内ヒドロペルオキシド生成経路とGPx4欠損による細胞内脂質ヒドロペルオキシド生成経路が異

なる可能性を秘めている（**Graphical Abstract**, **図4**）．

GPx4欠損による細胞死は，15-リポキシゲナーゼ（LOX）KO細胞でも起きることや，フェントン反応に関与するスーパーオキシドや過酸化水素を消去するMnTBAPやNアセチルシステインやビタミンCのような抗酸化剤では全く抑制されなかった（**図1**）．またスーパーオキシドや過酸化水素を消去する酵素SOD1,2やGPx1（cGPx）の高発現によっても細胞死は抑制できなかった（**図1**）．GPx4欠損MEF細胞死の解析はドイツのConradらのグループも行っているが，彼らの樹立したPfa1細胞（タモキシフェン誘導型GPx4欠損MEF細胞）では，鉄のキレーターによって，ある特殊な条件下で抑制されるとされているが[9]，同条件でもわれわれのMEF細胞では抑制されなかった．われわれのMEF細胞では5-, 12-, 15-リポキシゲナーゼが発現していないのに対して，ConradらのグループのMEF細胞では15-リポキシゲナーゼが発現しており，GPx4欠損により15-リポキシゲナーゼが活性化し，脂質酸化反応がおき，フェントン反応が亢進している可能性が考えられる[10]．われわれの結果からは，GPx4欠損細胞死は，典型的なフェロトーシスとは違い遊離鉄非依存的なリン脂質酸化を介した新規細胞死であることが明らかとなってきている（**図4**）．

3）GPx4が制御できる脂質酸化依存的細胞死

GPx4はリン脂質ヒドロペルオキシドをグルタチオン依存的に直接還元できる主要な酵素である．よって，さまざまなリン脂質酸化が関与する細胞死経路の制御因子となりうる．

前述したように，GPx4はいわゆるErastinをはじめとする鉄依存性のフェントン反応を介した24時間以内に致死となるフェロトーシスも抑制できるし，われわれの細胞でみられた鉄非依存的に内在性に生成するリン脂質ヒドロペルオキシドを介した72時間後に起きる新規細胞死も抑制できる．抗がん剤であるErastinとタモキシフェン添加による直接的なGPx4酵素の欠損では，細胞死が誘導される時間が異なるだけでなく，シグナル伝達経路の阻害剤が効く時間も異なっている．ErastinではMEKの活性化はRAS-RAF-MEK-ERKのいわゆるがん細胞増殖経路で活性化され，脂質酸化の上流で機能すると考えられているが，われわれのMEF細胞では，脂質酸化の下流でシグナル分子として機能

する（図4）．

またわれわれはshRNAライブラリーのスクリーニングなどからGPx4欠損による脂質酸化依存的な新規細胞死の実行遺伝子を見出しているが，これらのノックダウン細胞ではErastinによるフェロトーシスは抑制できないことなどから，同じ脂質酸化依存的新規細胞死でも異なる細胞死経路を介していると考えている．

実際，Erastinによる細胞死では，細胞死の際にシステインの枯渇によりグルタチオン量が減少する以外に，小胞体ストレスが起きることが明らかになっており[24]，eIF2αのリン酸化および転写因子ATFの活性化がおき，小胞体ストレス応答遺伝子CHAC1（ChaC, cation transport regulator homolog1）の誘導が起きる[24]．また以前の報告ではミトコンドリア外膜タンパク質VDACと結合すること，この細胞死がVDACのshRNAで抑制されるとする報告もあり[1]，この結果は抗がん剤による細胞死経路ではいろいろな経路が同時に起きている可能性を示している．

前述したように，GPx4は3つのタイプが存在する．フェロトーシスやGPx4欠損細胞死は，非ミトコンドリア型GPx4 cDNAの再導入で抑制できるが，ミトコンドリア型GPx4 cDNAでは抑制できない．このことは脂質酸化の起きる部位が少なくともミトコンドリア内ではないことを示している．

以前，われわれは，ミトコンドリア型GPx4を高発現させると，スタウロスポリン，エトポシド，2-デオキシグルコースによるミトコンドリアを経由するアポトーシスを抑制することを見出し，そのメカニズムの解析から，ミトコンドリア内膜に存在するカルジオリピンの酸化（カルジオリピンヒドロペルオキシドの生成）がアポトーシス実行因子であるチトクロームCの内膜上のカルジオリピンからの遊離を促し，またミトコンドリア外膜ポアの開閉にかかわるアデニンヌクレオチドトランスロケーターの活性および構造変化を引き起こすことを報告した[19]．その後，このカルジオリピンの酸化が，チトクロームCにより起こることも明らかになっている[25]．このミトコンドリアを介するアポトーシス経路では，非ミトコンドリア型GPx4の高発現では全く抑制されなかった．現在においても，ミトコンドリア内のカルジオリピンの酸化とアポトーシス制御については研究が進められている．

このように，細胞死が誘導されるリン脂質の酸化がどのオルガネラで，どのリン脂質分子種ではじめて生成するのか，フェントン反応以外に特異的なリン脂質酸化の経路や酵素が存在するのかなどの詳細な解析が進むことにより，今後，GPx4が制御できる脂質酸化依存的細胞死が分類できるのかもしれない．

おわりに

xCTをターゲットとする抗がん剤Erastinによる鉄依存的な脂質酸化を介したフェロトーシス研究は，今細胞死の分野で最もホットな分野であるが，脂質酸化がどのようにどのオルガネラで起きるのか，その後のシグナル経路が存在するのか，フェロトーシスを検出する組織マーカーやGPx4欠損による脂質酸化依存的新規細胞死経路と同じ経路であるのかなど，まだまだ不明な点が多い．フェロトーシスや脂質酸化依存的新規細胞死の促進あるいは抑制因子については，いくつか報告はあるものの細胞種によって共通性がないなど，まだほとんど明らかになっていない．またフェロトーシスがどのような病態と実際に関連しているのか，他の細胞死経路とのクロストークやフェロトーシス後に放出される物質による生体応答（ダイイングコード）についても詳細な解析が待たれるところである．

文献

1) Yagoda N, et al：Nature, 447：864-868, 2007
2) Dixon SJ, et al：Cell, 149：1060-1072, 2012
3) Yang WS, et al：Cell, 156：317-331, 2014
4) Imai H, et al：Biochem Biophys Res Commun, 305：278-286, 2003
5) Imai H, et al：J Biol Chem, 284：32522-32532, 2009
6) 今井浩孝：生体膜脂質酸化ホメオスタシスの破綻による新規細胞死と疾患．オレオサイエンス, 11：15-23, 2011
7) 今井浩孝：リン脂質酸化シグナルが関与する新規細胞死経路－GPx4とビタミンEにより制御される新規細胞死フェロトーシス．医学のあゆみ, 248：1075-1083, 2014
8) Ueta T, et al：J Biol Chem, 287：7675-7682, 2012
9) Friedmann Angeli JP, et al：Nat Cell Biol, 16：1180-1191, 2014
10) Seiler A, et al：Cell Metab, 8：237-248, 2008
11) Chen L, et al：J Biol Chem, 290：28097-28106, 2015
12) Louandre C, et al：Int J Cancer, 133：1732-1742, 2013
13) Kang Y, et al：Nat Commun, 5：3672, 2014
14) Sakai O, et al：PLoS One, 10：e0130467, 2015
15) Ooko E, et al：Phytomedicine, 22：1045-1054, 2015

16) Linkermann A, et al：Proc Natl Acad Sci U S A, 111：16836-16841, 2014
17) Jiang L, et al：Nature, 520：57-62, 2015
18) Gao M, et al：Mol Cell, 59：298-308, 2015
19) Imai H & Nakagawa Y：Free Radic Biol Med, 34：145-169, 2003
20) 今井浩孝：リン脂質ヒドロペルオキシドグルタチオンペルオキシダーゼ（PHGPx）と男性不妊．HORMONE FRONTIER IN GYNECOLOGY, 19：59-70, 2012
21) Imai H：J Clin Biochem Nutr, 46：1-13, 2010
22) 今井浩孝：フェロトーシス―脂質酸化依存的新規細胞死．臨床免疫・アレルギー科, 63：406-414, 2015
23) Smith AC, et al：J Med Genet, 51：470-474, 2014
24) Dixon SJ, et al：Elife, 3：e02523, 2014
25) Kagan VE, et al：Nat Chem Biol, 1：223-232, 2005

<著者プロフィール>
今井浩孝：1988年，東京大学薬学部卒業．'93年同大学院博士課程修了（井上圭三教授）．薬学博士．同年より北里大学薬学部衛生化学教室助手として赴任．GPx4のクローニングから機能解析に着手．'97年同大学講師．2004年同大学准教授．'06年10月より'10年まで，JSTさきがけ「代謝と機能制御」（西島正弘統括）研究員兼任．'13年より現職（北里大学薬学部教授）．GPx4の機能解析を通して，リン脂質ヒドロペルオキシドの生成，代謝，機能解析と新規細胞死の分子機構の解明や病態との関連治療法，予防法の開発をめざしている．

第1章 多様な細胞死様式とその分子メカニズム

5. 酸化ストレスによる ネクローシス選択的阻害剤
― 細胞死研究への阻害剤の活用

闐闐孝介, 袖岡幹子

細胞死研究において阻害剤は, ターゲットタンパク質やその周辺のシグナル伝達経路を調べる手法として用いられてきた. しかしながら近年, 特定の細胞死に対する選択的な阻害剤が開発されるようになり, 細胞死の種類の同定・判別にも貢献するようになった. われわれは酸化ストレスで誘導されるネクローシスに関して選択的な阻害剤IM-54の開発に成功し, これを用いたケミカルバイオロジー研究を展開している. 本稿では細胞死阻害剤に焦点を当て, 阻害剤を用いる細胞死研究を紹介したい.

はじめに

細胞死研究はここ30年ほどの間に急速に進展し, その制御機構に関する理解も大きく進んできた. しかし本特集で詳しく述べられている通り, 続々と新しいタイプの細胞死が報告されるようになり, それらの分子メカニズムの解明もまだ道半ばである. また, さまざまな疾病に細胞死が大きくかかわっていることも明らかとなってきており, 細胞死研究の重要性はますます大きくなってきている.

われわれは酸化ストレスにより誘導される細胞死, なかでもネクローシス様の細胞死に関してその阻害剤の開発と疾患モデルへの適用, さらにはその作用機序解明をめざした研究を展開している[1]〜[5]. 本稿では, 細胞死研究において重要な役割を果たす低分子阻害剤について概説し, そのなかからわれわれが開発したネクローシス阻害剤IM-54をとり上げて紹介する.

1 阻害剤を用いた細胞死研究の展開

アポトーシスのシグナル伝達の中核を担うプロテアーゼファミリーとしてカスパーゼが同定されて以降, 細

[キーワード&略語]
酸化ストレス, ネクローシス, 細胞死阻害剤, ミトコンドリア

- **GPx**: glutathione peroxidase (グルタチオンペルオキシダーゼ)
- **PKC**: protein kinase C (プロテインキナーゼC)
- **RIPK**: receptor interacting protein kinase
- **ROS**: reactive oxygen species (活性酸素種)
- **S6K1**: p70 ribosomal protein S6 kinase 1
- **SOD**: superoxide dismutase (スーパーオキシドジスムターゼ)
- **VC**: vitamin C (ビタミンC)
- **VE**: vitamin E (ビタミンE)

Selective inhibitor of oxidative-stress-induced necrosis ― Inhibitors in cell death research
Kosuke Dodo/Mikiko Sodeoka: Synthetic Organic Chemistry Laboratory, RIKEN (理化学研究所袖岡有機合成化学研究室)

Graphical Abstract

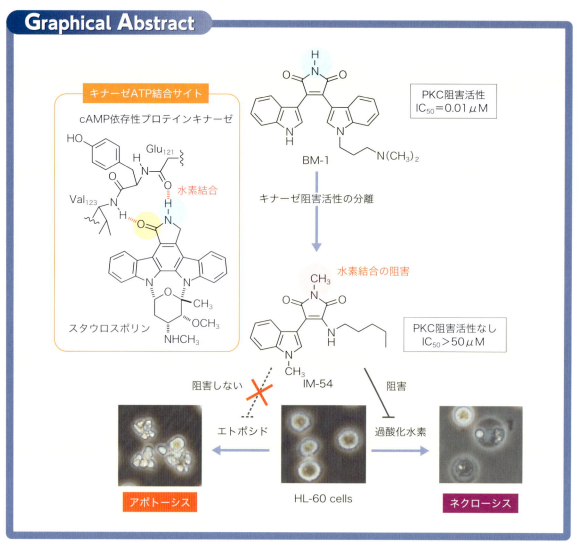

◆ 酸化ストレスによるネクローシス選択的抑制剤 IM-54 の開発

PKC阻害剤として知られるBM-1がキナーゼ阻害とは異なる作用で酸化ストレスによるネクローシスを抑制する点に着目し，そのキナーゼ阻害活性を分離することで酸化ストレスによるネクローシスに選択的な阻害剤IM-54を開発することに成功した．文献25をもとに作成（写真は文献2より転載）．

胞死研究はアポトーシスを中心に進められてきた[6]．その研究の進展には，カスパーゼ阻害剤の貢献が大きい．カスパーゼ全般の阻害剤であるZ-VADが阻害効果を示すかどうかで，カスパーゼの関与が明らかになる．またカスパーゼの活性化経路は，サブタイプ選択的なカスパーゼ阻害剤でそれぞれのサブタイプを阻害したときにアポトーシスが抑制されるかどうかで推定することもできる．

一方，ネクローシスは受動的に細胞膜が破壊される現象と考えられ，制御メカニズムは存在しない細胞死とみなされて，ほとんど研究対象として注目されてこなかった．しかしながら，アポトーシス研究の傍らでFasリガンドやTNF-αなど生理的な細胞死誘導因子であるデスリガンドが，ある種の条件ではネクローシス様の細胞死を誘導することは知られていた[7〜9]．後に，Yuanらがこのネクローシス様の細胞死に対する阻害剤Nec-1（necrostatin-1）を見出し[10]，そのターゲットとしてRIPK1が同定されると[11]，制御されたネクロー

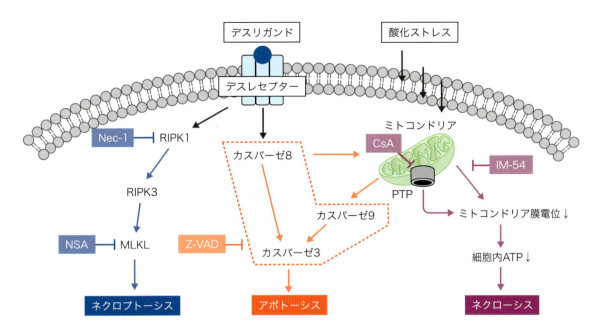

図1　細胞死阻害剤の作用点
細胞死阻害剤の作用点を示す．Nec-1，NSAはそれぞれRIPK1，MLKLを阻害することでネクロプトーシスを阻害する．Z-VADはカスパーゼ全般を阻害することで，アポトーシスを抑制する．CsAはCypDを阻害することで，PTP開口により誘導されるネクローシスを抑制する．IM-54はミトコンドリアに作用し，ミトコンドリアの膜電位低下とそれに続く細胞内ATPの減少を抑えることで，ネクローシスを抑制していると推定している．

シスとして「ネクロプトーシス」が広く認識されるようになった．近年の研究によりその下流のRIPK3や実行因子MLKLが同定され，その生体内での解析も進んでいる（第1章-2参照）．また，ミトコンドリアマトリクスに存在するCypD（cyclophilin D）のノックアウトが，カルシウムや酸化ストレスで誘導されるネクローシス様の細胞死を抑制することも報告されている[12]．このネクローシスにおいては，CypDが制御するチャネルタンパク質複合体PTP（permeability transition pore）が開口することでミトコンドリア内膜の透過性が亢進し，ミトコンドリアの膨潤と機能破綻がネクローシスの引き金になると考えられている．いまだ議論の余地はあるが，このCypD依存性のネクローシスとネクロプトーシスは異なる細胞死であり[13]，ネクローシスの誘導機構には複数の経路が存在すると考えられている[14]．しかしながら，これらネクローシス様の形態変化は単に細胞膜が物理的に破壊された場合でも起きるため，制御機構がかかわる細胞死かどうかの判別は形態観察のみからは困難である．そのため，阻害剤を用いた区別が重要となる（図1，表）．ネクロプトーシスでは

RIPK1の阻害剤Nec-1またはMLKLの阻害剤NSA（necrosulfonamide）[15]が効果を示すかどうかがネクロプトーシスかどうかの判断基準として使われ，CypD依存性ネクローシスに関してはCypDの阻害剤CsA（cyclosporine A）の効果が判断基準となる．われわれは，後述するように酸化ストレスによって誘導されるネクローシスに対する選択的な細胞死抑制剤IM-54を開発している．IM-54もまた，ネクローシスにおける酸化ストレスの関与を調べるツールとして使用されるようになった[16)17)]．

以上のように，細胞死の阻害剤はそのターゲット分子や周辺のシグナル伝達経路の解析だけではなく，細胞死の分類にも重要な役割を果たす．阻害剤のなかには細胞レベルのみならず個体レベルで活性を示すものもあり，その細胞死が関連する疾患の治療薬リードとしても期待できる．実際Nec-1やCsAはネクローシス様の細胞死が観察される虚血再灌流傷害に保護効果を示すことが明らかとなっている[10)18)]．そのため，細胞死研究においてその阻害剤が果たす役割は非常に大きく，その開発が新しい細胞死研究を拓くものとなる．

表　細胞死研究でよく使われる阻害剤

カテゴリー	化合物名	ターゲット（作用機序）
アポトーシス阻害剤	Z-VAD-FMK	カスパーゼ全般
	Q-VD-OPh	カスパーゼ全般
	Z-DEVD-FMK	カスパーゼ3
	Z-IETD-FMK	カスパーゼ8
	Z-LEHD-FMK	カスパーゼ9
	Z-ATAD-FMK	カスパーゼ12
パイロトーシス阻害剤	CA-074Me	カテプシンB
CypD依存性ネクローシス阻害剤	CsA（cyclosporine A）	CypD（cyclophilin D）
ネクロプトーシス阻害剤	Nec-1（necrostatin-1）	RIPK1
	NSA（necrosulfonamide）	MLKL
酸化ストレス誘導性ネクローシス阻害剤	IM-54	（同定中）
フェロトーシス阻害剤	Ferrostatin-1	抗脂質過酸化
	Deferoxamine	鉄キレーター
抗酸化剤	NAC（*N*-acetyl-cysteine）	抗酸化剤
	trolox	抗酸化剤
	Mito-TEMPO	ミトコンドリア特異的抗酸化剤
PARP阻害剤	DPQ	PARP1
	UPF-1069	PARP2

以下，酸化ストレスにより誘導される新しいタイプのネクローシスの抑制剤IM-54の開発の経緯について詳しく述べる．

2 酸化ストレスと細胞死

細胞内ではミトコンドリア呼吸鎖などから漏れ出た電子から，過酸化水素（H_2O_2），スーパーオキシドアニオン（・O_2^-），ヒドロキシルラジカル（・OH）などさまざまな活性酸素種（ROS）が生成し，これらがタンパク質，脂質，核酸などの生体成分に傷害を与える．そのため，これらROSを除去する抗酸化防御系としてスーパーオキシドジスムターゼ（SOD），カタラーゼ（catalase），グルタチオンペルオキシダーゼ（GPx）などの酵素群やグルタチオン（GSH），ビタミンC（VC），ビタミンE（VE）などのスカベンジャー分子が働き，その傷害を抑えている（**図2**）．酸化ストレスは生成と除去のバランスが崩れ，過剰に発生したROSにより誘起されるストレスの一種として定義される．近年，酸化ストレスをシグナルとして受けとるセンサータンパク質としてKeap1などが同定され，その下流で起きるさまざまな遺伝子群の転写制御がストレス応答を担うシステムとして明らかにされてきた[19]．生体は酸化ストレスに対して抗酸化防御系を活性化することで偏ったバランスを正そうとするが，抗酸化防御系では除去しきれないほどのストレスの場合には細胞死へとつながる．この場合，酸化ストレスは特定のシグナル伝達経路を活性化し，アポトーシスを誘導することが明らかとなっている．一方でアポトーシスとは異なる細胞死が混在する場合もあり，これらはROSの無差別な傷害による細胞死と区別しにくいため，解析が困難であった．

しかしながら近年，パイロトーシスなど「制御された細胞死」において，ROSが積極的にかつコントロールされた状態で産生され，生理的な細胞死誘導因子として働くことも明らかになってきた[20]．その詳細な制御メカニズムは明らかになっていないが，これまで研

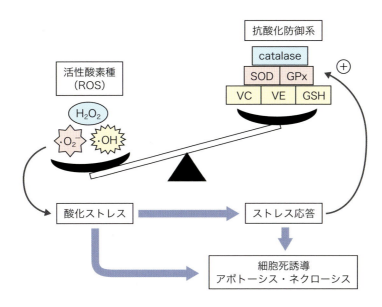

図2　酸化ストレス：活性酸素種と抗酸化防御系
生体内では活性酸素種（ROS）と抗酸化防御系のバランスが維持されている．酸化ストレスはこのバランスが崩れてROSが過剰になったことにより生じるストレスで，生体は抗酸化系を活性化するように応答することでそのバランスを正そうとする．しかしながらバランスを正せない場合には細胞死へと向かう．

究されてきた酸化ストレスによる細胞死のなかに，これら「制御された細胞死」との関連性も考えられる．特に酸化ストレスで誘導されるネクローシス様の細胞死に関しては，細胞膜が非特異的に傷害を受けたものとして詳細には研究されておらず，未解明の部分が多く残されている．

3　ネクローシス阻害剤MS-1の開発とラットモデルへの適用

われわれの研究の発端は，今から20年近く前に，初代培養細胞において酸化ストレスで誘導されるネクローシス様の細胞死をプロテインキナーゼC（PKC）の阻害剤として知られるBM-1が抑制するという朝海らの発見の話を聞いたことに遡る（**図3**）[21]．当時偶発的な細胞死であるとみなされていたネクローシス様の細胞死が抑制されるという事実に興味をもち，朝海らとともに他のPKC阻害剤や類縁化合物との活性の比較を行い，このネクローシス抑制活性はPKCの阻害活性とは関係ないことがわかった．また，この活性が既存の抗酸化剤のように，単純な化学反応による過酸化物のスカベンジ能によるものではないことも確認した．この

ことは物理的な膜の破壊とは異なり，何らかのネクローシス誘導機構が存在することを示唆していた．当時はまだアポトーシスの研究が中心であり，ネクローシスは制御されない細胞死として考えられていた．しかしながら，BM-1のように抑制活性を示す化合物が見つかったことは，ネクローシスに新しい誘導機構が存在し，BM-1はその未知の機構に作用している可能性を示唆していた．そこでわれわれは，この未知のネクローシスのメカニズム解明をめざしたいと考えた．しかし研究を進めるにあたっては，BM-1のもつ強いPKC阻害活性は解析の妨げになることから，ネクローシス抑制活性とPKC阻害活性の分離が必須であった．そこでまずは，BM-1の構造を変換してPKC阻害活性のない化合物を開発することを計画した．

BM-1はATP競合型の阻害剤であり，PKCのATP結合サイトに結合してそのキナーゼ活性を阻害していると考えられた[22]．そこでPKC阻害活性を分離するにあたって，われわれはその結合様式をもとに化合物の設計を行うことにした．BM-1開発のもとになった天然物スタウロスポリンに関しては当時すでにキナーゼと共結晶構造が報告されており[23]，2つの水素結合を介してキナーゼのATP結合サイトに結合していることが

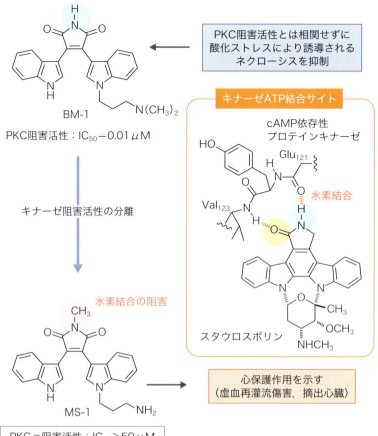

図3　MS-1の開発
PKC阻害剤として報告されたBM-1がPKC阻害活性とは関係なくネクローシスを阻害するという報告をもとに，BM-1からキナーゼ阻害活性を分離したMS-1を開発した．構造展開においてはBM-1の類縁体であるスタウロスポリンが水素結合を介してキナーゼと相互作用していることを参考にして，水素結合のできない誘導体を設計した．得られたMS-1はPKCに対する阻害活性がなく，さらにラットで心保護作用を示した．

明らかとなっていた（**図3**）．そこでこの水素結合が形成できないようにマレイミド環窒素上にメチル基を導入した分子を設計・合成し，その活性を調べた．その結果，ネクローシス抑制活性を維持したまま，PKC阻害活性のない化合物MS-1の開発に成功した[1]．さらにMS-1のラットにおける保護作用も検討した．その結果，MS-1は培養細胞のみならず，ラットの摘出心臓[3]および心虚血再灌流傷害モデル[4]いずれにおいても保護効果を示した．このことは本ネクローシスが培養細胞の過酸化物処理という*in vitro*の系だけではなく，個体レベルの心虚血再灌流傷害においても大きく寄与していることを示唆している．

4　酸化ストレスによって誘導されるネクローシスの選択的阻害剤IM-54の開発

さらにMS-1を用いた研究を進めるなかで，MS-1が高濃度では細胞毒性を示すことが明らかとなった．リードとなったBM-1はPKC以外にも多くのキナーゼを阻害することが報告されている[24]．そこでBM-1が阻害すると報告されているキナーゼ群ならびにPKCの各サブタイプに対するMS-1の阻害活性を調べたところ，ほとんどのキナーゼに対しては，50 μMという高濃度でも顕著な阻害はみられなかったが，S6K1およびPKCε

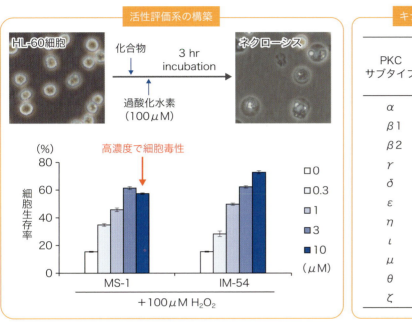

図4 IM-54の開発

MS-1はHL-60細胞を用いた活性評価系において高濃度で細胞毒性がみられた．そこでMS-1をさらに構造展開して細胞毒性を示さないIM-54を開発した．IM-54は過酸化水素などで誘導されるネクローシスを抑制する一方，エトポシドなどにより誘導されるアポトーシスは抑制しなかった．さらにMS-1およびIM-54のPKC各サブタイプに対する阻害活性を比較したところ，IM-54の方がよりPKC阻害活性を分離できていることがわかった．

に対しては弱いながらも阻害活性を示すことがわかった（S6K1：IC$_{50}$＝25μM，PKCε：IC$_{50}$＝9μM）．この結果を受け，より選択性の高い阻害剤を得るべく，さらに本格的な構造展開を進めることにした．構造展開にあたっては，まず株化された培養細胞としてヒト白血病細胞HL-60を用い，簡便に細胞死抑制活性を評価できる実験系を構築した．HL-60に100μMの過酸化水素を加えると，典型的なネクローシス様の細胞死を誘導することができる（**図4**）．細胞生存率をアラマーブルー試薬で定量化し，化合物添加により上昇した生存率を細胞死抑制活性として評価した．MS-1は低濃度では濃度依存的に細胞生存率を高めるが，

10μM以上の高濃度では細胞毒性のために細胞生存率が低下する．詳細は割愛するが，160種以上の化合物を合成し，その活性を検討した結果，ついに高濃度でも細胞毒性を示さない化合物IM-54を得ることに成功した[2]．IM-54はS6K1のみならずPKCのすべてのサブタイプに阻害活性を示さなかった（**図4**）．さらに他の細胞死との関連が示唆されているキナーゼも含めて数十種類のキナーゼに関しても調べたが，いずれのキナーゼに対しても阻害を示さなかった．このようにして，キナーゼ阻害活性の分離を達成し，ネクローシス抑制剤IM-54の開発を行うことに成功した．

さまざまな刺激による細胞死に対するIM-54の効果

を調べたところ，抗がん剤やFasリガンドなどのデスリガンドにより誘導される典型的なアポトーシスには全く抑制効果を示さないことがわかった．さらに同じネクローシス様の形態を示す細胞死として，Fasリガンドにより誘導されるネクロプトーシスに対する効果も調べたが，これにも抑制効果は示さなかった．反対に，IM-54が抑制効果を示す本ネクローシスに対してカスパーゼの阻害剤Z-VADやネクロプトーシスの阻害剤Nec-1は抑制効果を示さなかった．以上の結果から，IM-54は酸化ストレスにより誘導されるネクローシスに対して選択的な抑制効果を示すことがわかった．現在IM-54の作用機序解明研究を行っている．ネクローシスの特徴として，ミトコンドリア膜電位の低下とそれに伴う細胞内ATPの減少が報告されているが，IM-54はミトコンドリアに作用し，ミトコンドリア膜電位の低下と細胞内ATPの減少いずれも抑制することがわかった．また，CsAとの効果の比較から，IM-54で抑制されるネクローシスは，先に述べたCypD依存性ネクローシスとは異なる誘導メカニズムをもつ新しいタイプのネクローシスであることを示す結果も得ている．現在，IM-54に結合するタンパク質の同定を進めており，その作用機序から，新しいネクローシス誘導の分子メカニズムを明らかにすることをめざしている．

おわりに

制御された細胞死としてネクローシスが認知されるようになって10年あまりが経過した．しかしながら，ネクローシスが生体内で果たす役割に関してはいまだ明らかになったとはいえない．アポトーシスが正常に機能しない場合のバックアップとしての役割や，炎症反応の惹起，虚血再灌流傷害との関連など個体レベルで観察されることはわかってきたが，いずれも病理的なものであり，生理的な細胞死といえるかどうかは意見のわかれるところである．その理由として，個体レベルでの細胞死の解析は，従来の生物学的手法では困難なことがあげられる．ネクローシスの種類もネクロプトーシス以外にどのようなものがあるのか不明確である．

一方で新しい細胞死が発見・解明されていく過程で，阻害剤の貢献がますます大きくなってきたと感じられる．Nec-1をはじめとして，いくつもの阻害剤が広く使われるようになった．今後は阻害剤だけではなく，特定の細胞死に対する誘導剤や細胞死を検出可能な蛍光プローブなども次なるターゲットとして考えられる．化学的アプローチからの細胞死研究が広がることを期待したい．

文献

1) Katoh M, et al：Bioorg Med Chem Lett, 15：3109-3113, 2005
2) Dodo K, et al：Bioorg Med Chem Lett, 15：3114-3118, 2005
3) Katare RG, et al：Transplantation, 83：1588-1594, 2007
4) Katare RG, et al：Can J Physiol Pharmacol, 85：979-985, 2007
5) Sodeoka M & Dodo K：Chem Rec, 10：308-314, 2010
6) Ellis HM & Horvitz HR：Cell, 44：817-829, 1986
7) Laster SM, et al：J Immunol, 141：2629-2634, 1988
8) Vercammen D, et al：J Exp Med, 188：919-930, 1998
9) Matsumura H, et al：J Cell Biol, 151：1247-1256, 2000
10) Degterev A, et al：Nat Chem Biol, 1：112-119, 2005
11) Degterev A, et al：Nat Chem Biol, 4：313-321, 2008
12) Nakagawa T, et al：Nature, 434：652-658, 2005
13) Linkermann A, et al：Proc Natl Acad Sci U S A, 110：12024-12029, 2013
14) Vanden Berghe T, et al：Nat Rev Mol Cell Biol, 15：135-147, 2014
15) Sun L, et al：Cell, 148：213-227, 2012
16) Suntharalingam K, et al：J Am Chem Soc, 137：2967-2974, 2015
17) Zeng F, et al：Ecotoxicol Environ Saf, 124：315-323, 2016
18) Piot C, et al：N Engl J Med, 359：473-481, 2008
19) Suzuki T & Yamamoto M：Free Radic Biol Med, 88：93-100, 2015
20) Abais JM, et al：Antioxid Redox Signal, 22：1111-1129, 2015
21) Asakai R, et al：Neurosci Res, 44：297-304, 2002
22) Toullec D, et al：J Biol Chem, 266：15771-15781, 1991
23) Prade L, et al：Structure, 5：1627-1637, 1997
24) Davies SP, et al：Biochem J, 351：95-105, 2000
25) 闐闐孝介，袖岡幹子：遺伝子医学MOOK別冊．「細胞死研究の今—疾患との関わり，創薬に向けてのアプローチ」（辻本賀英/編），P85-91，メディカルドゥ，2013

＜筆頭著者プロフィール＞

闐闐孝介：1999年東京大学薬学部薬学科卒業（指導教官：橋本祐一先生），2004年東北大学大学院工学研究科博士後期課程修了（指導教官：袖岡幹子先生），理化学研究所基礎科学特別研究員，東京大学分子細胞生物学研究所助教を経て'08年理化学研究所研究員およびERATO袖岡生細胞分子化学プロジェクトグループリーダーを兼務，'14年より理化学研究所専任研究員（現職）．細胞死分野を中心にユニークな生物活性化合物の開発と作用機序解明を進める．

第1章 多様な細胞死様式とその分子メカニズム

6. オートファジーと細胞死

清水重臣

> オートファジーと細胞死はともに，生体における不具合な構成成分を除去するために働く細胞機能である．この両者は，その機能を効率よく発揮するために，互いのシグナルをクロストークさせており，その代表例がオートファジー細胞死である．アポトーシスに不具合が生じるとオートファジーが異常に活性化し，代償的な細胞死を誘導することによって傷害細胞を除去することができる．オートファジーや細胞死の不具合は，発がんをはじめとする種々の疾患の原因となっている．

はじめに

われわれの体が，正常に発生し恒常性を保っていくためには，適切な場所で，適切な時期に，細胞死が実行されることが必要不可欠である．以前は，細胞死は生存プロセスの崩壊によってもたらされる受動的な生命現象であると認識されていたが，アポトーシスの発見とその遺伝学的，分子生物学的解析を通して，生体における細胞死の重要性が広く認知されるようになった．しかしながら，アポトーシスの分子機構が明らかになるにつれて，生命現象を解読したり，疾患，病態の原因を解明したりするためには，アポトーシスの実行機構を明らかにするのみでは不十分であることが判明し，非アポトーシス細胞死の重要性に注目が集まってきた．非アポトーシス細胞の代表例としてネクロプトーシスやオートファジー細胞死などが存在する．

オートファジー細胞死とは，オートファジーの過剰亢進によって細胞が死に至る現象である．オートファジーとは細胞内浄化機構の一種であり，病的な細胞内成分や不要な細胞内成分を分解消化し，再利用する細胞機能である．オートファジーは多くの場合，生に貢献するために用いられているが，細胞に強いストレスが加わったときなどは，オートファジーが制限なく進行し，これによって細胞は死に至る．本稿では，オートファジーとオートファジー細胞死に関して，最新の知見を含めて概説する．

[キーワード＆略語]
オートファジー細胞死，Atg5依存的オートファジー，Atg5非依存的オートファジー，JNK

JNK：c-Jun N-terminal kinase
JNK DN：JNK dominant negative
PTEN：phosphatase and tensin homolog deleted from chromosome 10

1 オートファジーとは

オートファジーとは，細胞内成分が二重の膜によって周囲から隔離された後で，リソソーム酵素によって

Autophagy and cell death
Shigeomi Shimizu：Department of Pathological Cell Biology, Medical Research Institute, Tokyo Medical and Dental University（東京医科歯科大学難治疾患研究所病態細胞生物学分野）

Graphical Abstract

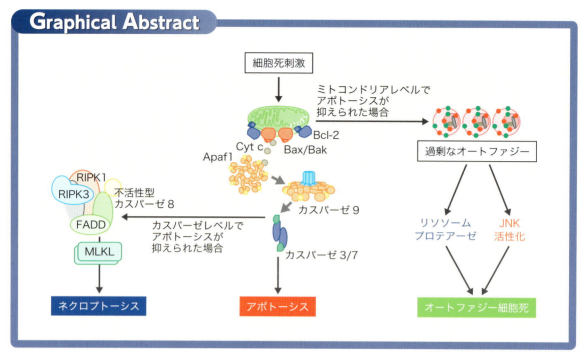

◆生体で起こる3つの主な細胞死の分子機構

アポトーシスシグナルはミトコンドリアを経由してカスパーゼの活性化に至る．ミトコンドリアレベルでアポトーシスシグナルが抑えられると，オートファジー細胞死が実行される．カスパーゼレベルでアポトーシスシグナルが抑えられると，ネクロプトーシスが実行される．

消化される細胞内浄化機構である[1]．オートファジーは，定常状態の細胞においては軽度に起きており，細胞構成成分を少しずつ分解することにより細胞の新陳代謝に貢献している．一方，細胞に何らかのストレスが加わると，これに対応するために大規模なオートファジーが誘導される．具体的には，細胞が栄養不足のときやDNA傷害などのストレスを受けたときに，オートファジーが顕著に活性化される．前者の場合は，生存に不可欠なタンパク質を合成するために，自らの生体成分を分解してこれに充当する反応であると理解されている．後者の場合は，傷害されたタンパク質やオルガネラを除去する反応であると理解されている．このように，オートファジーは多くの場合，生に貢献するために用いられている．

2 オートファジーの実行機構

オートファジーの形態学的進行は以下のように考えられている．すなわち，オートファジーは隔離膜とよばれる二重膜の形成からはじまる．この隔離膜は，伸長するとともに湾曲し，細胞質やオルガネラを囲い込み，最終的には二重膜のオートファゴソームを形成する．オートファゴソームはリソソームと直接融合し，リソソームの消化酵素によってその内容物が消化される（図1）[1]．

オートファジーの実行にかかわる分子は，出芽酵母の遺伝学的解析によって同定され，これまでに30種類以上のオートファジーに必要な遺伝子が発見されている．さらに，酵母の遺伝学を基盤として，哺乳動物におけるオートファジー関連分子ならびに実行機構が解き明かされた．このなかで，Atg5，Atg7，LC3，Beclin1などの分子はその構造，機能ともに酵母から哺乳動物細胞まで保存されており，オートファジーの

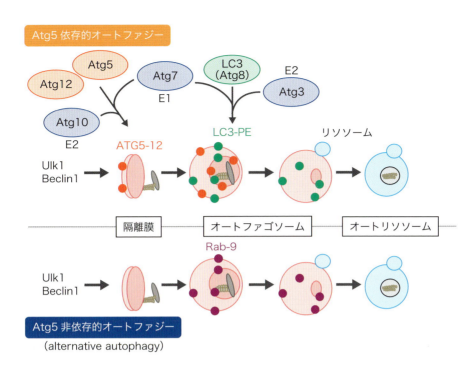

図1 オートファジーの模式図
オートファジーには，Atg5に依存した反応（上段）と依存しない反応（下段）が存在する．どちらの反応も，①隔離膜の形成，②伸長，③オートファゴソームの形成，④オートリソソームの形成（リソソームと融合）の順序で進行する．Atg5依存的オートファジーの場合には，ATG5-12複合体が隔離膜の伸長に必須である．LC3-PEはATG5-12複合体依存的に隔離膜に結合し，オートファゴソーム形成に寄与する．ATG5-12複合体の形成にはユビキチン様の反応が必要であり，Atg7がE1，Atg10がE2として働く．また，LC3-PEの形成にもユビキチン様の反応が必要であり，Atg7がE1，Atg3がE2として働く．Atg5非依存的オートファジーの場合には，ゴルジ膜を利用してRab-9依存的にオートファゴソーム形成が進行する．

実行には欠かせないものとして考えられている[1]．Beclin1は，オートファゴソーム形成の初期段階に重要な役割を果たしている．続いて起こる隔離膜の伸長には，Atg5，Atg7，LC3などが重要な役割を担っている（図1）．LC3は水溶性タンパク質のため，通常は細胞質に存在しているが，オートファジー誘導時にはホスファチジルエタノールアミンが共有結合して脂質化し，オートファジー膜に局在するようになる．この現象は，オートファジーの指標として頻用されている．

一方，われわれは，哺乳動物において，Atg5，Atg7，LC3などに依存しない新たなオートファジー機構が存在することを発見し，「alternative autophagy」と命名した（図1）[2]．例えば，Atg5欠損マウスより調製した細胞にDNA傷害を加えると，野生型細胞と同程度の大規模なオートファジーが観察される（図2A）．このalternative autophagyは，Atg5依存的オートファジーと同様の形態によって実行されるが，Atg5，Atg7，LC3などの分子は必要としない．ただし，Beclin1は必要である．生理的なalternative autophagyの代表として，赤血球の最終分化時に行われるミトコンドリアの排除があげられる（図2B）．このときのミトコンドリア排除にオートファジーがかかわっている事実は古くから知られていたが，この現象はAtg5欠損赤血球においても普通に観察される．一方で，alternative autophagyに重要な役割を果たしているUlk1を欠損した赤血球では，ミトコンドリアの除去に障害が生じている（図2C）[3]．すなわち，赤血球分化時のミトコンドリア除去には，alternative autophagyが決定的な役割を果たしているのである．両系統のオートファジーは刺激の種類，細胞の種類，分解基質の種類などによって巧妙に使い分けられているものと考えられる．

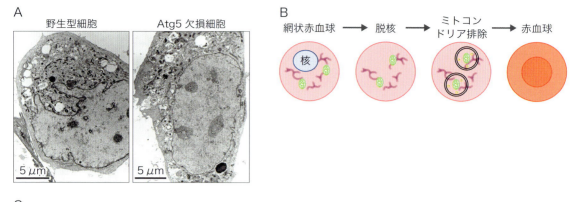
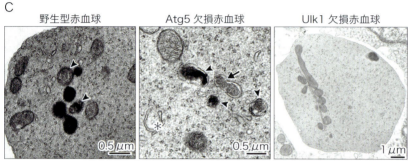

図2　Atg5非存在下で誘導されるオートファジー
A) 野生型およびAtg5欠損MEFをエトポシドで刺激したところ，同程度のオートファジーが誘導された．文献2より転載．B) 赤血球の最終分化は，網状赤血球から脱核，ミトコンドリア排除が起こって，最終的な成熟赤血球となる．C) 野生型，Atg5欠損，Ulk1欠損胎仔の赤血球を電子顕微鏡にて観察した．野生型やAtg5欠損赤血球では，隔離膜（アスタリスク），ミトコンドリアの入ったオートリソソーム（矢じり）が観察され，ミトコンドリアがオートファジーで分解されている像が取得できた．一方，オートファゴソーム（矢印）とUlk1欠損赤血球では，ミトコンドリアの分解はみられなかった．文献3をもとに作成．

3 オートファジーと細胞死

　一般に，オートファジーは生に貢献するための細胞機能と考えられており，細胞死とは正反対の機能を有しているように見える．しかしながら，オートファジーも細胞死もともに，生体の恒常性維持やストレス対応という共通の役割を担っている．オートファジーは"細胞内"に生じた不具合なタンパク質やオルガネラを積極的に排除して生に貢献し，細胞死は"組織内"に生じた不具合な細胞を積極的に排除して生に貢献している．このように，オートファジーと細胞死は両輪となって，不具合な産物を生体から排除するために機能しているのである．このような共通の目的を効率よく実践するために，互いの細胞機能はさまざまなレベルでクロストークをしている．例えば，細胞に強いストレスが加

わったときには，まずオートファジーが活性化され，少し遅れてアポトーシス実行機構が作動することが多い．また，アポトーシス抑制分子であるBcl-2やBcl-x_Lは，Beclin1と直接結合することで，オートファジーを負に制御している．さらに，アポトーシス実行分子の1つとして報告されているBnip3（Nix）はミトコンドリアのオートファジー実行に重要な役割を果たしている．

　両機能のクロストークの典型としてオートファジー細胞死があげられる．生体において，オートファジーと細胞死が共存する場面は多くみられるが，オートファジーの活性化によって細胞が死に至る場合のみがオートファジー細胞死と称される．オートファジーが細胞死を抑制している場合や，細胞死に単に随伴している場合にはオートファジー細胞死とはよばれない．具体的には，①オートファジー関連分子の関与，②オートファジー阻

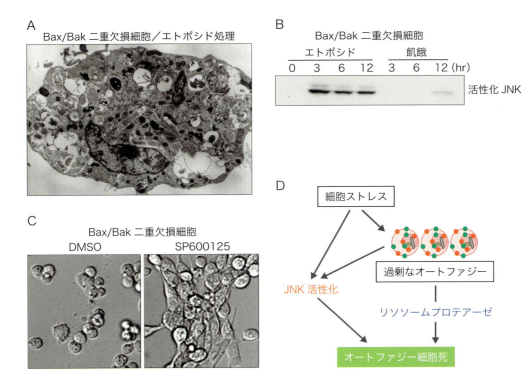

図3 Bax/Bak二重欠損細胞において観察されるオートファジー細胞死
A) Bax/Bak二重欠損細胞に抗がん剤エトポシド（20 μM）を投与し，18時間後の電子顕微鏡像．細胞内に大量のオートファゴソーム形成がみられる．文献5より転載．B) Bax/Bak二重欠損細胞に抗がん剤エトポシド（20 μM）を投与すると，JNKの活性化がみられる．一方で，飢餓誘導によっては，JNKの活性化はみられない．文献8より転載．C) JNK阻害剤（SP600125）存在下に，Bax/Bak二重欠損細胞をエトポシド処理すると，オートファジー細胞死は顕著に抑制される．文献8より転載．D) オートファジー細胞死の実行機構．オートファジー細胞死が実行されるためには，過剰なオートファジー誘導の他に，JNKの活性化が必要である．

害剤による細胞死抑制，③オートファジー実行分子の発現抑制による細胞死抑制などが，オートファジー細胞死を担保する要件と考えられている[4]．われわれは，ミトコンドリア経由アポトーシスに必須の分子であるBax/Bakの両者を欠損した細胞（アポトーシス抵抗性細胞）においてオートファジー細胞死を最初に発見した[5]．この細胞にアポトーシス刺激を加えると，①アポトーシスの代わりにオートファジーが激しく活性化して細胞死が起こり（**図3A**），②この細胞死は，オートファジー阻害剤やオートファジー関連分子の発現抑制により顕著に緩和された．すなわち，オートファジー細胞死の要件に合致する細胞死であった．なお，前述した2つのタイプのオートファジー（Atg5依存的オートファジーとAtg5非依存的オートファジー）は，ともにオートファジー細胞死を誘導することができる．

4 オートファジー細胞死の実行機構

オートファジー細胞死は，Bax/Bak二重欠損細胞のみならずBax/Bak二重欠損マウスにおいても観察されており，アポトーシスの代償的役割を果たしていることは間違いない．その他に，ショウジョウバエの発生過程における唾液腺の消滅や，哺乳動物のホルモン感受性臓器の退縮にもオートファジー細胞死の関与が示唆されている[6]．疾患においては，小脳変性疾患の一部が，オートファジー細胞死によるものと報告されている[7]．

それでは，生に貢献するオートファジーと，オートファジー細胞死実行時のオートファジーに形態学的な違いはあるのであろうか？ 通常のオートファジー小胞の大きさは，直径1 μm以下であることが多い．一方

で，オートファジー細胞死においては，その径が3μmを超えるものが頻繁に観察される．オートファジー小胞の前身である隔離膜の大きさには変化がないため，オートファジー細胞死が実行されるときには，オートファジー小胞同士の異常な融合が生じているものと考えられる．オートファジーによって分解されている成分を観察すると，ミトコンドリアや小胞体などの分解像はみられず，細胞質成分が大量に分解されている．

オートファジーの実行において，オートファジーの活性化は必要条件ではあるが，それのみでは細胞死に至らず，付加的な細胞死シグナルが加わることが必要である．われわれは，これを同定するために，オートファジー細胞死の実行の際に発現量が変化する分子を探索した．その結果，ストレスキナーゼであるJNK（c-Jun N-terminal kinase）のリン酸化が顕著に認められた（図3B）[8]．さらに，JNK阻害剤やJNK DN（JNK dominant negative）の発現によって，オートファジー細胞死が緩和されたことから，JNKの活性化がオートファジー細胞死に重要な役割をしていることがうかがえた（図3C）[8]．一方で，JNK阻害剤やJNK DNはオートファジーそのものの多寡には影響を与えなかった．すなわち，JNKの活性化は，オートファジーと両輪となって，オートファジー細胞死の実行に寄与しているものと考えられた（図3D）[8]．

5 オートファジー，オートファジー細胞死と発がん

1）疾患とのかかわり

では，このようなオートファジーあるいはオートファジー細胞死は疾患や病態にどのようにかかわっているであろうか？これまでに十分な知見が集積されているわけではないが，がんとの関連に関して若干の考察を加えたい．オートファジーががん化にどのようにかかわっているかに関しては，複数の論文が提出されている．タイプⅠPI3キナーゼ-AKT-mTORと流れる一連のシグナル伝達機構がオートファジーを抑制すること，PI3キナーゼの負の調節タンパク質であるPTEN（phosphatase and tensin homolog deleted from chromosome 10）ががん抑制にかかわっていることより，オートファジーの抑制が発がんに連動している可能性がうかがえる．実際に，卵巣がんの75％，乳がんの50％において，Beclin1の単一対立遺伝子性（monoallelic）に異常があることが報告されている[9]．また，これらの腫瘍から分離したがん細胞にBeclin1を導入するとがん化能が顕著に抑制されることも報告されている[9]．これらの事実よりBeclin1の機能低下が発がんの一翼を担っていることは間違いない．さらに，肝細胞がんやグリオーマにおいて，オートファジーの基質分子であるp62の過度な蓄積や凝集（オートファジーの破綻を示唆する結果である）が報告されている．実験結果においても，Beclin1のヘテロノックアウトマウス（ホモノックアウトマウスは胎生致死である）においては発がん率が異常に高いこと[9][10]，が示されている．これらの知見は，オートファジーの異常が発がんやがんの進展につながる可能性を示している．

2）オートファジーの異常による発がんのメカニズム

オートファジーの異常による発がん機構を説明するメカニズムとしては，以下のような説が提示されている．すなわち，①オートファジー機能が低下すると，オートファジーの基質分子であるp62が蓄積し，これが細胞ストレスの増強やNF-κB活性化を介してがん化に寄与している，②がん細胞でp62が蓄積すると，p62がKeap1をトラップすることでNrf2分子が安定化し，がん細胞がストレスに強くなる，③オートファジーの不具合によって，本来排除されるべき変異ミトコンドリアが残存し，これらから発生する活性酸素がDNAの変異率を上昇させる，④オートファジーの破綻によってネクローシス細胞が増加し，死細胞由来の炎症惹起物質によってがん化が促進される，⑤本来死ぬべきがん細胞が，オートファジー細胞死の異常によって生存する，などである．

逆に，オートファジーががんを促進する方向に機能する報告もある．例えば，固形がんの中心部では低酸素，低栄養状態に陥っているが，このようながん細胞が生存するためには，オートファジーが機能することが重要である．また，がん細胞のマイグレーションや転移の際にもオートファジーの助けが必要であると考えられている．オートファジーが，腫瘍促進的に働くか，腫瘍抑制的に働くか，またどのようなメカニズムで機能するかは，細胞のおかれた状況によって決定されるものと考えられている．

おわりに

本稿ではオートファジーとオートファジー細胞死を取り上げ，これらの分子機構や生物学的な役割に関して概説した．しかしながら，オートファジー細胞死においては，その分子機構の詳細や生物学的な役割に関していまだ不明の点が多く残されており，さらなる解析が必要である．

文献

1) Yang Z & Klionsky DJ：Curr Top Microbiol Immunol, 335：1-32, 2009
2) Nishida Y, et al：Nature, 461：654-658, 2009
3) Honda S, et al：Nat Commun, 5：4004, 2014
4) Shen HM & Codogno P：Autophagy, 7：457-465, 2011
5) Shimizu S, et al：Nat Cell Biol, 6：1221-1228, 2004
6) Denton D, et al：Cell Death Differ, 19：87-95, 2012
7) Yue Z, et al：Neuron, 35：921-933, 2002
8) Shimizu S, et al：Oncogene, 29：2070-2082, 2010
9) Qu X, et al：J Clin Invest, 112：1809-1820, 2003
10) Yue Z, et al：Proc Natl Acad Sci U S A, 100：15077-15082, 2003

＜著者プロフィール＞
清水重臣：1984年大阪大学医学部卒業．外科臨床に約10年従事．'94年，大阪大学第一生理学教室助手．翌年，大阪大学医学部遺伝子学教室助手．2000年より同助教授．'06年より現職．研究テーマは，細胞死，Atg5非依存的オートファジー，ミトコンドリア．

第1章 多様な細胞死様式とその分子メカニズム

7. 新規ネクローシスの分子機構

阪口翔太,米原 伸

> 「プログラムされた細胞死＝アポトーシス,偶発的な細胞死＝ネクローシス」という概念はもはや時代遅れである.ネクローシス様のプログラムされた細胞死（プログラムネクローシス）の存在が示されてきた.そして,その実行因子の同定がなされたものの,分子機構の全容解明にはまだ至っていない.本稿では,プログラムされたネクローシスの分子機構についていくつかの例を挙げて概説する.

はじめに

発生における器官形成,生体の恒常性維持,病理的・物理的なストレスに対する応答などにおいて,われわれの体内では日々多くの細胞が死んでいる.細胞死はプログラムされた細胞死と偶発的な細胞死の2種類に分類される.「プログラムされた細胞死＝アポトーシス,偶発的な細胞死＝ネクローシス」という考えが長年にわたり支持されてきたが,近年になり非アポトーシス型のプログラムされた細胞死の存在が示されてきた.本稿では,プログラムされたネクローシス（ネクローシス様のプログラムされた細胞死）誘導の分子機構について概説する.

1 プログラムされたネクローシス

長年にわたり,ネクローシスは,外傷や火傷などの細胞への物理的な損傷や毒物処理などによる病理的な

[キーワード＆略語]
ネクローシス,ネクロプトーシス,カスパーゼ8

CypD：cyclophilin D（サイクロフィリンD）
DAI：DNA-dependent activator of IFN regulatory factors
FADD：Fas-associated death domain
IFN：interferon
LPS：lipopolysaccharide（リポ多糖）
MLKL：mixed lineage kinase domain-like
MPTP：mitochondrial permeability transition pore
Nec-1：necrostatin-1
PKR：IFN-induced dsRNA-activated protein kinase
RHIM：RIP homotypic interaction motif
RIPK1：receptor-interacting protein kinase 1
RIPK3：receptor-interacting protein kinase 3
TNF：tumor necrosis factor（腫瘍壊死因子）
TRIF：Toll/IL-1 receptor (TIR) domain-containing adaptor inducing interferon-β
vIRA：viral inhibitor of RIP activation
ZBP1：Z-DNA binding protein 1

Molecular mechanisms of novel types of programmed necrosis
Shota Sakaguchi/Shin Yonehara：Laboratory of Molecular and Cellular Biology, Graduate School of Biostudies, Kyoto University（京都大学大学院生命科学研究科高次遺伝情報学分野）

Graphical Abstract

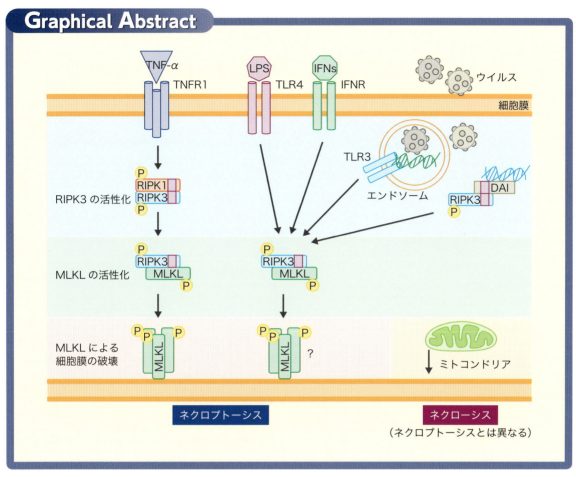

◆ プログラムネクローシス誘導の概略

TNF-αによって誘導されるネクロプトーシスとその他の分子機構で制御されるネクローシスを示す．ネクロプトーシスではRIPK1，RIPK3，MLKLが順番に活性化されることが明らかとなり，TNF-α刺激から膜崩壊までの分子機構が解明されつつある．プログラムネクローシスの誘導はTNF-α以外でも可能であり，それぞれ異なる分子機構で誘導されると考えられている．なお，RIPK3とMLKLによって誘導され，RIPK1が関与しないネクローシスについては，ネクロプトーシスの一種とする考え方もあり，本稿ではネクロプトーシスとして示す．

要因によって引き起こされると考えられてきた．しかし，いくつかの細胞種では，TNF（tumor necrosis factor）刺激を引き金として，ネクローシス様の細胞死が誘導されるという報告があり，「偶発的な細胞死＝ネクローシス」という考えに疑問がもたれるようになった[1]．TNF刺激によってカスパーゼ8が活性化され，この活性型カスパーゼ8を介してアポトーシスが誘導される系が存在する．そのような条件下でカスパーゼ8の働きが遺伝的または薬理学的に阻害されると，RIPK1（receptor-interacting protein kinase 1）と RIPK3という分子の働きによってネクローシス様の細胞死が引き起こされることが報告され，遺伝子によって制御されたプログラムネクローシスの存在が認められるようになった[2]〜[4]．

TNFによって誘導され，RIPK1とRIPK3両分子によって媒介されるプログラムネクローシスは「ネクロプトーシス」と命名され，RIPK1のキナーゼ活性を阻害するNec-1（necrostatin-1）がネクロプトーシスの阻害剤として同定された[5]．RIPK1とRIPK3はRHIM（RIP homotypic interaction motif）とよばれるドメ

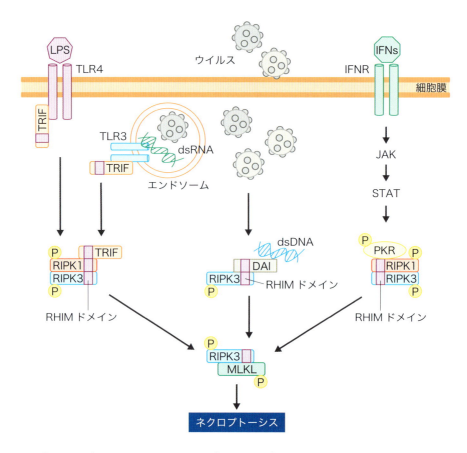

図1 TNF-α誘導ネクロプトーシス以外のネクロプトーシスが誘導される分子機構
LPSやウイルスの二本鎖RNA（dsRNA）はTRIFを介してネクロプトーシスを引き起こす．poly（I：C）は合成dsRNAであり，RNAウイルスの感染と同じ効果を示す．DAIはウイルスの二本鎖DNA（dsDNA）に応答してネクロプトーシスを引き起こす．ウイルス感染によって産生されるIFNもネクロプトーシス誘導因子となる．

インを介して相互作用し，互いをリン酸化または自己リン酸化によって活性化する．また，活性化したRIPK3はMLKL（mixed lineage kinase domain-like）という分子を活性化し，MLKLがネクロプトーシスの実行因子であることが解明された[6]．TNFによって誘導されるプログラムネクローシスであるネクロプトーシスの発見が引き金となり，さまざまなプログラムネクローシスに関する研究が発展することとなった．

本稿では，TNF-αが誘導するネクロプトーシスに続いて発見されてきた新しいプログラムネクローシスについて概説する．なお，TNF-αの受容体であるTNFR1に媒介されるネクロプトーシスの分子機構については第1章-2を参照していただきたい．

2 TRIFを介したネクロプトーシス

LPS（lipopolysaccharide）はカスパーゼ8の活性が阻害された条件下でTLR（Toll-like receptor）4を刺激して細胞にネクローシスを引き起こすことができる（図1）．また，polyinosinic-polycytidylic acid〔poly（I：C）〕はカスパーゼの活性が阻害された条件下でTLR3を刺激してネクローシスを引き起こす[7]．これらのネクローシスはTRIF〔Toll/IL-1 receptor（TIR）domain-containing adaptor inducing interferon-β〕というアダプター分子を介して誘導される．興味深いことに，TRIFもRIPKと同様にRHIMドメインを有しており，TRIFを介したネクローシスはRIPK3とTRIFが相互作用して誘導される．さらに，TRIFを介したネ

クローシスはMLKLに依存するので，TNFR1が媒介するネクロプトーシスと同様にネクロプトーシスと定義できる．しかし，TRIFを介したネクロプトーシスはTNFR1が媒介するネクロプトーシスとは異なり，RIPK1が欠損した細胞でも誘導が可能であると報告されている[8)9)]．一方，RIPK1の阻害剤Nec-1の処理を行った細胞やRIPK1のキナーゼ活性をもたないRIPK1^{D138N}を発現するノックインマウス由来のマクロファージではTRIFを介したネクロプトーシスは誘導されないという報告もなされている[10)]．RIPK1が本当に関与するのか，関与するならどのような分子機構によるのかについてはまだ不明な部分が存在する．

3 DAIを介したネクロプトーシス

DAI（DNA-dependent activator of IFN regulatory factors；Z-DNA binding protein 1：ZBP1）という分子もRHIMドメインを有しており，ウイルスの二本鎖DNAに反応してRIPK3との会合を介したネクロプトーシスを引き起こす（図1）[11)]．一方，マウスサイトメガロウイルスはRHIMドメインを有した細胞死抑制タンパク質vIRA（viral inhibitor of RIP activation）を発現する遺伝子M45を有しており，vIRAはRHIMドメインを介してRIPK3と相互作用し，RIPK3依存性のすべてのネクロプトーシスを阻害するとされている．このようなネクロプトーシスも，TNFが誘導するネクロプトーシスとは異なりRIPK1は関与しないと考えられる．

4 IFNによって誘導されるネクロプトーシス

FADD（Fas-associated death domain）欠損細胞やカスパーゼ8の活性が阻害された細胞において，type I（α型およびβ型）およびtype II（γ型）interferon（IFN）は，RIPK1とRIPK3に依存したネクロプトーシスを引き起こす[12)]．IFN刺激によって誘導されるネクロプトーシスはIFN処理によって発現が誘導されるPKR（IFN-induced dsRNA-activated protein kinase）がRIPK1と相互作用してRIPK1を活性化させることによって誘導される．われわれもIFN-γが

RIPK3とMLKLに依存したネクロプトーシスを誘導することを見出しているが，細胞の性質の違いによってRIPK1の必要性が異なっている．すなわち，カスパーゼ8を発現するがその活性が抑制された細胞（カスパーゼ8のアダプター活性は有する細胞）ではRIPK1を必要とするが，カスパーゼ8欠損細胞においてはRIPK1を必要としないことを見出しており，RIPK3とMLKLが媒介するネクロプトーシスも多様であると考えている（未発表データ）．

5 Cyclophilin Dに依存したネクローシス

ミトコンドリアは，エネルギー産生を行う細胞の生存に必須のオルガネラであるが，細胞死においても重要な役割を担っている．MPTP（mitochondrial permeability transition pore）はミトコンドリアの外膜と内膜をまたぐ孔であり，分子量1500 Da以下の物質を透過させる．MPTPの開孔を制御している分子の1つとしてミトコンドリアのマトリクス内に存在するCypD（cyclophilin D）が知られている．CypDはMPTPの制御だけではなくネクローシスの誘導にも関与していると考えられている（図2）．

虚血再灌流傷害によるネクローシスの誘導にCypDが関与しているとの報告は以前からなされていたが，最近になって，虚血再灌流傷害時には，RIPK1-RIPK3を介したネクロプトーシスとCypDに依存したネクローシスという2種類の異なるネクローシスが誘導されていることが報告された[13)]．また，CypD欠損細胞は酸化ストレスやカルシウム負荷によるネクローシスに対して抵抗性を示すことからも，CypDがネクローシスの誘導に関与していると考えられる[14)]．最近になって，酸化ストレスを細胞に与えると，転写因子p53がミトコンドリアに蓄積すること，さらには，p53がMPTPの開孔やネクローシスの誘導を制御していることも報告されている[15)]．

RIPK1-RIPK3を介したネクロプトーシスの誘導はCypDに依存しないと考えられているが，依存することを主張する報告もあり，CypDがネクロプトーシスに関与しているか否かは，いまだ明確ではないと考えられる[16)17)]．また，われわれは，CypD欠損マウス由

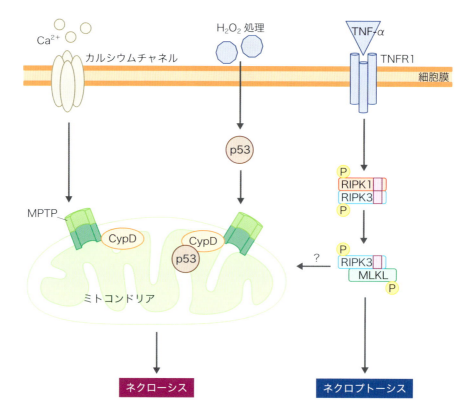

図2 CypDに依存したネクローシス誘導の分子機構
カルシウム負荷や過酸化水素（H_2O_2）による酸化ストレスを与えると，細胞はネクローシスを引き起こす．このとき，ミトコンドリアではMPTPの開孔が誘導されることが重要であり，その制御分子CypDがネクローシスの誘導に必須であると報告されている．ネクロプトーシスとの関係については明確には示されていない．

来の細胞は，IFN-γによって誘導されるネクロプトーシスに抵抗性を示すことを見出している（未発表データ）．CypDの関与するネクローシスと関与しないネクローシスが存在するのか，それらはネクロプトーシスとはどのように異なっているのか，その仕分けはどのような分子機構によってなされているのかなどについての解析が今後必要だと考えられる．

おわりに

RIPK1のキナーゼ活性阻害剤Nec-1，MLKLの機能阻害剤NSA（necrosulfonamide）が開発されたことにより，ネクロプトーシスについては，その判定が容易になったと考えられる．しかし，RIPK1はキナーゼ活性とアダプター活性の2種類の活性を有している．そのため，Nec-1によってキナーゼ活性を阻害した細胞，キナーゼ活性をもたないRIPK1を発現する細胞とRIPK1の発現をなくした細胞において，ネクロプトーシスに対する感受性が一致しないという報告も存在するので，阻害剤のみを用いてネクロプトーシスの解析を行うときには注意が必要だと考えられる．

プログラムされたネクローシス誘導の分子機構はさまざまであり，プログラムネクローシスを判定する決定的なマーカーはいまだ見出されていない．アポトーシスの研究が，活性化カスパーゼ3の検出法やDNA断片化の検出法（TUNEL法）の開発によって大きく発展したことを考えると，ネクロプトーシスを含むプログラムネクローシスのおのおのを特徴づける決定的な因子の発見と検出法の開発により，プログラムネクローシスの研究が発展し，臨床への応用にもつながっていくことを期待したい．

文献

1) Laster SM, et al：J Immunol, 141：2629-2634, 1988
2) Cho YS, et al：Cell, 137：1112-1123, 2009
3) He S, et al：Cell, 137：1100-1111, 2009
4) Zhang DW, et al：Science, 325：332-336, 2009
5) Degterev A, et al：Nat Chem Biol, 1：112-119, 2005
6) Sun L, et al：Cell, 148：213-227, 2012
7) He S, et al：Proc Natl Acad Sci U S A, 108：20054-20059, 2011
8) Kaiser WJ, et al：J Biol Chem, 288：31268-31279, 2013
9) Wu J, et al：Cell Res, 23：994-1006, 2013
10) Polykratis A, et al：J Immunol, 193：1539-1543, 2014
11) Upton JW, et al：Cell Host Microbe, 11：290-297, 2012
12) Thapa RJ, et al：Proc Natl Acad Sci U S A, 110：E3109-E3118, 2013
13) Linkermann A, et al：Proc Natl Acad Sci U S A, 110：12024-12029, 2013
14) Nakagawa T, et al：Nature, 434：652-658, 2005
15) Vaseva AV, et al：Cell, 149：1536-1548, 2012
16) Tait SW, et al：Cell Rep, 5：878-885, 2013
17) Karch J, et al：PLoS One, 10：e0130520, 2015

＜筆頭著者プロフィール＞
阪口翔太：2011年，大阪府立大学生命環境科学部卒業．同年より京都大学大学院生命科学研究科・高次遺伝情報学分野に所属．プログラムネクローシスに興味をもち，その分子機構の解析を行っている．

第2章　死細胞の認識，貪食，生体応答

1. スクランブラーゼによるホスファチジルセリンの露出

鈴木　淳，長田重一

> 正常細胞において細胞膜の内側に存在するホスファチジルセリン（PS）はアポトーシス時に細胞表面に露出し，マクロファージなどの食細胞によって認識・貪食されるためのeat-me signalとして機能する．この過程にはリン脂質を区別なく双方向に輸送する（スクランブルする）スクランブラーゼがかかわるとされていたがその分子的実体は不明であった．本稿においては，われわれが最近同定したリン脂質のスクランブルを担うタンパク質を中心に概説する．

はじめに

ホスファチジルセリン（PS）はフリッパーゼによって細胞膜の内側に保たれている（第2章-2参照）．このPSが"eat-me signal"として機能することは1983年に提案された．すなわち，蛍光付加したPSを赤血球に加えると一部のPSが細胞内に取り込まれず表面に留まる．この細胞をマクロファージに与えると生きた細胞が貪食され，マクロファージをPSの小胞で処理すると貪食が阻害されたことから，細胞表面のPSが貪食を促進したと考えられた[1]．それから約10年後，アポトーシスを起こした細胞の表面にPSが露出し，マクロファージによって貪食されるためのeat-me signalとして機能することが示された[2]．そしてアポトーシス時にはPSが細胞表面に露出するだけでなく，ホスファチジルコリン（PC）などのリン脂質が内側に取り込まれることから，リン脂質を区別なく双方向に輸送する（スクランブルする）タンパク質，「スクランブラーゼ」の存在が仮定された[3]．一方で，活性化した血小板においてPSが露出し，血液凝固因子を活性化させることが古くから見出されていた[4]．この場合も，PSが露出するのと同時に細胞表面のスフィンゴミエリン（SM）の量が減少することから，リン脂質が双方向に輸送されている可能性が考えられた．これは後に，蛍光を付

［キーワード＆略語］
スクランブラーゼ，ホスファチジルセリン，TMEM16F，Xkr8

FACS：fluorescence-activated cell sorting（フローサイトメトリー）
PC：phosphatidylcholine（ホスファチジルコリン）
PE：phosphatidylethanolamine（ホスファチジルエタノールアミン）
PS：phosphatidylserine（ホスファチジルセリン）
SM：sphingomyelin（スフィンゴミエリン）
XK：X-linked Kx blood group

Graphical Abstract

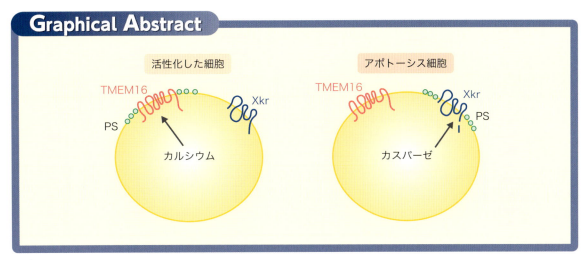

◆ スクランブラーゼによるPSの露出

活性化した血小板などにおいては，カルシウムレベルの上昇に伴い，TMEM16Fが活性化し，PSを露出するのに対し（左），アポトーシス細胞においては，カスパーゼによるXkrのC末端の切断により，Xkrが活性化し，PSを露出する．

加した脂質をカルシウム刺激で活性化した血小板に加えると取り込まれるということで確認されている[5]．このようにアポトーシス細胞や活性化した血小板においてスクランブラーゼという仮定的なタンパク質がリン脂質をスクランブルした結果，細胞内外の非対称性が崩壊しPSが露出すると考えられてきた[6]．しかし，その分子的実体は全く不明であったことからわれわれは，スクランブラーゼの分子的実体を明らかにすることを目的として研究を進めた．

1 TMEM16Fの同定

これまでの多くの研究からスクランブラーゼはカルシウムによって活性化されると考えられてきた．実際，Ba/F3細胞を細胞外カルシウム存在下，カルシウムイオノフォアA23187で刺激するとPSが5分程度で露出した．しかしこのとき，PSを露出した細胞は15分もすると破裂して死んでしまった．一方，細胞外カルシウム非存在下でイオノフォア刺激すると，細胞内小胞体などからのカルシウム放出によりPSを露出したが15分経過しても細胞が破裂することはなかった．

そこでこの細胞は生きたままPSを露出しているのではないかと考え，イオノフォアで処理した細胞を一晩カルシウム非含有培地で培養したところ，次の日には露出していたPSはすべての細胞でなくなった．死んだ細胞がPSを露出するということに着目してはじめた研究であったが，生きた細胞が一過的にPSを露出する条件を見つけたのである．そこでこの特徴を活かしてPSを露出しやすい細胞を得ようと考えた．具体的には細胞外カルシウムがない条件で細胞をカルシウム刺激しPSを露出させた後，PSを強く露出した細胞をFACS（fluorescence-activated cell sorting）によりソーティングするものである．この過程をイオノフォアの濃度を段階的に下げながら（1 μM〜125 nM）19回くり返して得られたPS19細胞においては，親細胞ではPSを露出できない125 nMのイオノフォア刺激においても非常に強くPSを露出した．ついでPS19細胞よりcDNAライブラリーを調製し，レトロウイルスベクターに組込み，発現クローニングを行った結果，PSを生きたまま露出している細胞が得られた．この細胞に組込まれた遺伝子は，10回膜貫通タンパク質[7]で機能未知のTMEM16Fであった（図）[8]．同定されたTMEM16Fの配列を調べると409番目のアスパラギン酸がグリシンに置換（D409G）されていた．そこでD409G変異体をBa/F3細胞に発現させたところPSが構成的に露出した．野生型においてはそのようなこと

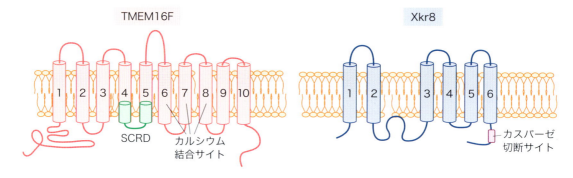

図　TMEM16FとXkr8の構造
TMEM16Fは10回膜貫通領域を有し，スクランブリングドメイン（SCRD）を介してPSを露出する．6，7，8回膜貫通領域はカルシウム結合サイトを有する（左）．Xkr8は6回膜貫通領域を有し，C末端の細胞内領域にカスパーゼ切断サイトを有する（右）．

はみられなかったことから，この変異体は機能獲得型と結論した．スクランブラーゼはリン脂質を区別なく双方向に輸送すると考えられている．この変異体を発現する細胞は，細胞膜内側に多く存在するホスファチジルエタノールアミン（PE）をPSと同じく構成的に露出していた．また，外側に多く存在するPCやSMに蛍光が付加されたものを細胞に加えたところ，刺激なしでこれらのリン脂質を取り込んだ．以上よりTMEM16Fはリン脂質を区別なく双方向に動かすスクランブラーゼ，あるいはその過程に関与する分子と結論付けた．

次に野生型のTMEM16Fの効果を調べたところ，過剰発現時にはカルシウム刺激後のPSの露出が亢進し，TMEM16Fを欠損させるとPSの露出が抑制された．一方で，TMEM16Fはアポトーシス時のホスファチジルセリンの露出には関与していなかった．そこでその生理機能を調べるうえでスコット症候群という1つの遺伝病に注目した．この病気の患者においては，活性化した血小板においてPSを露出できないことにより，血液凝固がうまくいかず止血反応に異常をきたす．アメリカのPeter Sims博士よりこの病気の患者，両親の細胞を送ってもらい調べたところ，患者においては20個のエキソンからなる*TMEM16F*遺伝子のイントロン12のスプライシングアクセプターにホモで変異があり，エキソン13がスキップされることでフレームがずれストップコドンを生じ，全長のタンパク質ができないことがわかった．一方，従弟である両親においては同じ部位にヘテロで変異をもっていた．その後，スコット症候群の別の患者や，ヒトの患者と同様の症状を示すイヌのスコット症候群においてもTMEM16Fに変異が見出されている[9) 10)]．以上よりTMEM16Fはカルシウムによって活性化されるリン脂質スクランブリングに必須のタンパク質であり，血小板におけるPSの露出に関与していると結論付けた．

2 TMEM16Fファミリー

それではアポトーシス時にはどのようにPSが露出するのであろうか？TMEM16Fは10個のメンバーよりなるTMEM16ファミリーに属していることから，このファミリーにアポトーシス時にかかわるメンバーがいる可能性を考え研究を進めた（**表1**）．2008年にTMEM16A，16Bがカルシウムによって活性化されるクロライドチャネルであると報告されたが他のメンバーもクロライドチャネルとして作用するかどうかわかっていなかった[11)〜13)]．そこでTMEM16ファミリーメンバーをHEK293T細胞に発現させパッチクランプ法により流れる電流を調べたところ，TMEM16A，16B以外にその活性は認められなかった．一方でTMEM16Fノックアウトマウスより調製した不死化胎仔胸腺細胞にそれぞれのメンバーを発現させ，リン脂質スクランブル活性を測定したところ，TMEM16F以外にTMEM16C，16D，16G，16Jに細胞膜上でのスクランブラーゼ活性を確認した．TMEM16E，16H，

表1　TMEM16ファミリー

	クロライドチャネル	リン脂質スクランブリング	局在	組織分布	病気
TMEM16A	+	−	細胞膜	多くの組織	
TMEM16B	+	−	細胞膜	目	
TMEM16C	−	+	細胞膜	脳	神経ジストニア
TMEM16D	−	+	細胞膜	脳,目,子宮,卵巣	
TMEM16E	−	(+)	細胞内	筋肉,骨,精巣	筋ジストロフィー 顎骨骨幹異形成症
TMEM16F	−	+	細胞膜	ユビキタス	スコット症候群
TMEM16G	−	+	細胞膜	胃	
TMEM16H	−	−	細胞内	ユビキタス	
TMEM16J	−	+	細胞膜	腸,皮膚	
TMEM16K	−	−	細胞内	ユビキタス	小脳失調症

16Kにおいては細胞膜上での活性が認められなかったため,局在を調べたところ細胞内に存在していることがわかった(**表1**)[14].最近,TMEM16Fによるリン脂質スクランブルに必須の35個のアミノ酸からなるスクランブリングドメイン(SCRD)が発見された[15].すなわち,TMEM16FのSCRDをクロライドチャネルであるTMEM16Aの相同領域に挿入するとリン脂質スクランブリング活性を付与することができるという結果である.

これにヒントを得て,TMEM16EのSCRDに相当する領域をTMEM16Aに挿入するとリン脂質スクランブル活性を獲得した.このことは,TMEM16Eは細胞内においてスクランブラーゼとして機能する可能性を示唆している[16].TMEM16Eは筋ジストロフィーや顎骨骨幹異形成症の原因遺伝子であることが知られており[17,18],今後の研究が期待される.一方,細胞膜上でリン脂質スクランブル活性をもつTMEM16C,16D,16F,16G,16Jにおいてその組織分布を調べたところ,TMEM16Fは普遍的にさまざまな細胞で発現しているのに対し,他のメンバーはそれぞれ脳,子宮・卵巣,胃,腸などで組織特異的に発現しており血球細胞で発現しているメンバーはTMEM16F以外にいなかった.TMEM16FはアポトーシスのPSの曝露には関与していないことから,アポトーシス時にはTMEM16ファミリー以外の全く別のタンパク質が関与していると結論付けた.

3 Xkr8の同定

それではアポトーシス時に機能するスクランブラーゼをどのように同定すればよいのだろうか？アポトーシス時のPSの露出にもカルシウムが関与するというデータをもっていたことから,再度カルシウム依存的にPSを露出する分子を探索した.TMEM16Fを同定した発現クローニングのときにはサイズの大きい(2.5〜6 kbps) cDNAライブラリーを用いたが,今回はサイズの小さい(1〜2.5 kbps) cDNAライブラリーを用いて発現クローニングを行った.すると5回目のソーティングにおいてPSを恒常的に露出する細胞が得られ,導入されたcDNAを調べると6回膜貫通タンパク質で機能未知のXkr8であった(**図**).Xkr8を過剰発現させるとアポトーシス時のPSの露出が亢進し欠損させるとPSの露出は抑制された.そしてそのC末端にはカスパーゼ認識配列が存在し,アポトーシス時にこの部位で切断されることがスクランブラーゼの活性に必須であった.一方,カルシウム刺激依存的なPSの露出はXkr8ノックアウト細胞でも正常細胞と変わらず起こったことから,カルシウム刺激時にはTMEM16F,アポトーシス刺激時にはXkr8がリン脂質スクランブルを実行していると結論した.

これまでに2つの白血病細胞株(PLB985, Raji)においてアポトーシス時にPSの露出が起こらないと報告されている.これらの細胞ではXkr8 mRNAがほとん

表2 ヒトのXkrファミリー

	リン脂質スクランブリング	カスパーゼによる切断	局在	組織分布	病気
Xkr1	−	−	細胞膜	脳, 膵臓, 骨格筋	マクロード症候群
Xkr2	−	−	細胞膜?	胎盤, 副腎	
Xkr3	N.D.	N.D.	N.D.	精巣	
Xkr4	＋	＋	細胞膜	脳, 目, 皮膚	
Xkr5	−	−	細胞膜	N.D.	
Xkr6	−	−	細胞膜	N.D.	
Xkr7	−	＋	細胞膜	N.D.	
Xkr8	＋	＋	細胞膜	ユビキタス	
Xkr9	＋	＋	細胞膜	胃, 腸	

N.D.：not determined

ど発現しておらず，Xkr8をこれらの細胞に発現させるとアポトーシス刺激時のPSの露出が回復した．PLB985やRaji細胞ではXkr8のプロモーター領域が高頻度でメチル化されており，これらの細胞をメチル阻害剤で処理するとメチル化が外れXkr8遺伝子が発現され，アポトーシス時のPSの露出が回復した．

次に，マサチューセッツ工科大学のRobert Horvitz研究室とXkr8ホモログであるCED-8の機能解析を行った．するとCED-8を欠損した線虫では死んだ細胞が貪食されずに内腔に浮遊してくることが判明した．これらの細胞はPSを露出しておらず，線虫のCED-8, 哺乳類のXkr8はアポトーシス時にPSを露出することで貪食を促進することが確認された[19]．

4 Xkrファミリー

Xkr8はヒトでは9つ，マウスでは8つのメンバーにより構成されるXkrファミリーに属している（表2）．最初に見つかったX-linked Kx blood group（XK，もしくはXkr1）は，神経疾患であるマクロード症候群の原因遺伝子[20]であるがその機能は他のメンバーと同様にわかっていない．Xkr8ノックアウトマウス由来の不死化胎仔胸腺細胞にXkrファミリーのメンバーを発現させたところ，Xkr8以外にXkr4, Xkr9がアポトーシス時にリン脂質をスクランブリングすることがわかった．Xkr4, Xkr9はXkr8と同様にC末端にカスパーゼ認識配列をもち，アポトーシス時にカスパーゼによって切断されることで活性化することがわかった．組織レベルでの発現を調べるとXkr8は普遍的に発現しているのに対し，Xkr4は脳や目で強く，他の組織では弱いレベルで発現していた．一方，Xkr9の発現は胃や腸に限局していた[21]．

おわりに

長年，細胞生物学分野の謎であったリン脂質スクランブラーゼがTMEM16, Xkrファミリーの膜タンパク質として同定された．今後これら分子のリン脂質スクランブル活性がどのように制御されているのか，またどのような生理的役割をもつのか調べる必要があるだろう．最近，ネクローシス時のPSの露出にTMEM16が関与するという論文が報告された[22]．Liらは線虫において活性化型変異をもつナトリウムチャネルが神経細胞を過度に活性化し，カルシウムを大量に流入させること，その結果，細胞が膜のインテグリティを保ったまま膨張するとともにPSが露出し貪食されることを見出した（形態的にネクローシスであると定義している）．このとき，PSの露出はTMEM16のホモログであるANOH-1もしくはABCA1のホモログであるCED-7の変異により抑制された．この結果は，カルシウムが関与する（カスパーゼ非依存的な）細胞死に，TMEM16ファミリーがPSを露出させることを示唆している．スクランブラーゼ活性をもつTMEM16Cは神経ジストニアの原因遺伝子であることが報告されてい

ることを考えると[23]，この遺伝子が異常に活性化した神経細胞の処理時に機能するのか興味深い．

ところで，PSを介した死細胞の貪食は貪食細胞を抗炎症状態にすることが知られている．このことを応用して，抗PS抗体を体内に注射すると免疫細胞を活性化させがん細胞を縮小させることができると報告されており，現在ヒトでも臨床試験が進んでいる[24]〜[26]．がん細胞やそれをとり囲む血管内皮細胞でのPSの露出にTMEM16やXkrがどのように関与しているのか，その阻害が，がんの進行にどのような効果をもたらすか興味深い．

文献

1) Tanaka Y & Schroit AJ：J Biol Chem, 258：11335-11343, 1983
2) Fadok VA, et al：J Immunol, 148：2207-2216, 1992
3) Williamson P, et al：Biochemistry, 40：8065-8072, 2001
4) Bevers EM, et al：Biochim Biophys Acta, 736：57-66, 1983
5) Smeets EF, et al：Biochim Biophys Acta, 1195：281-286, 1994
6) Bevers EM & Williamson PL：FEBS Lett, 584：2724-2730, 2010
7) Brunner JD, et al：Nature, 516：207-212, 2014
8) Suzuki J, et al：Nature, 468：834-838, 2010
9) Castoldi E, et al：Blood, 117：4399-4400, 2011
10) Brooks MB, et al：J Thromb Haemost, 13：2240-2252, 2015
11) Caputo A, et al：Science, 322：590-594, 2008
12) Yang YD, et al：Nature, 455：1210-1215, 2008
13) Schroeder BC, et al：Cell, 134：1019-1029, 2008
14) Suzuki J, et al：J Biol Chem, 288：13305-13316, 2013
15) Yu K, et al：Elife, 4：e06901, 2015
16) Gyobu, et al：Mol Cell Biol, 36：645-659, 2015
17) Tsutsumi S, et al：Am J Hum Genet, 74：1255-1261, 2004
18) Bolduc V, et al：Am J Hum Genet, 86：213-221, 2010
19) Suzuki J, et al：Science, 341：403-406, 2013
20) Ho M, et al：Cell, 77：869-880, 1994
21) Suzuki J, et al：J Biol Chem, 289：30257-30267, 2014
22) Li Z, et al：PLoS Genet, 11：e1005285, 2015
23) Charlesworth G, et al：Am J Hum Genet, 91：1041-1050, 2012
24) Yin Y, et al：Cancer Immunol Res, 1：256-268, 2013
25) Digumarti R, et al：Lung Cancer, 86：231-236, 2014
26) Chalasani P, et al：Cancer Med, 4：1051-1059, 2015

＜筆頭著者プロフィール＞
鈴木　淳：2007年3月，大阪大学にて学位を取得後，4月より京都大学医学研究科医化学教室（長田重一教授）で博士研究員．'10年11月より同助教．'15年7月より大阪大学免疫学フロンティア研究センター，免疫・生化学教室，特任准教授．リン脂質スクランブルに集中して現在研究を行っている．

第2章 死細胞の認識，貪食，生体応答

2. リン脂質フリッパーゼとアポトーシス細胞の認識

瀬川勝盛，長田重一

> アポトーシス細胞は，処理されるべき死細胞であることを伝える目印，"eat me"シグナルを提示することで貪食細胞に認識・貪食される．これまでに，リン脂質であるホスファチジルセリン（PS）が，死細胞の細胞膜で機能する重要な"eat me"シグナルであることが明らかにされてきた．一方で，死細胞がどのようにPSを露出するのか，その分子機構は不明であった．本稿では，PSを脂質二重膜の外層から内層に移層する膜タンパク質であるリン脂質フリッパーゼを中心に，細胞膜におけるPSの分布制御機構さらに"eat me"シグナルとしてのPSの作用機構について概説する．

はじめに

　生体内では，日々大量の細胞がアポトーシスにより死を迎え，マクロファージなどの貪食細胞に認識され貪食される．貪食細胞は生細胞を貪食することはなく，アポトーシス細胞を特異的に貪食することから，アポトーシス細胞が貪食細胞に"eat me"シグナルを提示していると考えられてきた．現在，リン脂質であるホスファチジルセリン（PS）が最も有力な"eat me"シグナルの候補である．PSは生細胞では細胞膜の内層に限局するが，アポトーシスの刺激により細胞膜の外層にすみやかに移層し，細胞表面に曝露される．実験的にアポトーシス細胞の表面に曝露されたPSをPS結合タンパク質などで覆うと，マクロファージはアポトーシス細胞を貪食することができない．アポトーシス細胞のPS露出とPSを介した死細胞の貪食は線虫などの下等生物でも保存されており，重要な機構であることが想定される．一方で，PSが生細胞の細胞膜でどのように非対称に維持され，アポトーシス細胞ではどのように細胞膜上に曝露されるのか，その分子機構は不明であった．

[キーワード&略語]
アポトーシス，ホスファチジルセリン，細胞膜，フリッパーゼ，貪食

PC：phosphatidylcholine（ホスファチジルコリン）
PE：phosphatidylethanolamine（ホスファチジルエタノールアミン）
PS：phosphatidylserine（ホスファチジルセリン）
SM：sphingomyelin（スフィンゴミエリン）

Phospholipid flippase and recognition of apoptotic cells
Katsumori Segawa/Shigekazu Nagata：Laboratory of Biochemistry and Immunology, WPI Immunology Frontier Research Center, Osaka University（大阪大学免疫学フロンティア研究センター免疫・生化学）

Graphical Abstract

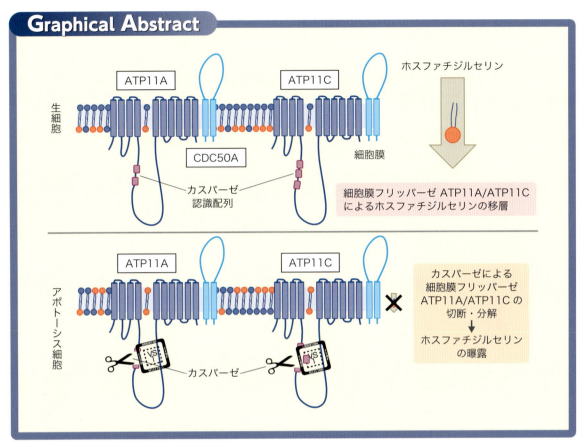

◆ 細胞膜フリッパーゼとその不活性化

ATP11A, ATP11Cはシャペロン分子CDC50Aにより細胞膜に局在し, ホスファチジルセリンを外層から内層へ移層する. アポトーシスを起こした細胞では, 活性型カスパーゼが速やかにATP11A, ATP11Cを切断・不活性化することでホスファチジルセリンを細胞膜に曝露する.

1 生細胞の細胞膜における
リン脂質の非対称性

真核細胞の細胞膜において, リン脂質は非対称に分布する. アミノ基を含むPSやホスファチジルエタノールアミン (PE) は細胞質に面する内層に限局し, ホスファチジルコリン (PC) やスフィンゴミエリン (SM) は主に細胞外に面する外層に存在する[1]. 細胞膜におけるリン脂質の非対称分布を制御する分子として, 3つの膜タンパク質が提唱されている (図1). フリッパーゼは, アミノリン脂質であるPSやPEを特異的に脂質二重膜の外層から内層へATP依存的に移層する. フロッパーゼは, リン脂質 (特にPC) をATP依存的に二重膜の内層から外層へ移層する. スクランブラーゼは, エネルギーを消費することなくリン脂質を非特異的に双方向へ移層する. これらの移層分子の活性により, 細胞膜におけるリン脂質の分布が制御されると考えられている. 特に生細胞の細胞膜におけるPSの非対称的な分布には, フリッパーゼが重要であると考えられていた.

2 P4型ATPaseファミリー

フリッパーゼとしてP型ATPaseファミリーに属するP4型ATPaseファミリーが提唱されている[2,3]. P4型ATPaseファミリーは真核生物に存在し, 進化の過程でファミリーメンバーの数が増加してきた (酵母5, 線虫6, マウス15, ヒト14種類). P4型ATPaseは

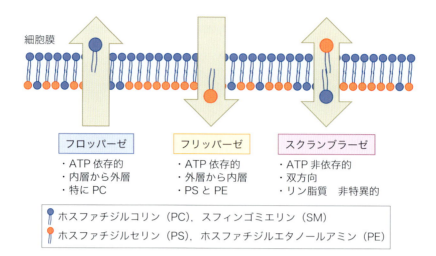

図1　リン脂質移層分子
細胞膜で機能するリン脂質移層分子．フロッパーゼは主にPCを細胞膜の内層から外層へ輸送する．フリッパーゼはPSやPEを外層から内層へと移層する．これらの反応はATP依存的であるのに対し，スクランブラーゼはエネルギー非依存的に，リン脂質を非特異的に双方向に移層（スクランブル）する．

10回膜貫通領域をもち，中央部分に2つの細胞質ループが存在する．この細胞質ループに，ヌクレオチド結合領域，作動領域，リン酸化領域が存在する（**図2**）．

また，P4型ATPaseが細胞内の適切な場所に輸送されるためにCDC50Aとよばれる2回膜貫通タンパク質が必須であることが知られており，共通のサブユニットと考えられている[4)5)]．これまでP4型ATPaseやCDC50Aのフリッパーゼとしての機能は，主に酵母で解析されてきた．当初，酵母のP4型ATPaseであるDrs2pが細胞膜におけるPSフリッパーゼであると報告されたが，現在ではDrs2pは主にトランスゴルジ網に局在し，細胞内でPSを移層すると考えられている[6)7)]．また，Dnf1p，Dnf2pは酵母の細胞膜に局在し，主にPCとPEを移層すると考えられている[7)8)]．しかしながら，意外なことに酵母の細胞膜においてPSを移層する分子は不明であった．哺乳類においてもP4型ATPaseが細胞膜においてPSを移層しているのか，P4型ATPase以外の分子の貢献はあるのか，P4型ATPaseが関与する場合どのメンバーが細胞膜で機能するのかなど，その詳細な分子機構は不明である．

3　細胞膜に局在するPSフリッパーゼ

われわれは，ヒト細胞の細胞膜でPSを移層するフリッパーゼを網羅的に探索した．スクリーニングには，ヒト1倍体細胞を用いた遺伝子トラップスクリーニング法を用いた[9)]．KBM7細胞は慢性骨髄性白血病に由来する細胞株で，第8染色体を除くすべての染色体が1倍体である．KBM7細胞に遺伝子トラップベクターを組込んだレトロウイルスを感染させることで遺伝子に変異を導入し，遺伝子を欠損させた細胞を作製することが可能となる．そこで，KBM7細胞にレトロウイルスを感染させ約1億種類の変異細胞を作製した．この変異細胞に蛍光標識したPSを添加し，細胞膜におけるPSの取り込みが減少した細胞を，セルソーターによる分取をくり返すことにより回収した．回収した細胞におけるウイルスの挿入位置を次世代シークエンサーを用いて解析した結果，P4型ATPaseに属するATP11CとCDC50Aの遺伝子座にレトロウイルスが高頻度に挿入されていることが確認された[10)]．ATP11Cを欠損した細胞は，細胞膜におけるフリッパーゼ活性が大きく減少し，親株の20％程度にまで減弱していた．しかし，依然としてPSは細胞膜の内層に保持されており，非対称性が保持されていた．

一方，CDC50Aを欠損した細胞はフリッパーゼ活性

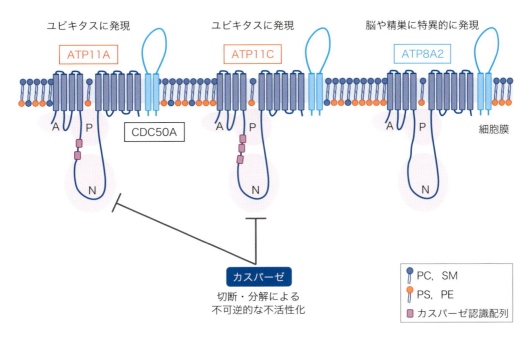

図2　細胞膜フリッパーゼ
ATP11AとATP11Cは種々の細胞で普遍的に発現し、シャペロンとして機能するCDC50A依存的に細胞膜に局在する。両者ともにPSとPEを特異的に内層へ移層するが、この活性はカスパーゼにより不可逆的に不活性化される。分子の中央部にそれぞれ2つ（ATP11A）と3つ（ATP11C）のカスパーゼ認識配列が存在する。一方、ATP8A2は神経細胞などに限局して発現し、CDC50A依存的に細胞膜でPSを移層する。ATP8A2はカスパーゼにより切断されない。A：作動領域，N：ヌクレオチド結合領域，P：リン酸化領域．

が消失し、細胞膜の外層にPSを露出した。つまり、CDC50A欠損細胞ではPSの非対称性が崩壊していた。多くのP4型ATPaseはCDC50Aと結合することにより小胞体から輸送されることが報告されている[2)3)]。実際、ATP11CはCDC50Aに依存して小胞体から輸送され、細胞膜に局在した。以上より、ATP11Cは細胞膜上のPSに対する主要なフリッパーゼであり、CDC50AはATP11Cを含むいくつかのフリッパーゼを適切な局在場所に輸送することで、PSの非対称性を維持することが示唆された。次いで、ATP11C欠損細胞にヒトP4型ATPaseのファミリーメンバーを発現させ、どのメンバーが細胞膜におけるPSのフリッパーゼ活性を回復させるかを解析した結果、ATP11Cの他にATP11A、ATP8A2が細胞膜におけるPSのフリッパーゼ活性を回復させた[11)]。ATP11AおよびATP8A2もCDC50A依存的に細胞膜に局在したことから、細胞膜で機能するCDC50A依存的なPSフリッパーゼであると結論した。

4　カスパーゼによる細胞膜PSフリッパーゼの不活性化

アポトーシス細胞が細胞表面にPSを曝露する際、リン脂質を双方向に輸送する活性であるスクランブラーゼ活性の上昇とフリッパーゼ活性の低下が同時に起きる[12)]。最近、鈴木らは、アポトーシスにおけるスクランブラーゼ活性の責任タンパク質であるXkr8を同定した（第2章-1参照）[13)]。Xkr8は生細胞において不活性型として存在するが、アポトーシスの際にそのC末端がカスパーゼにより切断され、活性化することでPSを露出させる。一方で、細胞膜PSフリッパーゼであるATP11A/ATP11CおよびATP8A2がアポトーシスの際にどのような制御を受けるかを調べたところ、ATP11AとATP11Cがカスパーゼによりすみやかに切断されることがわかった[10)11)]。実際、両者とも分子の中央部分にあたる細胞質内ループに複数のカスパーゼ認識配列を有していた（**図2**）。

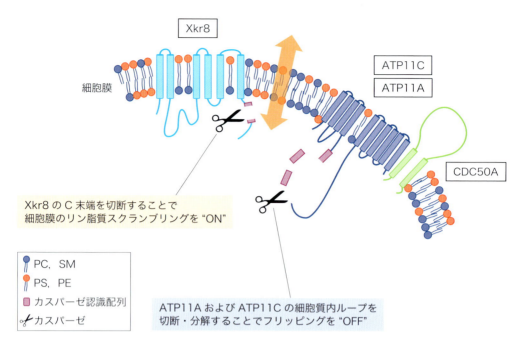

図3　アポトーシスにおけるPS曝露のメカニズム
アポトーシスの刺激を受けた細胞では，実行型カスパーゼが活性化される．実行型カスパーゼはATP11AとATP11Cを切断しフリッパーゼ活性を不活性化し，Xkr8を切断することでスクランブリングを活性化する．両者の不活性化および活性化が，PSのすみやかな露出に必須である．

　ATP11AやATP11Cの組換えタンパク質はPSやPEによりそのATPase活性が増大する[11]．野生型のATP11AやATP11Cをカスパーゼで処理するとそのATPase活性を失うが，カスパーゼ認識配列に変異を導入した組換え体ではカスパーゼ処理によりATPase活性を失うことはなかった．そして，これらのカスパーゼ認識配列に変異を導入したATP11AおよびATP11Cを発現した細胞はPSを細胞表面に露出しなかった．したがって，カスパーゼによるATP11AおよびATP11Cの切断・不活性化はアポトーシスにおけるPSの曝露に必須であると結論した．すなわち，アポトーシス細胞でカスパーゼが活性化されると，細胞膜に局在するPSフリッパーゼを切断・分解することでフリッパーゼ活性を完全に不活性化し，さらにXkr8を切断することでスクランブリングを活性化させPSをすみやかに細胞表面に露出することが明らかとなった（図3）．

　対照的に，ATP8A2はアポトーシスの際に切断されなかった．全身性に発現するATP11AやATP11Cと異なり，ATP8A2はヒト，マウスともに神経細胞や精子などの限られた細胞に発現する．これらの細胞はアポトーシスを含めさまざまな局面でPSを露出すると考えられており，ATP8A2の機能や細胞内局在がどのように制御されているのかを検討する必要がある．

5 PSによる細胞の貪食

　PSは死細胞の貪食に必須である．一方で，PSが単独でマクロファージの貪食を誘導できるのかという点，「貪食の十分条件」を示す明確な実験結果は得られていなかった．この問題に答えるには，生きながらPSを露出する細胞がマクロファージに貪食されるかどうか，を解析する必要がある．

　カルシウム依存性スクランブラーゼであるTMEM16Fのconstitutive active変異体を過剰に発現した細胞は（第2章-1参照）[14)15)]，細胞膜でのスクランブリングが恒常的におきPSを細胞表面に露出する．一方，CDC50Aを欠損した細胞は，フリッパーゼ活性が消失することで細胞表面にPSを露出する．これらの細胞をマクロファージと共培養したところ，CDC50Aを欠損した細胞は生きたままPS依存的に貪食されたのに対

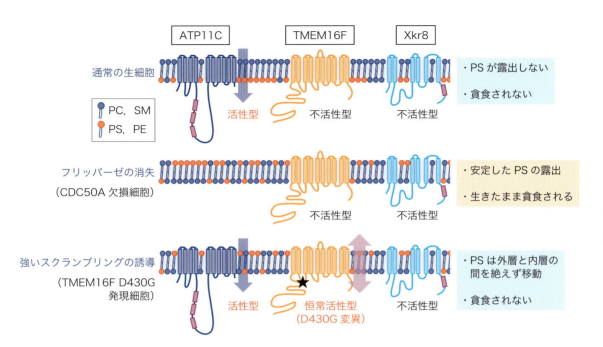

図4 細胞の貪食における「十分条件」
CDC50A欠損細胞は，生きながらに細胞膜にPSを露出しマクロファージにPS依存的に貪食される．一方で，恒常活性型スクランブラーゼ変異体（TMEM16F D430G）を発現させた細胞は，強いスクランブリングが誘導され細胞膜にPSが露出するが，マクロファージには貪食されない．★印は変異が起こったことを示している．

し[10]，TMEM16F変異体を発現させた細胞は貪食されなかった[15]．TMEM16F変異体を過剰発現した細胞では，TMEM16FによるスクランブリングとATP11A/ATP11Cによるフリッピングにより，PSが細胞膜の内層と外層を激しく往復していると考えられる．この状況では，貪食に関与するPS結合タンパク質とPSとの結合が弱く，貪食が成立しないと考えられる．一方，CDC50A欠損細胞では，PSが細胞表面に安定的に露出され細胞膜の内層へ移層しない．その結果，PS結合タンパク質とPSが安定的な複合体を形成し，貪食が成立すると考えられた．以上より，フリッパーゼ活性の喪失を伴ったPSの安定的な露出は，貪食の十分条件であると結論した（図4）．

おわりに

アポトーシス細胞の細胞膜におけるPS曝露の分子メカニズムは長らく不明であったが，その概要が明らかとなった（図3）[16]．P4型ATPaseはアミノリン脂質を基質にすると想定されているが，意外にもPSを基質とするファミリーメンバーは限られた分子のみであった[10,11]．今後，P4型ATPaseファミリーメンバーの基質を明らかにするとともに，細胞や個体における生理的な機能を明らかにする必要があろう．

文献

1) Balasubramanian K & Schroit AJ：Annu Rev Physiol, 65：701-734, 2003
2) Coleman JA, et al：Biochim Biophys Acta, 1831：555-574, 2013
3) Tanaka K, et al：J Biochem, 149：131-143, 2011
4) Kato U, et al：J Biol Chem, 277：37855-37862, 2002
5) Saito K, et al：Mol Biol Cell, 15：3418-3432, 2004
6) Hua Z, et al：Mol Biol Cell, 13：3162-3177, 2002
7) Pomorski T, et al：Mol Biol Cell, 14：1240-1254, 2003
8) Stevens HC, et al：J Biol Chem, 283：35060-35069, 2008
9) Carette JE, et al：Science, 326：1231-1235, 2009
10) Segawa K, et al：Science, 344：1164-1168, 2014
11) Segawa K, et al：J Biol Chem, 291：762-772, 2016
12) Verhoven B, et al：J Exp Med, 182：1597-1601, 1995
13) Suzuki J, et al：Science, 341：403-406, 2013
14) Suzuki J, et al：Nature, 468：834-838, 2010
15) Segawa K, et al：Proc Natl Acad Sci U S A, 108：19246-19251, 2011

16) Segawa K & Nagata S：Trends Cell Biol, 25：639-650, 2015

<筆頭著者プロフィール>
瀬川勝盛：奈良生まれ．奈良高校卒業．大阪府立大学工学部卒業（2004年），大阪大学大学院生命機能研究科博士一貫課程修了（'09年），同年より京都大学大学院医学研究科 博士研究員（長田重一教授），'11年 京都大学大学院医学研究科 助教を経て'15年より現職．一連の仕事で，超並列シークエンサーを利用した順遺伝学のパワフルさに感動し，死細胞のPS露出のメカニズムの精巧さ，貪食の巧妙さに感銘を受けました．幅広く勉強しながら，重要なquestionを見出したいです．

第2章 死細胞の認識，貪食，生体応答

3. 死細胞貪食マクロファージ

浅野謙一，田中正人

> 消化管CD169マクロファージは腸上皮から離れた粘膜深層に局在し，CX3CR1^{hi}，CD64^{hi}常在マクロファージの約30%を占める亜集団である．CD169マクロファージ非存在下ではDSS誘導大腸炎の症状が軽減することから，この細胞は上皮傷害に伴う腸炎増悪に関与することが明らかになった．腸炎誘導時には，CD169マクロファージ選択的にCCL8が産生される．DSS腸炎は抗CCL8抗体で抑制できることから，CD169マクロファージとそれの産生するサイトカインが，腸炎の治療標的として期待される．

はじめに

マクロファージはMetchnikoffによって命名されたアメーバ様の単核細胞で，無脊椎動物の段階から存在する原始的な免疫細胞である[1]．かつてマクロファージは，感染性異物の排除において攻撃的な役割を担う細胞と考えられていた．しかし近年ではむしろ，炎症の収束や免疫寛容誘導における役割に注目が集まっている．

マクロファージの1つの特徴は，臓器ごとに異なる亜集団の多様性にある．複数の亜集団が1つの臓器に同居することも少なくない．Millsらはマクロファージを，その機能に基づき，炎症促進型のM1と抑制型のM2に大別した[2]．しかし，生体にはM1・M2のどちらか一方だけには分類できない亜集団—腫瘍随伴マクロファージ（tumor associated macrophage，TAM）や血管・リンパ周囲のマクロファージ（CD169マクロファージ）—が存在することが明らかになり，分類の再考が求められている[3]．本稿では，死細胞貪食マクロファージの発見にいたった経緯と，さまざまな疾患

[キーワード&略語]
組織マクロファージ，免疫寛容，CD169，炎症性腸疾患，CCL8

BMDM：bone marrow-derived macrophage
（骨髄由来マクロファージ）
DSS：dextran sodium sulfate
（デキストラン硫酸ナトリウム）
EAE：experimental autoimmune encephalomyelitis
（実験的自己免疫性脳脊髄炎）
MOG：myelin oligodendrocyte glycoprotein
（ミエリンオリゴデンドロサイト糖タンパク質）
TAM：tumor associated macrophage
（腫瘍随伴マクロファージ）

Dead cell clearance by macrophages at the boundary between circulating fluids and lymphoid organ
Kenichi Asano/Masato Tanaka：Laboratory of Immune Regulation, School of Life Science, Tokyo University of Pharmacy and Life Sciences（東京薬科大学生命科学部免疫制御学研究室）

Graphical Abstract

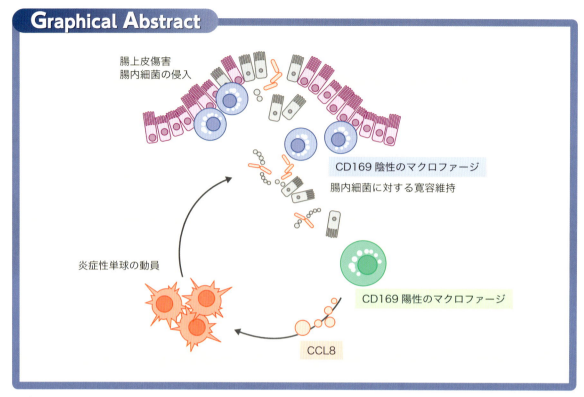

◆CD169マクロファージによる粘膜免疫制御

粘膜には局在とCD169分子の発現レベルの異なる,少なくとも2種類のマクロファージが混在する.上皮直下のCD169陰性亜集団はIL-10依存的に腸内細菌に対する免疫応答を抑制する.上皮傷害に伴い腸内細菌が粘膜に侵入すると,深層に局在するCD169陽性の亜集団がこれに反応し,CCL8産生を介して炎症性単球を動員する.

形成におけるCD169マクロファージの役割について最近の知見を紹介する.

1 死細胞貪食マクロファージの発見

生体では全細胞の約1%(数千億個の細胞)が毎日アポトーシスにより排除されると考えられている.われわれは血流中のアポトーシス細胞の処理機構を突き止めるため,蛍光標識したアポトーシス死細胞をマウスに静脈内投与し体内分布を検討した.そしてその多くが脾臓辺縁帯に集積すること,投与後2時間以内にCD169分子を発現するマクロファージに貪食処理されることを発見した.この貪食の意義は何であろうか.

MOG(myelin oligodendrocyte glycoprotein)は神経軸索抗原の1つである.MOGをアジュバントとともに免疫すると,ヒト多発性硬化症に似た四肢麻痺が出現する(実験的自己免疫性脳脊髄炎:EAE[※1]).MOG発現アポトーシス細胞を野生型マウスに静脈内投与すると,死細胞付随抗原特異的な免疫寛容が誘導され,MOG免疫によるEAE発症を予防できた.しかしCD169マクロファージ非存在下(CD169-DTRマウス)では,静注したアポトーシス細胞の処理が遅延し免疫寛容を誘導できない.この結果は,脾臓辺縁帯のCD169マクロファージが血流中のアポトーシス細胞の処理と,それに伴う免疫寛容誘導に大きな役割を担うことを示す[4].

CD169マクロファージは,リンパ節辺縁洞とよばれ

> ※1 EAE
> MOGなどの神経軸索抗原をアジュバントとともに免疫することで発症する,多発性硬化症の動物モデル.免疫後2〜3週間をピークとする四肢麻痺が出現する.

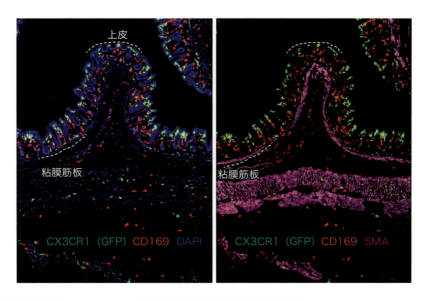

図1 消化管CD169陽性マクロファージは粘膜固有層の深部に局在する
CX3CR1gfpマウスの大腸の凍結切片を蛍光顕微鏡で観察した．GFP（CX3CR1）発現細胞が上皮直下に豊富（左）なのに対し，CD169陽性細胞は上皮から離れた粘膜筋板側に偏在する（右）．DAPI（核），SMA：smooth muscle actin（平滑筋アクチン）．

るリンパ流の開放部にも局在する．放射線や，ある種の抗がん剤で細胞死を誘導したがん細胞を野生型マウスに皮下投与すると，死細胞付随抗原特異的にCD8 T細胞が活性化する．このマウスでは同種の生きたがん細胞増殖を抑制できることが知られていたが[5]，T細胞活性化の詳細な機序はわかっていなかった．われわれは，皮下投与したがん死細胞が所属リンパ節辺縁洞に蓄積し，CD169マクロファージに貪食され，その抗原がCD8 T細胞にクロスプレゼンテーションされることを発見した[6]．この結果は，CD169マクロファージがリンパ流中のがん死細胞を貪食し，抗原特異的にCD8 T細胞を活性化したことを示す．

これらの研究結果は，CD169をマーカーとして発現する血管・リンパ周囲のマクロファージがリンパ臓器に流入する死細胞を捕獲し，死の様式に応じて異なる免疫応答を惹起することを示す．

CD169分子は別名シアロアドヘジンともよばれ，オプソニン化していないヒツジ赤血球に結合する受容体として同定された．リンパ組織のマクロファージ亜集団に限局して発現するが[7)8)]，ノックアウトしても大きな表現型が出ず[9]，特異的リガンドも同定できていない．最近この分子がエクソソームの取り込みに関与すること[10]，ウイルスの感染促進に関与すること[11]が相次いで報告されたが，生体における本来の役割についてさらなる研究が必要である．

2 消化管のCD169マクロファージ

最近CD169分子を発現するマクロファージが，リンパ外臓器の1つ，消化管にも存在することが発見された[12)13)]．

消化管は生体における最大のバリア臓器であり，食物や腸内細菌などの外来抗原に恒常的に曝露されている．粘膜免疫は有益な非自己を受容すると同時に，危険な感染性異物を排除するよう厳密に調節されている．消化管に常在するマクロファージはCX3CR1を発現し，IL-10依存的に腸内細菌に対する過剰な反応を抑制する[14]．一方で，腸上皮の傷害とそれに伴う細菌の侵入を感知し，腸炎発症に関与するマクロファージの存在が想定されていたものの，その解析は行われていなかった．

われわれは，CX3CR1を発現する消化管マクロファージが粘膜固有層のほぼ全域に分布するのに対し，CD169陽性の亜集団は腸上皮直下にはほとんど存在せず，粘膜筋板側に偏在することを見出した（**図1**）．

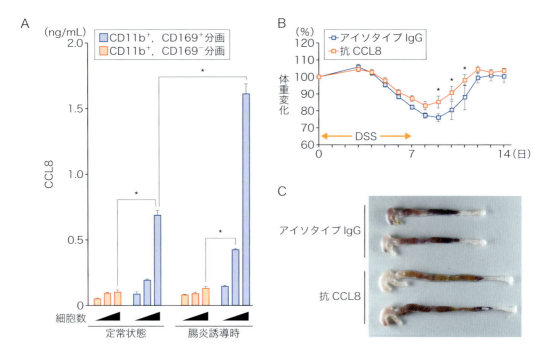

図2 CD169マクロファージの産生するCCL8がDSS誘導大腸炎を増悪する
A) ナイーブマウスとDSS大腸炎誘導マウスの大腸粘膜固有層から，CD11b陽性，CD169陽性細胞とCD11b陽性，CD169陰性細胞を分取し，24時間培養した．培養上清中のCCL8濃度をELISAで測定した．CCL8の産生はCD169陽性分画特異的で，腸炎によりさらに亢進した．DSS投与3日後と4日後に抗CCL8抗体もしくはアイソタイプIgGを静脈内投与した．抗CCL8抗体投与によりDSS誘導大腸炎による体重減少（B），腸管の短縮（C）が改善した．文献13より引用．

　粘膜固有層の自然免疫細胞は，Ly6CとCD64分子の発現レベルによってLy6C^{hi}，CD64^{lo}単球，Ly6C^{lo}，CD64^{hi}常在マクロファージに分類できる[15]．好酸球（Siglec-F陽性），樹状細胞（CD103陽性），好中球（Ly6G陽性）はいずれもCD64陰性である．われわれは，CD169陽性細胞がCD64^{hi}常在マクロファージの約30％を占め，定常状態，炎症状態のいずれにおいてもCD64陰性分画には存在せず，絶対数も変化しないことを確かめた．これらの知見は，CD169陽性細胞が消化管常在マクロファージの新たな亜集団であることを示す．

　続いてこの細胞の腸炎発症における役割をデキストラン硫酸（DSS）誘導大腸炎※2モデルで検討した．リンパ球のいないマウスにDSSを飲水投与しても大腸炎が発症することから，このモデルは腸炎における自然免疫の関与を検討するのに広く利用される[16]．腸上皮傷害に伴う腸内細菌の粘膜侵入が，自然免疫細胞活性化の引き金になると考えられている．

　CD169-DTRマウスでは，DSS誘導大腸炎の症状がほとんど完全に抑制されたことから，このマクロファージが上皮傷害に伴う腸炎増悪に重要な役割を担うことが示された．CD169マクロファージ非存在下の腸炎では，大腸に浸潤する好酸球・好中球・樹状細胞数は野生型と同程度だったが，Ly6C陽性単球数だけが著明に減少した．つまり，このマクロファージは腸上皮傷害後に何らかの単球動員因子を産生し，単球を粘膜に動員する可能性が示唆された．

　そこで，CD169陽性および陰性細胞における遺伝子発現を網羅的に解析し，前者特異的に，腸炎誘導時に強発現するサイトカイン；CCL8※3を同定した（**図2A**）．抗CCL8抗体の静脈内投与がDSS誘導大腸炎を

> **※2　DSS誘導大腸炎**
> リンパ球の存在しないマウスでも発症することから，腸炎進展における自然免疫の役割を検討するのに広く利用されている．上皮傷害に伴う腸内細菌の粘膜浸潤が自然免疫細胞を活性化すると考えられている．

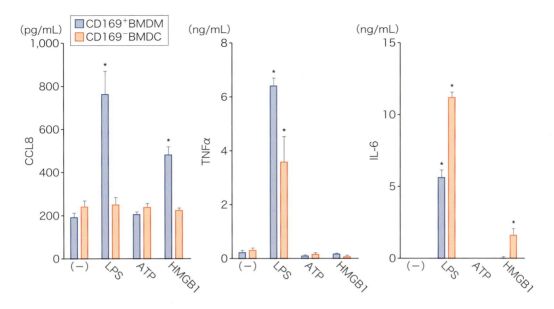

図3　PAMPs，DAMPsがCD169マクロファージのCCL8産生を促進する
骨髄細胞をM-CSFもしくはGM-CSF存在下で5日間培養し，CD169陽性BMDMもしくは陰性BMDCをそれぞれ誘導した．図に示す分子で24時間刺激後の，マクロファージ培養上清中サイトカイン濃度をELISAで定量した．LPS，HMGB1はCD169陽性BMDMのCCL8産生を誘導したが，CD169陰性BMDCでは産生されなかった．TNFα，IL-6の産生量は2群間で同程度だった．文献13より引用．

抑制したことから，CCL8は腸炎の新たな治療標的として有望だと考えている（**図2B，C**）[13]．

以前われわれは，M-CSFで誘導した骨髄由来マクロファージ（BMDM）がCD169陽性なのに対し，GM-CSF誘導マクロファージ（BMDC）はCD169陰性なことを見出している[17]．これらのマクロファージをin vitroで刺激すると，LPSとHMGB1がBMDMのCCL8産生を誘導した．これらの刺激に対するCD169陰性BMDCの，TNFα・IL-6産生はCD169陽性BMDMと同程度だったが，CCL8産生はほとんど認めなかった（**図3**）．以上の結果は，①CCL8がCD169陽性マクロファージ選択的なサイトカインであり，②腸内細菌が生体においてCCL8産生を誘導する可能性を示す．HMGB1もCCL8産生を誘導することから，腸上皮細胞などに由来する内因性免疫賦活物質がCCL8

の産生誘導因子として働く可能性も残る．

おわりに

消化管にはCD169分子の発現レベルと局在の異なる，2種類のCX3CR1発現マクロファージ亜集団が混在する．腸上皮近傍に局在する亜集団は，腸内細菌に対する免疫寛容維持に重要なことが報告されているが，われわれはCD169陽性亜集団が腸上皮傷害に伴う炎症を増悪することを示した．このマクロファージは腸上皮から離れた粘膜筋板側に局在するため，定常状態においては腸内細菌・腸上皮由来抗原に曝露されることがないだろう．したがって，腸内細菌に対する免疫応答が抑制された上皮直下の亜集団と異なり，粘膜深部に侵入した腸内細菌に対しても反応することができる，とわれわれは推論する．

腸上皮傷害時にCD169マクロファージの産生するCCL8は，炎症性単球を動員し腸炎を増悪すると想定される．動物実験の結果は，CD169マクロファージやそれの産生するCCL8が腸炎特異的な治療標的として

> ※3　**CCL8**
> MCP-2ともよばれるケモカインで，マウスではCCR8に結合する．CD4 T細胞やランゲルハンス細胞の遊走を促進するといわれているが，炎症疾患形成における役割はよくわかっていない．

有望なことを示唆するが，この成果がヒト炎症性腸疾患の治療にも貢献できることを一日も早く証明したい．骨髄由来マクロファージを用いた研究結果は，外来性微生物由来抗原（PAMPs）と内因性免疫賦活物質（DAMPs）の両方がCCL8産生を誘導する可能性を示す．生体におけるCCL8産生誘導要因が何か，現在さらに探索を続けている．

文献

1) 「Leçons sur la pathologie comparée de l'inflammation」(Metchnikoff E, ed), Masson, 1892
2) Mills CD, et al：J Immunol, 164：6166-6173, 2000
3) Chávez-Galán L, et al：Front Immunol, 6：263, 2015
4) Miyake Y, et al：J Clin Invest, 117：2268-2278, 2007
5) 「Janeway's Immunobiology Seventh Edition」(Murphy K, et al, eds), Garland Science, 2008
6) Asano K, et al：Immunity, 34：85-95, 2011
7) Kraal G & Janse M：Immunology, 58：665-669, 1986
8) Crocker PR & Gordon S：J Exp Med, 164：1862-1875, 1986
9) Oetke C, et al：Mol Cell Biol, 26：1549-1557, 2006
10) Saunderson SC, et al：Blood, 123：208-216, 2014
11) Sewald X, et al：Science, 350：563-567, 2015
12) Hiemstra IH, et al：Immunology, 142：269-278, 2014
13) Asano K, et al：Nat Commun, 6：7802, 2015
14) Ueda Y, et al：Int Immunol, 22：953-962, 2010
15) Tamoutounour S, et al：Eur J Immunol, 42：3150-3166, 2012
16) DeVoss J & Diehl L：Toxicol Pathol, 42：99-110, 2014
17) Karasawa K, et al：J Am Soc Nephrol, 26：896-906, 2015

＜筆頭著者プロフィール＞

浅野謙一：1999年，東京医科歯科大学医学部卒業，2006年，同大学院医歯学総合研究科（腎臓内科学）修了，医学博士．'06年，ハーバード大学ブリガム病院（研究員），'08年，理化学研究所，免疫・アレルギー科学総合研究センター，自然免疫研究チーム（基礎科学特別研究員）を経て，'11年4月より現職．

第2章 死細胞の認識，貪食，生体応答

4. 成体脳における神経細胞死と再生の生体イメージング

澤田雅人，澤本和延

近年の研究で，一部の成体脳領域においては，恒常的に神経細胞（ニューロン）の細胞死と再生が起こっていることが明らかになってきた．このニューロン再生の一連の過程を可視化する生体イメージング技術は，中枢神経系におけるニューロンの細胞死の役割および意義を知るための強力なツールになるとともに，脳神経疾患の再生医学研究の発展にも重要な役割を果たすと考えられる．

はじめに

中枢神経系においては，胎生期に神経幹細胞からニューロンが産生され，細胞死によって適切にその数が調節されることによって正常に脳組織が構築されていくことが知られている．一方で，成体脳では，「新生ニューロンは産生されず，失われたニューロンは二度と再生しない」というスペインの神経解剖学者カハールのドグマが長い間信じられてきた．現在では，脳内のごく限られた領域では，成体でもニューロンの細胞死と再生が恒常的に生じていることが明らかになったが，そのメカニズムや意義についてはいまだ不明な点が多い．

[キーワード＆略語]
成体脳のニューロン新生，脳室下帯，嗅球，
2光子顕微鏡，再生

VGAT：vesicular GABA transporter
（小胞GABAトランスポーター）

近年の技術革新によって，細胞死，特にアポトーシスを可視化する方法が開発され，生体で生じる細胞死を捉えることができるようになった．中枢神経系においては，例えば，実行型カスパーゼ3の活性化を可視化できるSCAT3マウスを用いて，胎生期の神経管閉鎖過程における細胞死のイメージングが報告されている（第4章-4参照）[1]．また，生理的条件下や脳疾患モデルにおいて，2光子顕微鏡を用いて長期間同一ニューロンを追跡し，その消失を検出することで細胞死を捉える技術も報告されている[2)3)]．本稿では，成体脳においてニューロンの細胞死と再生が活発に生じている嗅球[※1]に焦点を当て，2光子顕微鏡を用いた嗅球ニューロンの細胞死と再生のイメージング技術について述べるとともに，その制御機構について概説する．

1 成体脳のニューロン新生

成体脳において，脳室下帯[※2]および海馬歯状回[※3]の2カ所では神経幹細胞が存在し，神経前駆細胞を経て

In vivo imaging of neuronal death and regeneration in the adult brain
Masato Sawada/Kazunobu Sawamoto：Department of Developmental and Regenerative Biology, Nagoya City University Graduate School of Medical Sciences（名古屋市立大学大学院医学研究科再生医学分野）

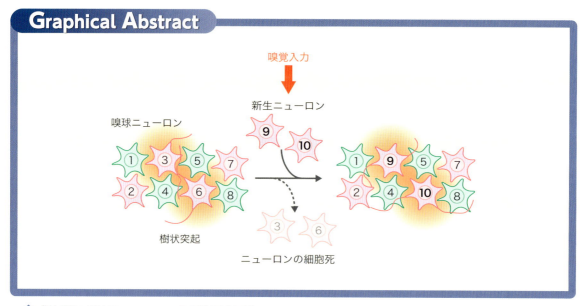

◆ **成体脳におけるニューロンの細胞死と再生**
成体嗅球では，恒常的にニューロンの細胞死および再生が生じている．ニューロンが細胞死を起こした場所に，同じ種類のニューロンが嗅覚入力依存的に再生する．同じ場所で入れ替わるニューロンでも，樹状突起の伸展方向は異なる．このメカニズムによって，脳の構造を維持したままニューロンを活発に再生することが可能になる．文献20をもとに作成．

新生ニューロンを産生している[4]〜[6]．脳室下帯の神経幹細胞から産生された新生ニューロンは，嗅覚情報処理の一次中枢である嗅球へと移動し，顆粒細胞もしくは傍糸球細胞とよばれる抑制性介在ニューロンへと分化する（**図1**）[7]〜[9]．近年の研究で，嗅球新生ニューロンがさまざまな嗅覚機能に関与することが明らかに

なってきた[10]〜[15]．新生ニューロンが嗅球神経回路へと組込まれる一方で，古い嗅球ニューロンは常に細胞死を起こしている[16][17]．このことから，成体嗅球では，恒常的に細胞死と再生をくり返すことによってニューロンを活発に入れ替えて，ダイナミックに神経回路を再編成し続けるメカニズムが存在することがわかってきた．このニューロンのターンオーバーを制御するメカニズムを理解するためには，生きた動物でくり返し長期間同一ニューロンを追跡し，入れ替わる様子を直接観察する必要があるが，技術的に困難であり，これまでその詳細は不明であった．

※1 嗅球
匂いの情報を処理する一次中枢脳領域を指す．嗅粘膜に存在する嗅細胞は匂い分子を受容し，その軸索を嗅球へ投射する．嗅細胞によって入力される嗅覚情報は，嗅球介在ニューロンによって適切に調節され，さらに中枢脳領域へと送られる．

※2 脳室下帯
哺乳類脳のなかに存在する側脳室の外側壁に面した細胞層を指し，生後も神経幹細胞が維持されている特殊な脳領域．脳室下帯の神経幹細胞からは，神経前駆細胞を経て新生ニューロンが産生される．

※3 海馬歯状回
アンモン角内側に歯列状に並んだ灰白質領域．海馬歯状回の顆粒細胞下層には生後も神経幹細胞が維持されており，神経前駆細胞を経て新生ニューロンが産生される．海馬歯状回で産生された新生ニューロンは，記憶や学習といった脳高次機能に関与する．

2 ニューロンの細胞死および再生過程の生体イメージング

2光子顕微鏡は，可視光レーザーの約2倍の波長の超短パルスレーザーを用いて，観察試料へのダメージを低減しながら脳深部を観察することが可能な顕微鏡である[18]．実際に，嗅球ニューロンの一種である傍糸球細胞は，嗅球表層に位置しており，生きたマウスで

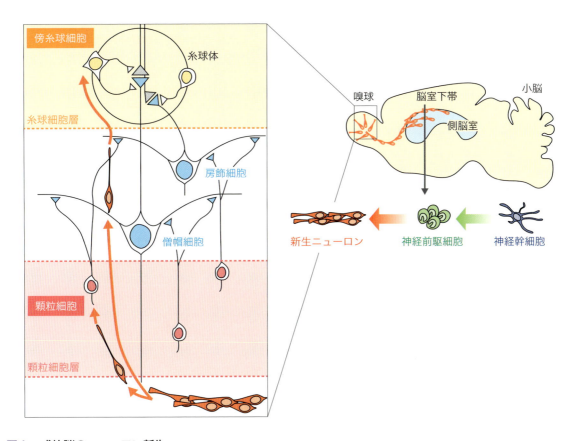

図1 成体脳のニューロン新生
成体脳の脳室下帯には神経幹細胞（青色）が存在し，神経前駆細胞（緑色）を経て新しいニューロン（赤色）を産生している．新生ニューロンは嗅球へと移動し，顆粒細胞層または糸球細胞層で顆粒細胞（桃色），傍糸球細胞（橙色）のいずれかへと分化する．顆粒細胞および傍糸球細胞は，投射ニューロンである僧帽細胞または房飾細胞（水色）とシナプスを形成し，さまざまな嗅覚機能に関与する．一方で，古いニューロンは細胞死を起こしているため，成体嗅球ではニューロンが活発に入れ替わっていると考えられる．文献20をもとに作成．

2光子顕微鏡によるくり返し観察が可能であることが報告されている[3]．われわれは生きたマウスで嗅球ニューロンのターンオーバーを観察するため，2光子顕微鏡を用いた長期生体イメージング法を確立した（**図2A，B**）．VGAT（vesicular GABA transporter）プロモーター制御下でVenusタンパク質を発現するマウス（*VGAT-Venus*マウス）を用いることによって傍糸球細胞のほぼすべてを蛍光標識することができる．*VGAT-Venus*マウスの嗅球表層の頭蓋骨を薄く削って観察窓を作製し，28日おきに2カ月間，麻酔下で同一の嗅球ニューロンをくり返し観察した．その結果，多くのニューロンが28日後と56日後にも同じ場所に同定された（**図2C**）．一方で，28日間で消失するニューロンおよび新たに出現するニューロンも観察され，これらがそれぞれ嗅球ニューロンの細胞死および新生ニューロンの再生を示していると考えられる（**図2C**）．さらに，28日後に再生した新生ニューロンは56日後にも同じ位置に同定されたことから，これらのニューロンが嗅球神経回路に組込まれ，少なくとも4週間生存していたことが示唆された（**図2C**）．こうして，生きたマウスの脳内において，細胞死を起こしたニューロンと新生ニューロンの時空間的関係を生きたまま解析できる新しい実験系が確立された．

3 ニューロンの細胞死および再生の時空間的な制御

成体マウスの嗅球では，そのなかでニューロンが活

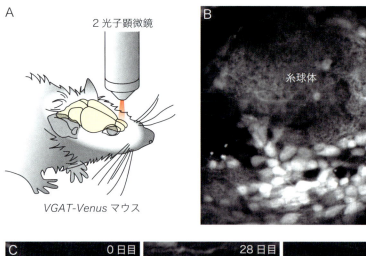
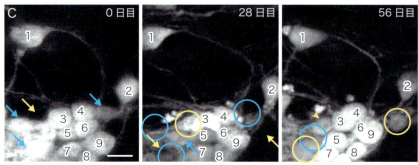

図2 2光子顕微鏡を用いた嗅球ニューロンの長期生体イメージング法
A）2光子顕微鏡を用いた長期生体イメージング法の模式図．B）VGAT-Venusマウスを用いた嗅球ニューロンの2光子顕微鏡写真．生きたマウスで嗅球糸球体周辺に一つひとつのニューロンの細胞体を同定することができる．C）2光子顕微鏡を用いた長期生体イメージングによるニューロンの細胞死および再生の検出．番号が付された細胞は56日間を通して同じ場所に同定されている．青色矢印で標識された細胞は28日後に細胞死により消失している（青色丸印）．黄色の矢印で示された場所には28日後に新生ニューロンが再生している（黄色丸印）．28日目に再生した新生ニューロンは，56日目にも同じ場所で生存している（黄色矢じり）．スケールバー：10 μm（B, C）．文献19をもとに作成．

発に入れ替わっているにもかかわらず，非常に秩序だった層構造が長期間維持されている．このことから，われわれは古いニューロンと新しいニューロンが同じ場所で入れ替わることで，組織構築の維持と細胞のターンオーバーを両立させているのではないかと仮説を立てた．この点を明らかにするために，傍糸球細胞のなかで最も活発に入れ替わっているドパミン作働性ニューロンを特異的に標識するマウス（TH-GFPマウス）を用いて，2光子レーザーで少数のニューロンを選択的に焼灼し，ドパミン作働性ニューロンが除去された場所で，28日後に新生ドパミン作働性ニューロンが再生するかどうかを解析した（図3）．

2光子レーザーによる焼灼で選択的にニューロンを除去してから28日後に同じ領域を観察すると，ニューロンが除去された場所に新生ニューロンが再生したことから，ドパミン作働性ニューロン同士が同じ場所で入れ替わっていることが示された（図3A，B）．興味深いことに，除去されたニューロンとその場所で再生した新生ニューロンの樹状突起の伸展方向は異なっており，細胞体が入れ替わる場所が同じでもニューロンの樹状突起パターンは可塑的であることが示唆された（図3D，E）．

最後に，こうしたドパミン作働性ニューロンのターンオーバーにおける時空間制御が嗅覚入力の影響を受けるかどうかを解析した．外鼻孔閉塞プラグをマウスの鼻腔に挿入することで嗅覚入力を遮断して，同様に

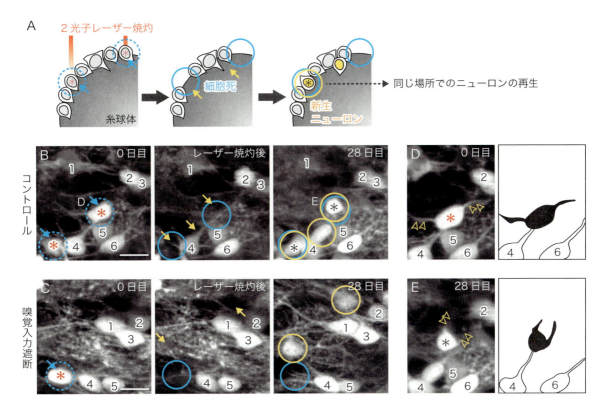

図3 成体嗅球におけるニューロンの細胞死と再生の時空間的制御
A) 実験手順の模式図．少数のニューロンを2光子レーザーで選択的に焼灼し，その場所における新生ニューロンの再生を評価する．B) C) 嗅覚入力依存的なニューロンの細胞死と再生の時空間的制御．2光子レーザーで焼灼されたニューロン（赤アスタリスクと青色矢印）の場所を青色丸印で示す．黄色矢印の場所には28日後に新生ニューロンが再生する（黄色丸印）が，そのうちの一部はニューロンの細胞死と同じ場所で再生する（黒アスタリスク）(B)．2光子レーザーでニューロンを焼灼した後に嗅覚入力を遮断すると，同じ場所に新生ニューロンは再生しない（C）．番号は28日間同じ場所に同定されたニューロンを示す．D) E) 細胞死を起こしたニューロン（D）と，同じ場所で再生した新生ニューロン（E）の樹状突起パターン（黄色矢じり）．同じ場所で再生するニューロンでも，樹状突起の伸展方向は異なる．スケールバー：10 μm (B, C)．文献19をもとに作成．

イメージングを行った．その結果，2光子レーザーでニューロンを除去した場所で新生ニューロンが再生する頻度は著しく低下した（**図3C**）．以上の結果より，ドパミン作動性ニューロンが同じ場所で入れ替わるしくみは，嗅覚入力依存的に調節されていることが明らかになった．

おわりに

成体嗅球は，生理的条件下でも恒常的にニューロンの細胞死および再生が活発に生じているユニークな脳領域である．2光子顕微鏡を用いた嗅球ニューロンの長期生体イメージング法を用いることで，嗅球ニューロンの再生過程は時空間的に制御されていることが明らかとなった[19]．古いニューロンと新しいニューロンが同じ場所で入れ替わるという現象は，死にゆくニューロンから何らかのメッセージが発信され，新生ニューロンがそれを感知して定着する可能性を想起させる．現在，同じ場所での嗅球ニューロンのターンオーバーを制御するメカニズムは不明である．アストロサイトやミクログリアは，死細胞の除去や栄養因子の分泌に関与することが報告されていることから，これらのグリア細胞が嗅球ニューロンのターンオーバーを制御する可能性がある．また，血管内皮細胞や周皮細胞，および周囲の細胞外マトリクスが特殊な微小環境を形成して嗅球ニューロンのターンオーバーに適した場所を

提供している可能性も考えられる．今後，本イメージング技術を用いて，成体脳におけるニューロンの細胞死および再生の全過程を可視化し，その役割や意義を解明することができれば，生体の恒常性維持における細胞死の役割が明らかになるだけではなく，脳傷害や神経変性疾患後の神経再生研究および医療への応用につながると確信している．

本研究は，金子奈穂子先生・加藤康子先生（名古屋市立大学），鍋倉淳一先生・稲田浩之先生・和氣弘明先生（生理学研究所），柳川右千夫先生（群馬大学），小林和人先生（福島県立医科大学），根本知己先生（北海道大学）との共同研究で行われました．この場をお借りして感謝申し上げます．

文献

1) Yamaguchi Y, et al：J Cell Biol, 195：1047-1060, 2011
2) Fuhrmann M, et al：Nat Neurosci, 13：411-413, 2010
3) Mizrahi A, et al：Proc Natl Acad Sci U S A, 103：1912-1917, 2006
4) Fuentealba LC, et al：Cell Stem Cell, 10：698-708, 2012
5) Lledo PM, et al：Nat Rev Neurosci, 7：179-193, 2006
6) Zhao C, et al：Cell, 132：645-660, 2008
7) Calzolari F, et al：Nat Neurosci, 18：490-492, 2015
8) Doetsch F, et al：Cell, 97：703-716, 1999
9) Fuentealba LC, et al：Cell, 161：1644-1655, 2015
10) Alonso M, et al：Nat Neurosci, 15：897-904, 2012
11) Breton-Provencher V, et al：J Neurosci, 29：15245-15257, 2009.
12) Gheusi G, et al：Proc Natl Acad Sci U S A, 97：1823-1828, 2000
13) Moreno MM, et al：Proc Natl Acad Sci U S A, 106：17980-17985, 2009
14) Sakamoto M, et al：J Neurosci, 34：5788-5799, 2014
15) Sakamoto M, et al：Proc Natl Acad Sci U S A, 108：8479-8484, 2011
16) Imayoshi I, et al：Nat Neurosci, 11：1153-1161, 2008
17) Ninkovic J, et al：J Neurosci, 27：10906-10911, 2007
18) Denk W, et al：Science, 248：73-76, 1990
19) Sawada M, et al：J Neurosci, 31：11587-11596, 2011
20) Sawada M：NAGOYA MEDICAL JOURNAL, 53；63-68, 2013

＜筆頭著者プロフィール＞
澤田雅人：名古屋市立大学大学院医学研究科再生医学分野助教．2012年名古屋市立大学大学院医学研究科博士課程修了．博士（医学）（指導教官：澤本和延教授）．日本学術振興会特別研究員（DC2，PD），名古屋市立大学特任助教を経て'14年より現職．脳室下帯のニューロン新生に興味をもち，特に生後脳における新生ニューロンの移動・成熟メカニズムについて研究を遂行している．

第2章 死細胞の認識，貪食，生体応答

5. C型レクチンMincleによる死細胞の認識

永田雅大，山崎　晶

> 生体は「自己」「非自己」を見分けることで免疫応答を惹起していると考えられてきた．しかし生体には，しばしば有害な自己も存在する．そこで近年，免疫は損傷によって放出される分子パターン（DAMPs）を認識し，「無害」「有害」を見分けることで機能しているという「Danger theory」が提唱されてきた．われわれはC型レクチン受容体Mincleが病原体由来糖脂質のみならず，内因性糖脂質を認識することを見出した．

はじめに

免疫系は，病原体に特有な分子パターンPAMPs（pathogen-associated molecular patterns）を認識することで「自己」「非自己」を判別し機能すると考えられていた．しかし，近年，免疫が損傷を感知することで機能するという考えが広く受け入れられ，損傷自己に特有の分子パターンである，DAMPs（damage-associated molecular patterns）が注目されはじめた[1]．DAMPsを介した損傷自己の感知には，TLR（Toll-like receptor），NLR（NOD-like receptor），RLR（RIG-I-like receptor），CLR（C-type lectin

[キーワード＆略語]
Danger theory, Mincle, DAMPs, グルコシルセラミド

CLR：C-type lectin receptor
（C型レクチン受容体）
DAMPs：damage-associated molecular patterns（組織傷害関連分子パターン）
DTH：delayed-type hypersensitivity
（遅延型過敏症）
FcR：Fc receptor（Fc受容体）
HPLC：high-performance liquid chromatography
（高速液体クロマトグラフィー）
iNKT：invariant natural killer T
（インバリアントナチュラルキラーT細胞）

ITAM：immunoreceptor tyrosine-based activation motif
（免疫レセプターチロシン活性化モチーフ）
Mincle：macrophage inducible C-type lectin
MS：mass spectrometry（質量分析）
NLR：NOD-like receptor（NOD様受容体）
NMR：nuclear magnetic resonance
（核磁気共鳴分析）
PAMPs：pathogen-associated molecular patterns（病原体関連分子パターン）
RLR：RIG-I-like receptor（RIG-I様受容体）
TLC：thin-layer chromatography
（薄層クロマトグラフィー）
TLR：Toll-like receptor（Toll様受容体）

C-type lectin Mincle recognizes dead cells
Masahiro Nagata/Sho Yamasaki：Division of Molecular Immunology, Medical Institute of Bioregulation, Kyushu University（九州大学生体防御医学研究所分子免疫学分野）

Graphical Abstract

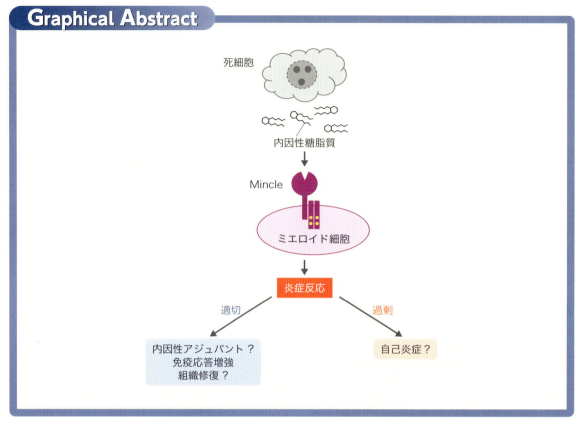

◆C型レクチンMincleは内因性糖脂質を認識する

Mincleは死細胞より放出される内因性糖脂質グルコシルセラミドを認識する．この相互作用は内因性アジュバントとして働き免疫応答増強，組織修復に働く一方，過剰な場合には自己炎症の原因の1つになると考えられる．

receptor）といった自然免疫受容体が重要な働きを担うことが知られている．本稿では，CLRのなかでも，Mincle（macrophage inducible C-type lectin）に着目し，Mincleによる死細胞認識，およびその機能について最新の知見を交えて概説したい．

1 Mincleは死細胞を認識する

Mincle（Clecsf9/Clec4e）は病原体，死細胞を認識し，双方に起因する危機に対応できる受容体の1つである．Mincleは，1999年に松本，審良らによって単離されたC型レクチン受容体で，種々のストレスによって発現が強く誘導される[2]．MincleはFcR（Fc receptor）γ鎖と会合する[3]．FcRγはその細胞内領域にITAM（immunoreceptor tyrosine-based activation motif）を有し，MincleはITAMを介したシグナル伝達により炎症性サイトカイン産生を誘導する活性化受容体である．

われわれはMincleの新たなリガンド探索のため，NTAT-GFPが組み込まれたT細胞ハイブリドーマ（2B4細胞）にMincle，FcRγを導入し，リガンド認識をGFPでモニターできるレポーター細胞を作製した．このレポーター細胞を培地交換せずに数日間培養したところ，死細胞増加に伴いGFP発現が誘導されることが明らかとなった．このGFP発現は抗Mincle抗体によって阻害されたことから，死細胞由来成分がMincleを介してシグナルを入れていることが示唆された．われわれはさらに，このGFP発現が，死細胞上清のみで誘導されることを見出し，われわれの細胞が，細胞死に伴いMincleリガンドを放出し炎症を惹起するというモデルを提唱した．

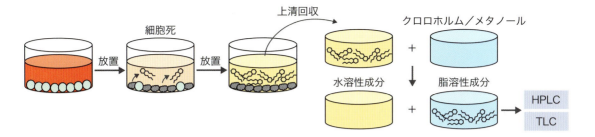

図1 死細胞上清中に含まれるMincle糖脂質リガンドの検出
死細胞上清中に含まれる脂質成分を，クロロホルム/メタノールを用いて抽出した．この脂質成分中に含まれるMincleリガンド成分を，レポーター細胞活性を指標にHPLC，TLCを用いて精製した．

2 Mincleは細胞内糖脂質を認識する

　Mincleは，マラセチアや結核菌由来の特徴的な糖脂質を認識することが明らかとなっている[4)5)]．Mincleはその細胞外領域に糖認識部位と特徴的な疎水性アミノ酸領域をもつ．糖認識部位に糖鎖が，疎水性アミノ酸領域に糖脂質の疎水性側鎖がはまるようにして，Mincleと糖脂質は結合することが結晶構造解析によって近年明らかとなった[6)7)]．これらの知見からわれわれは，細胞内に含まれる糖脂質が内因性Mincleリガンドとして機能する可能性を想定した．

　われわれはまず，死細胞上清中に含まれる成分にMincle内因性糖脂質リガンドが含まれているかどうかを検討した．死細胞上清成分からクロロホルム/メタノール溶液によって脂質成分を抽出し，HPLC (high-performance liquid chromatography)，TLC (thin-layer chromatography) によって各成分の分離，精製を行った（図1）．各成分に対し，前述のレポーター細胞を用いてMincleリガンド活性を検討したところ，1つのフラクションが強いMincleリガンド活性を示した．この活性成分は生細胞そのものから脂質成分を抽出した際にも得られたことから，通常は細胞内に局在しているが，細胞死に伴い細胞外に放出された脂質成分であると考えられる．さらにこれらの成分に対し，TLCにおける染色解析を行ったところ，脂質成分を染色する酢酸銅染色，糖成分を染色するオルシノール染色の2種類で染まったことから，この成分は内因性糖脂質である可能性が強く示唆された．この画分をMS (mass spectrometry)，NMR (nuclear magnetic resonance) によって構造解析を行ったところ，この成分がグルコシルセラミドであることが判明した（図1）．この結果は，GFPレポーター細胞を合成グルコシルセラミドで刺激した際に，GFP発現が強く誘導されたことからも証明された．

　グルコシルセラミドは，細胞内の主にゴルジ体に存在するスフィンゴ糖脂質の前駆体として知られている．近年，TLRなどの自然免疫受容体からのシグナルに伴ってグルコシルセラミド量が増加することがリピドミクス解析を駆使した報告によって明らかとなった[8)]．グルコシルセラミドの増加は活性化シグナルを強め，炎症性サイトカイン産生を促進することも示されている．この報告では，脂質組成の変化がシグナル伝達に影響を及ぼしていると考えられているが，今回の発見から，その反応増強はMincleを介したシグナル伝達との相乗効果の結果かもしれない．

3 グルコシルセラミドはアジュバント糖脂質として機能する

　今回われわれは，Mincleが死細胞より放出されるグルコシルセラミドを認識することを明らかとした．Mincleは，効率よく獲得免疫を誘導するアジュバント※レセプターである[9)10)]．このことから，損傷細胞より放出されるグルコシルセラミドが内因性アジュバントとして機能する，という新たな免疫誘導機序を想

> ※ **アジュバント**
> タンパク質などの精製抗原は，それのみでは適応免疫応答を起こせない．ワクチン開発においてあるタンパク質に対する免疫を成立させるためには，免疫応答を強化する添加物が必要であり，その添加物がアジュバントとよばれる．

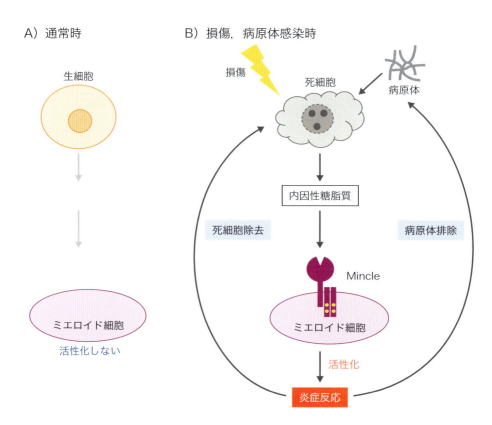

図2　Mincle内因性糖脂質リガンドの生理的機能
細胞損傷，病原体感染によって細胞死が引き起こされると，死細胞は細胞内成分を放出する．このうち，内因性糖脂質はMincleを介して炎症反応を惹起する．この炎症反応は死細胞除去，病原体排除に働くと考えられる．一方，通常時には，内因性脂質の放出，Mincleの発現はいずれも弱い．

定した（**図2**）．

　まずわれわれは，合成グルコシルセラミドが炎症惹起に働くか検討した．In vitroにおいて，骨髄由来樹状細胞をグルコシルセラミドで刺激したところ，炎症性サイトカインの産生が認められた．しかし，これらの産生はMincleを欠損させることで有意に低下したことから，Mincleがグルコシルセラミドの認識に機能的な受容体であることが示された．さらに合成グルコシルセラミドは骨髄由来樹状細胞上の共刺激分子（CD80，86，40）やMHC class II分子の発現をMincle依存的に増強した．この結果は樹状細胞の活性化を介した，獲得免疫の誘導にグルコシルセラミドがアジュバントとして機能する可能性を示唆した．実際にグルコシルセラミドは，DTH（delayed-type hypersensitivity）の系において免疫記憶形成を促進するアジュバントとして機能する結果が得られた．

　グルコシルセラミドはiNKT（invariant natural killer T）細胞によっても認識されることが報告されている[11)～13)]．Mincleを介したシグナル伝達は，iNKT細胞に抗原提示する分子であるCD1dの発現を増強し，また，iNKT細胞より産生されるIFN-γはミエロイド細胞活性化に働く．このようなiNKT細胞とミエロイド細胞の双方を活性化しうる糖脂質は，相乗効果により，効率的なアジュバントとして期待される．一方，グルコシルセラミド投与は抗腫瘍活性を増強するという報告がある[14) 15)]．この効果について免疫細胞の寄与は全くアプローチされていなかったが，今後はMincle発現細胞，iNKT細胞の双方に起因する免疫応答，相乗効果を考慮する必要がある．

おわりに

　損傷自己リガンドの観点から考えると，Mincle に惹起される炎症は死細胞除去や組織修復に働いており，生体にとって有益な炎症と考えられる．角膜の創傷治癒過程において Mincle の発現が上がっている[16]，外傷性脳損傷後の炎症に Mincle がかかわる[17]，などの報告はその可能性を示唆するものである．しかし一方で，疾患と Mincle の発現量の間に相関を示唆する報告もあり，Mincle とそのリガンドの発現制御機構に異常をきたした場合，過剰な炎症を引き起こす可能性もある．例えば，虚血性脳卒中における虚血領域での炎症誘導に Mincle がかかわる[18]，リウマチ患者において Mincle 発現が亢進する[19] など Mincle の自己炎症増悪への関与を示唆する例が報告されている．また近年，ヒト Mincle がコレステロール結晶を認識することが報告された[20]．コレステロール結晶の沈着は動脈硬化進行の病原因子の1つであり，動脈硬化病変部位における炎症を誘導している報告もある[21]．

　今後，こうしたさまざまな病態におけるリガンド糖脂質のプロファイリング，および疾患との関連に関する研究が進展し，炎症性疾患の新たな診断や治療に貢献することを期待したい．

文献

1) Matzinger P：Science, 296：301-305, 2002
2) Matsumoto M, et al：J Immunol, 163：5039-5048, 1999
3) Yamasaki S, et al：Nat Immunol, 9：1179-1188, 2008
4) Ishikawa E, et al：J Exp Med, 206：2879-2888, 2009
5) Ishikawa T, et al：Cell Host Microbe, 13：477-488, 2013
6) Feinberg H, et al：J Biol Chem, 288：28457-28465, 2013
7) Furukawa A, et al：Proc Natl Acad Sci U S A, 110：17438-17443, 2013
8) Köberlin MS, et al：Cell, 162：170-183, 2015
9) Schoenen H, et al：J Immunol, 184：2756-2760, 2010
10) Miyake Y, et al：Immunity, 38：1050-1062, 2013
11) Brennan PJ, et al：Nat Immunol, 12：1202-1211, 2011
12) Kain L, et al：Immunity, 41：543-554, 2014
13) Brennan PJ, et al：Proc Natl Acad Sci U S A, 111：13433-13438, 2014
14) Oku H, et al：Cancer Chemother Pharmacol, 64：485-496, 2009
15) Symolon H, et al：J Nutr, 134：1157-1161, 2004
16) Saravanan C, et al：Glycobiology, 20：13-23, 2010
17) de Rivero Vaccari JC, et al：J Neurotrauma, 32：228-236, 2015
18) Suzuki Y, et al：Sci Rep, 3：3177, 2013
19) Nakamura N, et al：DNA Res, 13：169-183, 2006
20) Kiyotake R, et al：J Biol Chem, 290：25322-25332, 2015
21) Duewell P, et al：Nature, 464：1357-1361, 2010

＜筆頭著者プロフィール＞
永田雅大：2011年，九州大学医学部生命科学科卒業．'10年時は卒業研究生として，'11年より大学院生として九州大学生体防御医学研究所分子免疫学分野にて，山崎 晶教授指導のもと研究を行っている．

第2章 死細胞の認識，貪食，生体応答

6. アポトーシス細胞と結合して細胞の活性化を制御する免疫受容体—CD300a

小田（中橋）ちぐさ，渋谷 彰

細胞はアポトーシスに至るとホスファチジルセリン（PS）を表出し，このPSと貪食細胞上のPS受容体の結合を介して，すみやかに貪食される．しかしわれわれは，アポトーシス細胞がPSを表出して貪食されるだけの存在ではないことを明らかにした．樹状細胞および肥満細胞上の受容体であるCD300aはPS受容体であるが，アポトーシス細胞と結合して貪食を促進するのではなく，樹状細胞および肥満細胞からのサイトカインやケモカインの産生を抑制していた．われわれは，この抑制機構が敗血症などの炎症を直接制御するのみならず，制御性T細胞数を調節することでも炎症を制御していることを明らかにした．

はじめに

ヒトの体内では毎秒100万個以上の細胞がアポトーシスに至る[1]．細胞がアポトーシスに至る際には，細胞膜の構成成分であるリン脂質の分布が変化し，それまで脂質二重膜の内側を裏打ちしていたリン脂質の一種であるホスファチジルセリン（phosphatidylserine：PS）が細胞膜の外側に表出する（第2章-1参照）．PSを表出するようになった細胞は，アポトーシス細胞として貪食細胞にすみやかに貪食されるが，その際に，貪食細胞上のPS受容体がこのPSをeat-me signal（食べてくれシグナル）として認識し，貪食を開始する．つまり，アポトーシス細胞は自ら貪食細胞に除去してもらうために，PSを表出しているともいえる．しかしわれわれは，貪食細胞以外でも，PSと結合する受容体が存在することを明らかにし，アポトーシス細胞が貪食されるためだけの存在ではなく，細胞の活性化を制御して免疫応答をコントロールしていることを明らかにした．

[キーワード&略語]
アポトーシス細胞，ホスファチジルセリン，CD300a受容体，肥満細胞，樹状細胞

CLP：cecal ligation and puncture
DSS：dextran sodium sulfate
PS：phosphatidylserine
TLR：Toll-like receptor

Apoptotic cells and CD300a immunoreceptor binding regulates immune cell activation
Chigusa Nakahashi-Oda[1] /Akira Shibuya[1,2]：Department of Immunology, Division of Biomedical Sciences, Faculty of Medicine, University of Tsukuba[1] /Life Science Center of Tsukuba Advanced Research Alliance, University of Tsukuba[2]
（筑波大学医学医療系免疫制御医学[1] /筑波大学生命領域学際研究センター[2]）

Graphical Abstract

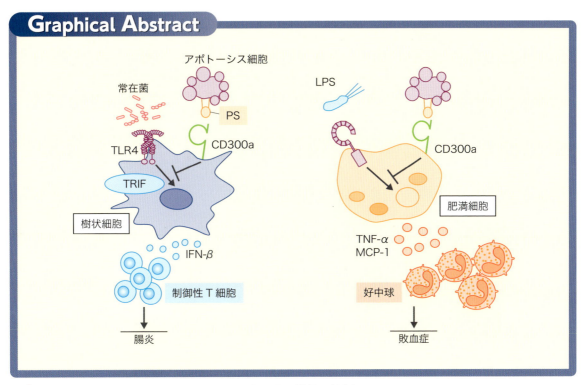

◆CD300aはPSと結合して樹状細胞，肥満細胞の機能を抑制している

樹状細胞，肥満細胞上のCD300aは，アポトーシス細胞上のPSと結合する．この結合は樹状細胞でのTLR4-TRIF-IFN-β産生シグナルを抑制し，制御性T細胞数を抑制する．また，肥満細胞からのサイトカイン産生も抑制し，好中球の動員を抑える．

1 受容体CD300aとアポトーシス細胞上のPSの結合

1）免疫担当細胞上には活性化と抑制を制御する受容体が存在する

われわれは骨髄球系細胞の免疫応答に関与する新規受容体として，CD300分子群（myeloid-associated immunoglobulin like receptor：MAIR；CLM，LMIR）を同定し，その機能を報告してきた[2)～8)]．CD300分子群は細胞外に免疫グロブリン様ドメインを1つもつI型膜貫通型糖タンパク質である．データベースを用いた解析により，細胞外領域が互いに類似する分子（マウスで9つ，ヒトで7つ）でファミリーを形成していることが判明している[9)]．そのうちCD300aは314個のアミノ酸からなり，その細胞内領域に4つのITIM（immunoreceptor tyrosine-based inhibitory motif）とよばれるモチーフを有することから，抑制性シグナルを伝達すると考えられており，骨髄球系細胞であるマクロファージ，樹状細胞，肥満細胞，顆粒球，樹状細胞などに発現する（図1）．

2）CD300aはアポトーシス細胞上のPSと結合する

CD300aのリガンドを明らかにするために，われわれはCD300aの細胞外領域部分とヒトIgGのFc部分を融合させたキメラタンパク質を作製した．このキメラタンパク質が，どのような細胞と結合するかを検討したところ，生細胞で結合するものは認められなかったが，アポトーシス細胞と結合することを見出した．さらにこの結合がMFG-E8※という，PSとインテグリンを橋渡しするタンパク質で阻害されること，膜上およびプラスチックプレート上でPSとCD300aが直接結合することを確認し，CD300aのリガンドがPSであることを確認した[10)]．

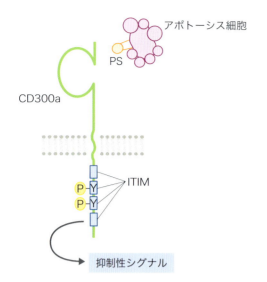

図1 CD300aは，アポトーシス細胞に表出するPSと結合して，抑制性シグナルを伝達する受容体である
Y：チロシン．

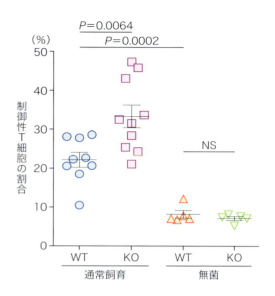

図2 CD300a遺伝子欠損マウスでは制御性T細胞が増加している
野生型（WT）と比較して，CD300a遺伝子欠損マウス（KO）の腸管では制御性T細胞が増加していた．無菌のKOマウスでは制御性T細胞の増加は認められなかった．文献11をもとに作成．

3）CD300aはPSと結合してもアポトーシス細胞を貪食しない

CD300aは前述のように，貪食細胞であるマクロファージや好中球にも発現している．よって，CD300aもeat-me signalであるPSと結合してアポトーシス細胞の貪食に関与するのかどうかをまず明らかにすることとした．NIH-3T3という線維芽細胞由来の細胞株にTIM-1あるいはTIM-4といったPS受容体を遺伝子導入してアポトーシス細胞と共培養すると，それまで貪食能をもたなかった線維芽細胞でもアポトーシス細胞を貪食するようになる．しかし，同様にNIH-3T3にCD300aを遺伝子導入してもアポトーシス細胞を貪食するようにはならなかった．このことからは，CD300aがPSと結合しても，アポトーシス細胞の貪食を開始させることはできないと考えられた[10]．

※ MFG-E8

milk fat globule-EGF-factor 8．アポトーシス細胞上のPSとαvβ3インテグリンを架橋するタンパク質．αvβ3インテグリンを発現する貪食細胞がPSを発現するアポトーシス細胞を貪食する際に機能する．本稿では，この変異タンパク質（D89E MFG-E8）で，PSには結合するものの，インテグリンには結合しないものをCD300aとPSの結合を阻害するために用いた．

---

2 上皮ターンオーバーに伴うアポトーシス細胞と樹状細胞上のCD300aの結合[11]

1）CD300a遺伝子欠損マウスでは制御性T細胞が増加している

では，CD300aはアポトーシス細胞上のPSと結合して何を制御しているのか？ われわれはこの課題を明らかにするために，CD300a遺伝子欠損マウスを作製した．常にターンオーバーに伴ってアポトーシス細胞が誘導される臓器である，腸管，気道，皮膚に着目してCD300a遺伝子欠損マウスの解析を進めた．すると，いずれの組織においても，野生型マウスと比較して，CD300a遺伝子欠損マウスでは，制御性T細胞の数が増加していることが認められた（**図2**）．制御性T細胞は，CD4⁺Tリンパ球の一サブセットであるが，活性化Tリンパ球を抑制する機能をもつ細胞である．近年では，腸管常在細菌の一種が腸管の制御性T細胞を分化誘導していることが明らかとなってきている[12][13]が，CD300a遺伝子欠損マウスの大腸，皮膚，気道での制御性T細胞の増加は，無菌環境下で飼育をしてい

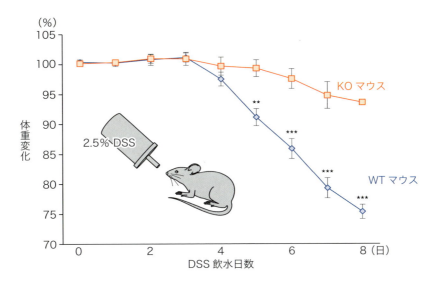

図3 CD300a遺伝子欠損マウスでは腸炎が軽快する
マウスに2.5%DSSを飲水させて，腸炎を誘導すると，野生型（WT）と比較して，CD300a遺伝子欠損マウス（KO）では体重の減少はほとんど認められなかった．文献11をもとに作成．

るCD300a遺伝子欠損マウスでは野生型マウスと同等の数となることから，CD300a遺伝子欠損マウスにおける制御性T細胞の増加にも常在菌が不可欠であると考えられた（図2）．CD300a遺伝子欠損マウスにおける制御性T細胞の増加は，常在菌の存在しない臓器である，リンパ節，脾臓では認められなかった．

2）CD300a遺伝子欠損マウスでの制御性T細胞の増加にはPSとの結合が必要である

次に，CD300aが制御性T細胞数を抑制するのに，アポトーシス細胞上のPSとの結合が不可欠かを検証した．われわれは，まず，免疫染色法により，CD300aが腸管，皮膚，気道の樹状細胞に発現していること，さらに，これらの臓器の上皮においてPSを発現するアポトーシス細胞が存在し，CD300aを発現する樹状細胞が近接していることを見出した．さらに，野生型マウスに，注腸，塗布，経鼻投与といった方法によりMFG-E8を投与して，CD300aとPSの結合を阻害したところ，コントロールタンパク質投与と比較して，制御性T細胞の数が増加することを明らかにした．このことから，CD300aが制御性T細胞の数を抑制するためには，常在菌に加えてCD300aとリガンドであるPSとの結合が必要であることが示唆された．

3）制御性T細胞の増加は腸炎を軽減させる

次に，CD300a遺伝子欠損マウスで増加する制御性T細胞が生体でその機能を発揮しているのかを明らかにするために，われわれは，DSS（dextran sodium sulfate）をマウスに経口投与することで腸炎モデルを作製した．野生型マウスとCD300a遺伝子欠損マウスに腸炎を誘導すると，CD300a遺伝子欠損マウスでは腸炎に伴う体重減少，腸管の萎縮，病理組織学的変化のいずれもが軽度になることが見出された（図3）．さらに，CD300a遺伝子欠損マウスで制御性T細胞を除去すると，この腸炎に伴う体重減少の軽減が消失してしまうことから，腸炎に伴う体重減少の軽減には，制御性T細胞が必要であることが明らかとなった．

4）腸管樹状細胞上のCD300aが制御性T細胞の抑制に重要な役割を果たす

次にCD300aはどのようにして制御性T細胞の数をコントロールしているのかを明らかにするために，まず，CD300aがいずれの細胞上で機能しているのかを解析した．免疫染色とフローサイトメトリー法により，CD300aは腸管では，CD11b$^+$CD11c$^+$樹状細胞で発現していることが見出されたため，樹状細胞上でのみCD300aが欠損しているマウスを作製した（$Cd300a^{fl/fl}$ $Itgax$-Creマウス）．コントロールマウス（$Cd300a^{fl/fl}$

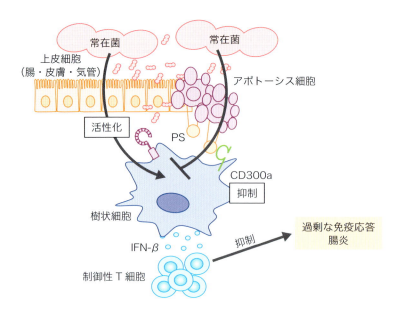

図4 樹状細胞上のCD300aは制御性T細胞数を抑制している
樹状細胞上のCD300aは，常在菌で誘導されたアポトーシス細胞上のPSと結合して，樹状細胞の活性化シグナルを抑え，制御性T細胞を減少させる．制御性T細胞の減少は腸炎を増悪させる．

マウス）と比較して，CD300aを樹状細胞上でのみ欠損させたマウス（$Cd300a^{fl/fl}Itgax$-Creマウス）でも，腸管の制御性T細胞の増加が認められた．さらに，このマウスを用いてDSSによる腸炎を誘導したところ，コントロールマウスと比較して体重の減少がほとんど認められなかったことから，CD300a遺伝子欠損マウスで認められた制御性T細胞の増加および，腸炎症状の軽減は，樹状細胞上のCD300aの機能によるものと考えられた．

5）CD300aは樹状細胞からのⅠ型インターフェロンβ産生を制御する

さらに，樹状細胞上のCD300aが制御性T細胞数をコントロールしている分子メカニズムを明らかにするために，腸管樹状細胞を野生型，およびCD300a遺伝子欠損マウスから採取してRNAを抽出し，その発現遺伝子を，DNAマイクロアレイにて解析した．違いが認められた分子についてさらに定量PCR法を用いて解析を進めたところ，CD300a遺伝子欠損マウスの腸管樹状細胞では，Ⅰ型インターフェロンβの産生が増加していることが明らかとなった．抗Ⅰ型インターフェロンβ抗体により樹状細胞からのⅠ型インターフェロンβを阻害すると，腸炎の体重減少の軽減も，$in\ vitro$での制御性T細胞の増加も認められなくなることから，CD300aは樹状細胞からのⅠ型インターフェロンβの産生を抑制することによって制御性T細胞の数を抑制していると考えられた（図4）．

6）CD300aは常在菌-TLR4-TRIF-Ⅰ型インターフェロンβの経路を抑制している

さらに，マウス大腸から腸管上皮細胞を培養し，糞便刺激したものと骨髄から誘導した樹状細胞を共培養すると，CD300a遺伝子欠損マウス由来の樹状細胞では野生型マウスと比較して，Ⅰ型インターフェロンβの産生がより増加する．マウス腸管上皮細胞は，糞便刺激によりPSを細胞上に発現するようになるが，このPSとCD300aの結合を阻害すると，野生型マウス由来の樹状細胞でも，Ⅰ型インターフェロンβの産生が増加することが認められた．また，このⅠ型インターフェロンβの産生はTLR4（Toll-like receptor 4）遺伝子欠損マウス，および，TRIF遺伝子欠損マウスでは消失することから，CD300aはTLR4からのTRIFシグナルを抑制していることが示唆された．このことは，CD300aとTRIFの二重欠損マウスを作製すると，制御性T細胞の増加が認められなくなること，および，このマウスに腸炎を誘導すると，コントロールマウスと同程度まで体重が減少することからも確認された．

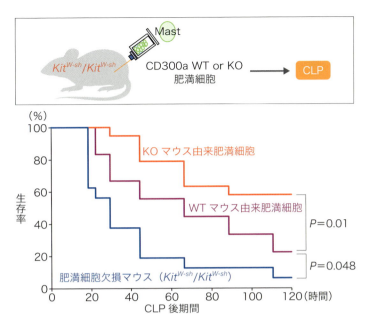

図5　肥満細胞上のCD300aが敗血症の生存率に寄与している
肥満細胞が欠損しているKit^{W-sh}/Kit^{W-sh}マウスに，野生型，もしくはCD300a遺伝子欠損マウス由来の肥満細胞を移入してCLPを行うと，CD300a遺伝子欠損マウス由来の肥満細胞を移入した際には生存率が改善した．文献17をもとに作成．

3 炎症に伴うアポトーシス細胞と肥満細胞上のCD300aの結合[14]

1）肥満細胞上のCD300aの役割

前述のように，CD300aは貪食細胞や樹状細胞のみならず，肥満細胞にも発現している．肥満細胞はIgE受容体の発現という大きな特徴をもっていることから，その活性化制御機構については主にアレルギー疾患と寄生虫感染の側面から精力的な研究が行われてきた細胞である．しかし，肥満細胞欠損マウス（w/w^{v}マウス）において敗血症を起こさせると，野生型マウスに比較して生存率が増悪するという報告[15]や，肥満細胞上にもTLRが発現していることが明らかになる[16]につれ，病原体に対する自然免疫系の作動という観点からも大きな役割を担っている可能性が示唆されている．この肥満細胞をLPS（lipopolysaccharide；グラム陰性桿菌の細胞壁構成成分）で刺激すると，TLRを介したシグナルが入り，サイトカインやケモカインが産生される．このサイトカインやケモカインの産生が野生型マウス由来の肥満細胞とCD300a遺伝子欠損由来の肥満細胞とでは大きく異なることが見出された．

2）CD300a遺伝子欠損マウスでは敗血症における生存率が改善する

敗血症は外来異物の侵入に伴って作動する自然免疫応答から引き起こされ，過剰な炎症反応を特徴とする．敗血症において肥満細胞がその生存率に大きな役割を果たしているという報告から，われわれは，マウスの盲腸を結紮して穿孔することによって腹膜炎を惹起させ敗血症を起こす（cecal ligation and puncture：CLP）という敗血症モデルマウスを作製した．野生型マウスとCD300a遺伝子欠損マウスで，CLPを行ったところ，CD300a遺伝子欠損マウスでは有意に生存率が改善し，炎症が起こると血中から動員されてくる好中球数の増加が腹腔で認められ，細菌数も減少していた．CLPを行うと，腹腔にはアポトーシス細胞が増加するが，腹腔でCD300aとPSの結合をMFG-E8で阻害しても，生存率の改善が認められた．

3）肥満細胞上のCD300aが敗血症の生存率に寄与する

腹腔に炎症が起こった際に好中球を動員するのは，

腹腔にスタンバイしている肥満細胞由来のサイトカインやケモカインだと考えられたため，われわれは肥満細胞欠損マウス（Kit^{W-sh}/Kit^{W-sh}マウス）に野生型，もしくはCD300a遺伝子欠損マウス由来の肥満細胞を移入して敗血症を起こさしめ，生存率を観察した（図5）．その結果，野生型マウス由来の肥満細胞を移入した群と比較してCD300a遺伝子欠損マウス由来の肥満細胞を移入した群では生存率が改善した．さらに，CD300a遺伝子欠損マウス由来の肥満細胞からはCLPの際，野生型マウス由来の肥満細胞に比較して，より多くのサイトカインおよびケモカインが産生されていた．つまり，敗血症における生存率の改善は，肥満細胞上のCD300aによるサイトカインやケモカインの産生が制御されていることによるものであるということが明らかとなった．

おわりに

われわれは樹状細胞および肥満細胞上のCD300aがアポトーシス細胞上のPSと結合することによって，細胞に入る活性化シグナルを抑制していることを明らかにした．特に，腸管樹状細胞では，定常状態で，常在菌からの活性化シグナルを抑制して，腸管制御性T細胞数を制御していることを明らかとした．これらのことは，アポトーシス細胞上におけるアポトーシスの目印たるPSが貪食細胞に貪食されるためだけでなく，他に重要な役割をもっていたことを示したともいえる．現在，われわれはPSとCD300aの結合を介して他のさまざまな疾患を制御している可能性について明らかにすべく，研究を続けている．

文献

1) Griffith TS & Ferguson TA：Immunity, 35：456-466, 2011
2) Yotsumoto K, et al：J Exp Med, 198：223-233, 2003
3) Okoshi Y, et al：Int Immunol, 17：65-72, 2005
4) Can I, et al：J Immunol, 180：207-213, 2008
5) Nakano-Yokomizo T, et al：J Exp Med, 208：1661-1671, 2011
6) Nakano T, et al：Mol Immunol, 45：289-294, 2008
7) Nakahashi C, et al：J Immunol, 178：765-770, 2007
8) Totsuka N, et al：Nat Commun, 5：4710, 2014
9) Borrego F：Blood, 121：1951-1960, 2013
10) Nakahashi-Oda C, et al：Biochem Biophys Res Commun, 417：646-650, 2012
11) Nakahashi-Oda C, et al：Nat Immunol, doi: 10.1038/ni.3345, 2016
12) Atarashi K, et al：Nature, 500：232-236, 2013
13) Atarashi K, et al：Science, 331：337-341, 2011
14) Nakahashi-Oda C, et al：J Exp Med, 209：1493-1503, 2012
15) Malaviya R, et al：Nature, 381：77-80, 1996
16) Marshall JS：Nat Rev Immunol, 4：787-799, 2004
17) 小田（中橋）ちぐさ，渋谷 彰：免疫受容体CD300aはアポトーシス細胞と結合して肥満細胞を制御する．実験医学，31：87-90, 2013

＜筆頭著者プロフィール＞
小田（中橋）ちぐさ：1995年筑波大学医学専門学群卒業．消化器外科医として臨床に従事後，2007年筑波大学人間総合科学研究科博士課程修了（渋谷彰教授）．学術振興会特別研究員（DC2，PD）を経て'09年より筑波大学医学医療系免疫学教室助教．「免疫受容体」を手がかりとして，免疫システムの一端を明らかにしたいと考えている．

第2章 死細胞の認識，貪食，生体応答

7. 脳虚血と細胞死

七田　崇，吉村昭彦

脳虚血によって脳内ではさまざまな細胞死が誘導される．虚血中心部では主にネクローシスが起こるが，細胞死に伴って放出されるDAMPsによって周囲の炎症細胞が活性化し，炎症が惹起される．インフラマソームの活性化による細胞死の誘導，炎症の促進は，虚血による脳のダメージを増加させる．虚血周辺部（ペナンブラ）では遅発性神経細胞死が起こり，さまざまな細胞死の病態が混在する．細胞死や炎症を制御することにより新たな脳梗塞治療法を開発できる可能性がある．

はじめに

脳梗塞では，脳組織を栄養する血管が高度に狭窄または閉塞するか，または血行動態が保てなくなる（不整脈や心停止など）ことによって起こる虚血が原因で細胞死が引き起こされる．細胞死を起こす細胞としては，神経細胞，アストロサイト，ミクログリア，血管内皮細胞などの脳細胞に加えて，脳内に浸潤した血液細胞も細胞死が引き起こされる．脳虚血後に起こる細胞死については，従来，ネクローシス，アポトーシスを中心に研究が進んでいるが，最近ではオートファジー細胞死，パイロトーシスについても報告が増えている．脳梗塞後の神経細胞死をできるだけ抑制することが神経機能予後の改善，治療法の開発につながると考えられるが，細胞死によってもたらされる炎症のメカニズムには神経細胞死を促進する面と組織修復を促進する面とがある．脳虚血によって起こる細胞死の詳細と，細胞死によってもたらされる現象とそのメカニズムの詳細を明らかにすることで，より有効な脳梗塞治療剤を開発できる可能性がある．

1 脳細胞の虚血壊死と遅発性神経細胞死

脳は全身の約20％の酸素と25％のブドウ糖を消費する臓器であり，脳血流の低下が高度になるにつれて神経細胞ではタンパク質合成の抑制→選択的遺伝子の発現→嫌気性解糖→pHの低下・グルタミン酸の放出→ATPの低下→細胞内Ca濃度の上昇が順次起こる．細胞内のCa濃度の増加はさまざまなCa依存性酵素の

[キーワード＆略語]
脳梗塞，細胞死，DAMPs，炎症

BID：Bcl-2 interacting domain
DAMPs：damage-associated molecular patterns（組織傷害関連分子パターン）
PRR：pattern recognition receptor（パターン認識受容体）

Graphical Abstract

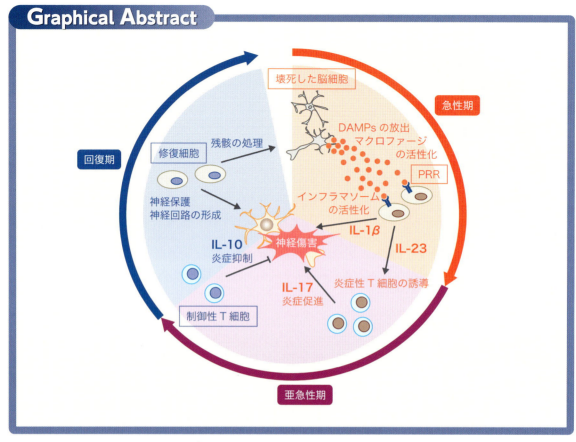

◆脳梗塞後の炎症と収束のメカニズム

活性化を引き起こす（図1）．プロテアーゼやホスホリパーゼの活性化による細胞膜タンパク質，リン脂質の分解が起こり，さらにミトコンドリアの機能障害が起こって細胞死が誘導される．虚血によるエネルギー代謝障害はmRNAの転写やタンパク質の合成を低下させるが，虚血に対する細胞応答として一連の選択的遺伝子の発現がみられる．これらの遺伝子にはc-fos, c-junなどの転写因子，HSP70などのヒートショックタンパク質，サイトカインや接着因子などが含まれる．高度の虚血により短時間で誘導される細胞死はネクローシスであると考えられ，細胞外に内容物をまき散らす形で死に至るため炎症が誘導される．

　一方で虚血によっても，細胞死には至らない程度に脳血流がかろうじて保たれている領域（虚血周辺部）が存在し，これらは日食の際の半影を意味する言葉で「ペナンブラ」とよばれている．ペナンブラは脳血流の

図1　脳血流量の低下と細胞死
脳血流の低下によって細胞内では段階的な代謝の変化が起こり，細胞死に至る．文献16をもとに作成．

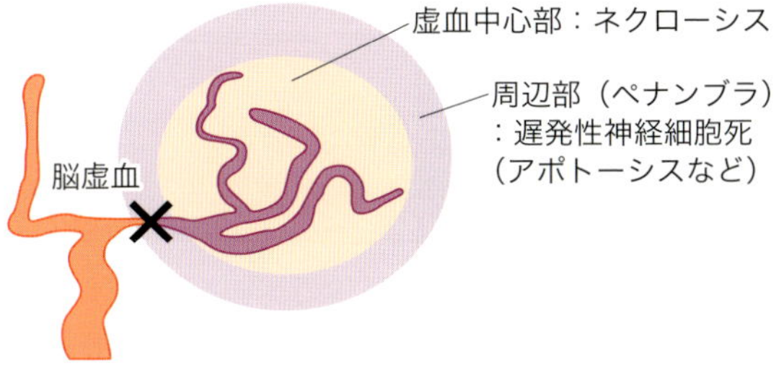

図2　脳梗塞における虚血中心とペナンブラ
脳血管の高度狭窄または閉塞によって虚血に陥ると，虚血中心部ではネクローシスを中心とする神経細胞死が起こる．その周辺部ではかろうじて脳血流が保たれており，数日程度の時間経過とともに細胞死に至るペナンブラが存在する．

再開によって細胞死から救助できる領域であると考えられており，脳梗塞治療における重要な概念である．しかしペナンブラも血流が再開されなければ時間が経つにつれて細胞死が起こり梗塞巣となる（梗塞巣が拡大する）．このように一過性の虚血や，程度の軽い虚血によって数日かけて細胞死に至る現象は遅発性神経細胞死とよばれている[1]．これらの遅発性神経細胞死にはネクローシス以外の細胞死の機序が関与している可能性がある（図2）．

ペナンブラにおいてはBID（Bcl-2 interacting domain）の切断，カスパーゼ3の活性化がみられ，BIDやカスパーゼ3を欠損するマウスにおける一過性脳虚血モデルでは細胞死が抑制され，梗塞巣の縮小がみられる[2]．Apaf-1やAIFを阻害すると虚血時の神経保護効果が報告されている．Bcl-2の発現は脳虚血後数時間で減少し，Bcl-2欠損マウスでは脳梗塞巣が拡大する．これらの結果からは脳虚血後の神経細胞死におけるアポトーシスの関与が考えられる[3]．遅発性神経細胞死ではクロマチンの凝集，DNAの断片化（ラダーの形成）などアポトーシス様の病態が観察されるが，虚血に陥った神経細胞ではオートファゴソームの形成も多数みられる[4]．したがってペナンブラではアポトーシスとオートファジーが両方みられる．オートファジーを阻害すると脳虚血後の神経変性が抑制されるとの報告もあるが，ラパマイシン（免疫抑制剤の1つ）などによってオートファジーを促進させると虚血耐性が誘導できるとも報告されており，脳虚血後の神経細胞におけるオートファジーの意義はまだ十分に明らかになっていない．オートファジーによる神経保護効果はマイトファジー（オートファジーを介したミトコンドリアの選択的分解機構）によるもので，Parkinがミトコンドリアの分解除去を誘導することによって，アポトーシスに至る過程を抑制するとの報告がある[5]．

2　脳虚血におけるインフラマソームの活性化

IL-1βは脳虚血における重要な炎症性サイトカインの1つである．活性化したマクロファージ，ミクログリア，アストロサイトなどから産生され，炎症を促進して神経細胞死を誘導する．ミクログリアやマクロファージにおけるIL-1βの産生には，パターン認識受容体（pattern recognition receptor：PRR）を介した活性化に加えてインフラマソームとよばれるタンパク質複合体の形成が必要である．インフラマソームにはNLRPやAIM2などのPRRと，ASC，カスパーゼ1が含まれ，ATPや活性酸素種によってNLRPやAIM2が活性化するとアダプタータンパク質であるASCとプロカスパーゼ1が七量体を形成して大きな複合体となる．インフラマソームが形成されるとプロカスパーゼ1は自己切断によって活性化してカスパーゼ1となる．カスパーゼ1の活性化によってpro-IL-1βが切断され，活性型のIL-1βとなると細胞外に分泌される．この際にカスパーゼ1の活性化によってパイロトーシスとよばれる細胞死も同時に起こる．なお，NLRP，ASC，カスパーゼ1からなるインフラマソーム自体も細胞外に放出され，貪食（phagocytosis）によって周囲のマクロファージに取り込まれるとカスパーゼ1の活性化によって炎症を促進することが報告されている[6]．

脳梗塞におけるインフラマソームの活性化についても最近報告が増えている．ペナンブラではNLRPやAIM2の発現上昇がみられる．ATPによるP_2X_7受容体を介したカリウムイオンの細胞外流出などによってNLRP1，NLRP2，NLRP3が活性化される．NLRP1の活性化は神経細胞におけるパイロトーシスを引き起こす[7]．NLRP2はアストロサイトで，NLRP3はマクロファージで活性化し，IL-1βの産生によって炎症を促進する．NLRP3の活性化にはBruton型チロシンキナーゼ（BTK）が重要であり，BTK阻害剤であるイブルチ

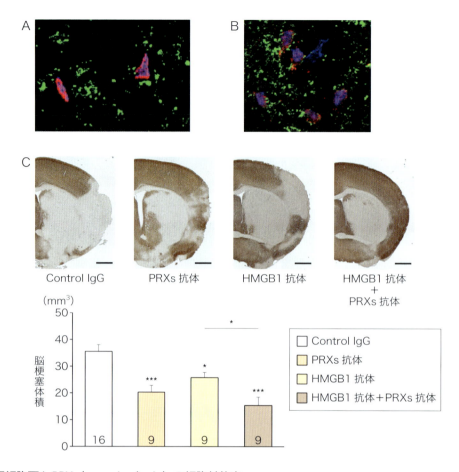

図3 神経細胞死とPRX (peroxiredoxin) の細胞外放出
A) 神経細胞死 (赤:TUNEL染色) の周囲で細胞外に放出されるPRX6 (緑). 脳虚血誘導24時間後の脳組織における免疫染色. B) PRX6 (緑) と細胞膜上で接触するマクロファージ (赤). C) PRXs抗体とHMGB1抗体投与による脳虚血モデルマウスにおける脳保護効果. MAP2抗体による脳虚血誘導4日目の免疫染色. 白く抜けている部分が脳梗塞を示す. スケールバー:1 mm. 文献14より引用.

ニブはNLRP3インフラマソームの活性化を抑制して脳保護効果をもつ[8]. AIM2インフラマソームの活性化を抑制すると脳虚血後の神経保護効果が観察される[9]. パイロトーシスやIL-1βの産生はペナンブラにおける神経細胞死を促進すると考えられる. マクロファージやミクログリアにおけるパイロトーシスは脳虚血後の炎症を収束させる可能性があるが, 実際に脳梗塞内でマクロファージも細胞死を起こしていることが報告されている[10]. 脳内で活性化したマクロファージがアポトーシスに至るのか, パイロトーシスに至るのかはまだ十分に明らかになっていない. 炎症の収束に至るための, 炎症細胞の細胞死誘導メカニズムの解明が待たれる[11].

3 DAMPsによる炎症惹起と収束

以上に述べたように脳梗塞巣ではさまざまな細胞死が引き起こされる. 特に虚血中心部 (ischemic core) においてはネクローシスを起こした脳細胞が多数存在すると考えられる. 細胞の膨化, 破裂を伴ったネクローシスでは, 細胞内の分子が細胞外に放出される. それらの分子のなかにはミクログリア, 好中球, マクロファージなどの炎症細胞に発現するPRR (TLRやRAGEなど) を活性化する物質が存在する. これらは総称してDAMPs (damage-associated molecular patterns) とよばれる. DAMPsには脂質, 核酸, タンパク質などが含まれており, これまでにDAMPsとし

て機能する分子がさまざまな炎症病態で重要な役割をもつことが報告されている[12]．このようにDAMPsは細胞死に伴って発信される，周囲の細胞へのシグナルであると考えられる．

脳虚血におけるDAMPsとして機能する分子の報告はまだ少ないが，HMGB1，PRXs（peroxiredoxin family proteins），S100A8，S100A9といったタンパク質が炎症の惹起に関連する[13]〜[15]．HMGB1は脳虚血早期に機能するDAMPsであり，脳血液関門の破綻にかかわる．HMGB1は脳虚血の数時間後に細胞外に放出されるが，その後はすみやかな減少がみられ，マクロファージや好中球などを活性化することへの直接的な寄与は少ない可能性がある．HMGB1はTLR2，TLR4，RAGEを活性化するほか，DNAとも結合してTLR3，TLR7，TLR9を活性化することが知られている．PRXsは細胞内では抗酸化作用をもつため脳保護的なタンパク質であり，脳虚血によって細胞内で発現が誘導される．しかし細胞死に至ると蓄積したPRXsは細胞外に放出され，周囲の好中球やマクロファージをTLR2，TLR4を介して活性化する（**図3**）．したがって，PRXsは主にペナンブラで脳虚血の24時間後に多くみられる．活性化した好中球やマクロファージからはT細胞による炎症を促進するIL-1βやIL-23が産生され，脳虚血後の炎症を遷延化させることによってペナンブラにおける細胞死を促進すると考えられる（**Graphical Abstract**）．なお，PRXsにはインフラマソームを活性化する働きはないため，好中球やマクロファージにおけるIL-1βの産生にはNLRP3を活性化する刺激が必要であるが，現在のところメカニズムは不明である．S100A8，S100A9は脳虚血の12〜24時間後に発現が上昇し，TLR4を介して炎症を促進するものと考えられている．

DAMPsによるパターン認識受容体の活性化は炎症の惹起にかかわるが，活性化したマクロファージやミクログリアからは抗炎症性のメディエーターも産生される．炎症性因子を産生するマクロファージやミクログリアはM1，抗炎症性のものはM2とよばれている．脳におけるさまざまな炎症性病態でM1とM2のバランスが重要であることが報告されているが，M2の誘導メカニズムについてはまだ不明な点が多い．M2マクロファージ/ミクログリアのマーカーとしてArg1，Ym，Fizz1，CD206などがあげられているが，これらはTLRを介する刺激でも発現が誘導される．特に，脳虚血では従来のM2マクロファージやミクログリアの定義による炎症抑制効果は証明されておらず，炎症を収束させて組織修復を誘導するM2の明確な定義と誘導メカニズムの解明が必要とされている．

おわりに

脳梗塞における細胞死と，細胞死によって誘導される炎症について概説した．ペナンブラは脳梗塞治療における重要な概念であるが，ペナンブラにおける細胞死についてはまだ不明な点が多く，今後の研究によって細胞死を制御する薬剤が開発されることが期待されている．また，脳虚血によって誘導される炎症も重要な治療標的であり，今後は炎症の収束を促進する作用も合わせもつ抗炎症剤の開発が世界的に望まれている．このように，細胞死を解明することによって新たな治療手段の確立が期待できると考えられる．

文献

1) Kirino T：Brain Res, 239：57-69, 1982
2) Le DA, et al：Proc Natl Acad Sci U S A, 99：15188-15193, 2002
3) Broughton BR, et al：Stroke, 40：e331-e339, 2009
4) Nitatori T, et al：J Neurosci, 15：1001-1011, 1995
5) Zhang X, et al：Autophagy, 9：1321-1333, 2013
6) Baroja-Mazo A, et al：Nat Immunol, 15：738-748, 2014
7) Fann DY, et al：Cell Death Dis, 4：e790, 2013
8) Ito M, et al：Nat Commun, 6：7360, 2015
9) Denes A, et al：Proc Natl Acad Sci U S A, 112：4050-4055, 2015
10) Mabuchi T, et al：Stroke, 31：1735-1743, 2000
11) Buckley CD, et al：Nat Rev Immunol, 13：59-66, 2013
12) Shichita T, et al：Front Cell Neurosci, 8：319, 2014
13) Zhang J, et al：Stroke, 42：1420-1428, 2011
14) Shichita T, et al：Nat Med, 18：911-917, 2012
15) Ziegler G, et al：Biochim Biophys Acta, 1792：1198-1204, 2009
16) 「よくわかる脳卒中のすべて」（山口武典，岡田　靖/編），永井書店，2006

<筆頭著者プロフィール>
七田　崇：2004年九州大学医学部卒業．九州医療センター脳血管内科での研修を経て，'12年より慶應義塾大学医学部微生物学免疫学教室，助教．科学技術振興機構さきがけ研究員兼任．研究テーマは脳梗塞と炎症．

第2章 死細胞の認識，貪食，生体応答

8. 放射線誘導性細胞死が引き起こす臓器障害に対する自然免疫学的治療戦略

武村直紀，植松 智

> われわれの細胞が放射線に曝されてDNAに傷害を受けると細胞死が誘導され，その影響がひいては放射線障害とよばれるさまざまな臓器機能障害を招来する．これまでに，放射線誘導性細胞死の分子機構は細緻に至るまで解明されているものの，その応答は傷害を受けた細胞のがん化を防ぐための重要な機能と考えられることから，その意義を損なうことなく組織の細胞を保存できる手段が求められていた．本稿では，自然免疫機能の活性化を制御することで放射線障害を抑制できるという全く新たな戦略を示唆する最近の研究について概括する．

はじめに

細胞死の研究の歴史は古く，20世紀初頭に細胞死についてはじめて報告されてから100年以上経った現在も解析が続けられ，新たな細胞死の形態やそれに関連する分子機構が次々と報告されている．通常，われわれは「死」に対して負の印象を抱き，発見された当時の研究者たちも同様の概念を拭いきれなかったようであるが，線虫を用いた解析を中心に細胞死の実態が明らかになるにつれ，細胞死は遺伝子学的に制御された重要な生体機能であると考えられるようになった．これまでに明らかとなっている細胞死の役割として，個体発生の過程において臓器が形態形成する際に余分な細胞を除去するための重要な機能であることが知られ

[キーワード&略語]
放射線障害，p53，Toll様受容体，DAMPs

DAMPs：damage-associated molecular patterns（組織傷害関連分子パターン）
IRF：interferon regulatory factor（インターフェロン制御因子）
MAMP：microbe-associated molecular pattern
MyD88：myeloid differentiation primary response gene 88
NF-κB：nuclear factor-κB
RIP1：receptor-interacting protein 1
TLR：Toll-like receptor（Toll様受容体）
TRIF：TIR-domain-containing adaptor-inducing IFN-β
UVB：ultraviolet B

New strategies for the treatment of organ failure owing to radiation-induced cell death through regulating innate immune functions
Naoki Takemura[1) 2)] /Satoshi Uematsu[1) 2)]：Department of Mucosal Immunology, Graduate School of Medicine, Chiba University[1)] /Division of Innate Immune Regulation, International Research and Development Center for Mucosal Vaccines, Institute of Medical Science, The University of Tokyo[2)]（千葉大学大学院医学研究院医学部粘膜免疫学[1)] /東京大学医科学研究所国際粘膜ワクチン開発研究センター自然免疫制御分野[2)]）

Graphical Abstract

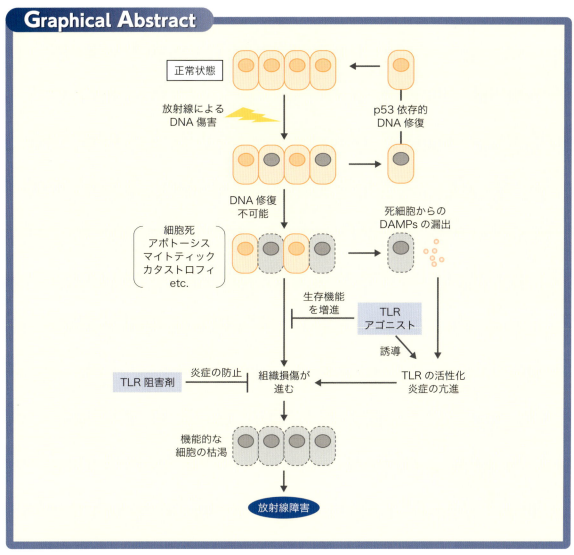

◆ TLRα活性化制御による放射線障害の予防

組織を構成する細胞が放射線に被曝するとDNAが損傷する．DNAの損傷が軽度な場合はp53依存的な修復反応を誘導するが，修復が不可能な場合はp53はアポトーシスを誘導する．造血組織や消化管の細胞は放射線感受性が非常に高く，多量の死細胞が発生する．死細胞からは細胞成分が漏出し，周囲の細胞のTLRを活性化して炎症を引き起こす．炎症は組織損傷を増悪させ，ひいては機能的な細胞の枯渇に陥り，臓器機能が破綻する（放射線障害）．人為的な介入として（　　），TLRの活性化による二次的な組織損傷を阻害することで，放射線障害を回避できる．あるいは，TLRのアゴニストで細胞を活性化して生存機能を高めることができる．ただし，後者に関しては組織炎症の亢進も招く恐れがあるため，見極めが重要となる．

ている．さらには，病原体に感染した細胞が周囲への感染の拡大を防ぐための応答，あるいは物理化学的ストレス（熱，薬剤，放射線など）によって修復し難いほどの傷ついた細胞ががん化しないよう未然に防ぐための応答など，生体防御としての役割も果たすことが知られている．しかし当然ながら，これらの応答が過剰に誘導された場合には，組織機能障害が引き起こされる．

放射線はがん細胞に細胞死を誘導して殺滅するため治療に利用されているが，ときにその影響が正常組織

に及ぶと，深刻な機能障害に陥る場合がある．しかし，細胞死ががんの発生抑制としての役割を担っていることから，細胞死の誘導に関与する分子群を阻害する薬剤は予防・治療に応用されるに至らず，有効な手段はいまだに確立されていない．興味深いことに近年の研究によると，特定の病態においては，細胞死した際に細胞内から漏出する成分が自然免疫機能を活性化して二次的な炎症を誘発し，組織損傷を悪化させていることが明らかとなってきた[1]．本稿では，放射線誘導性の細胞死が引き起こす組織機能障害，さらにはその予防・治療のための新たな標的として自然免疫機能が最近注目されはじめていることについて，われわれの研究も交えて紹介する．

1 放射線障害

放射線事故のような特別な状況を除いて，われわれが日常生活で高線量の放射線に曝される機会はあまりないように思われる．ただし，放射線はがん治療に広く応用されており，がん患者の50〜70％は治療の過程において放射線治療を受けている[2,3]．当然ながら，放射線は腫瘍組織だけでなく正常組織を傷害する恐れがあるため，治療の際には病巣への限局照射，あるいは非照射部位の遮蔽が実施され，被害を最小限に抑える努力が払われている．

放射線が正常組織の細胞を傷害して細胞死を引き起こし，その影響が蓄積・拡大することで陥る身体機能の低下を放射線障害という[4,5]．放射線感受性は各臓器によって異なるが，それを決定する要因となるのは構成細胞の性質である．細胞分裂の頻度が高く，将来行う細胞分裂の数が多いもの，すなわち形態や機能が未分化な細胞ほど感受性が高い．したがって，造血幹細胞や体性幹細胞は影響を受けやすく，低線量の被曝で一過性にみられる血球減少や脱毛はその結果である．高線量の放射線に被曝した場合には，被曝臓器の放射線感受性に従って，急性期に特徴的な障害が現れる．具体的には，放射線感受性が特に高い造血組織や消化管において，それぞれおよそ1.5 Gyならびに5 Gy以上の放射線に被曝した場合に障害が引き起こされ，さらに数十Gy以上の被曝の際には中枢神経系への影響が現れる[4,5]．中枢神経系の障害が発現するような場合は，もはや人体にとって死は避けられない状態であるが，より低線量の被曝で発症する造血組織および消化管の障害も重篤な病態に発展する恐れがある．骨髄などの造血組織が放射線で傷害されて造血幹細胞が死滅すると，白血球や血小板の供給が途絶えるために免疫機能の低下や出血傾向をきたし，感染症や貧血へと陥る（造血器症候群）[4,5]．一方で，消化管が放射線に被曝すると，とりわけ感受性の高い小腸で腸上皮幹細胞が死滅し，栄養吸収や物理的バリアなどの上皮機能が失われ，吸収阻害，出血，下痢に加えて，組織内への腸内細菌の侵入に伴って感染症や敗血症といった障害が引き起こされる（消化管症候群）[4,5]．これら3つの組織における一連の機能障害は急性放射線症候群とよばれ，特別に警戒されている．

2 放射線誘導性細胞死

放射線はDNAを傷害することで，細胞死を引き起こす．その機構として，DNA分子を直接電離・励起することにより損傷を引き起こす直接作用と，細胞内の水分子に作用してフリーラジカルを発生させて傷害を誘発する間接作用がある．がん抑制遺伝子として知られるp53が細胞周期チェックポイントでDNAの損傷を感知すると，増殖を停止してDNA修復応答を誘導することが知られている[6,7]．DNAが修復された場合，細胞は増殖を再開して正常なサイクルをとり戻すが，損傷が修復不可能である場合は，細胞死が誘導される．

放射線誘導性細胞死には主として「間期死」と「分裂死」の2種類があげられる[6,7]．間期死は分裂期に入る前に迅速に誘導される細胞死であり，通常は数十Gy以上の被曝でしか起こらない．ただし，放射線感受性の高いリンパ球や小腸上皮細胞などの特定の細胞は例外であり，数Gy程度の被曝で短時間のうちにp53依存的なアポトーシスを起こす．分裂死は被曝して1回以上細胞分裂した後に死に至る，あるいは死には至らずとも恒久的に増殖能を失う細胞応答である．アポトーシスに加えて，マイトティックカタストロフィや老化様増殖停止という非アポトーシス型の細胞死も報告されている．おのおのの細胞死が誘導される際の分子機構の詳細については，他の優れた総説をご参考いただけると幸いである[6,7]．

3 急性放射線症候群の予防・治療

造血器症候群に対しては，無菌病室への隔離のほか，造血成長因子の投与，あるいは骨髄移殖が代表的な治療処置となっている[4)5)]．一方で，消化管症候群は対症療法を除いて有効な治療手段がいまだに確立されていないのが現状である．小腸上皮細胞の細胞死を阻害する薬剤が有効であると予想されるが，過去の実験報告によると，p53遺伝子を欠損したマウスでも，消化管症候群は改善されないことが明らかとなっている[8)9)]．p53機能が阻害された小腸上皮細胞では，放射線によるDNA傷害を受けてもp53依存的アポトーシスには至らないが，同時にp53によるDNA修復機能も阻害されてしまう．未修復なDNAを保持したまま新たな細胞周期へと進行した細胞は，結局のところマイトティックカタストロフィによってp53非依存的に除去されてしまう[8)]．このように，p53を阻害する薬剤を用いた治療応用は，小腸上皮細胞死の完全なる阻害にはつながらず，また傷害されたDNAが修復可能な場合にまで影響を及ぼす危険性がある．現在のところ，人体への使用が認可されている放射線副作用軽減薬はアミフォスチンのみであり，その主な作用機序はフリーラジカルの発生抑制による放射線誘導性DNA傷害の軽減であると考えられている[10)11)]．ただし，アミフォスチンが消化管症候群に対して一定の抑制効果をもつことは実験上では支持されているが，副作用が強いため，実際には頭頸部への放射線治療時に発症する口腔粘膜炎が深刻な場合にしか使用されていない[10)]．他にも抗酸化作用，抗炎症作用をもつ薬剤による消化管症候群の抑制について研究されているが，いまだ試験段階にある[2)]．

4 組織機能障害をTLRが増悪する

さまざまな内的・外的なストレスによって臓器傷害が誘導され，疾病状態が形成される過程において，免疫応答は欠くことのできないものである．免疫応答は自然免疫と獲得免疫に区別される．20世紀の終わりまで自然免疫は病原体などの異物を貪食するだけの非特異的な応答と考えられてきた．ところがToll様受容体（Toll-like receptor：TLR）の発見，機能解析を端緒として，自然免疫の新たな役割がわかってきた．TLRは代表的な自然免疫受容体ファミリー分子で，哺乳動物では十数個のファミリーメンバーからなっている[11)]．TLRは細菌，真菌，原虫，ウイルスがもつ特有の分子パターンをリガンドとして認識し，それらをMAMP（microbe-associated molecular pattern）とよぶ．リガンドを認識したTLRは，NF-κB (nuclear factor-κB)やIRF（interferon regulatory factor）ファミリーなどの転写因子の活性化を介して，炎症性サイトカイン，I型インターフェロン，ケモカインなどを誘導して炎症を惹起し，感染初期の生体防御を行う[12)]．また，樹状細胞がTLRを介して病原体を認識すると，サイトカインに加えて，リンパ節への移動や抗原提示に必要な分子群の発現が促され，リンパ球との相互作用を介して獲得免疫応答を効率よく誘導できるようになる[13)]．

われわれの身体の恒常性を維持するために，免疫機能は適切な範囲内で働くように厳密に制御されている．ところが，遺伝的あるいは環境的な要因によって正常に制御されなくなると，アレルギーや自己免疫疾患といった病態に発展する．近年では，本来は生体防御の役割を果たすTLRが，不適切に活性化して自己組織の損傷を増悪させる場合があることがわかってきた[1)]．この場合に注目されるのが，微生物感染とは関係のない組織損傷において，TLRが病態の悪化に関与するという点にある．このような病態では，TLRはMAMPのような非自己の成分ではなく，外傷などのストレスを受けた自己の細胞から漏出した脂肪酸，リン脂質，あるいは核酸などの細胞内成分を認識して活性化すると考えられている．MAMPに対して，炎症を誘発するリガンドとして機能する自己成分はDAMPs（damage-associated molecular patterns）とよばれている．DAMPsによってTLRが不適切に活性化するのを防ぐために，正常状態ではDAMPsはTLRが接触できないような細胞内部分に格納されており，たとえ細胞死によって外部に漏れ出す恐れがある状況でも，即座に分解・除去する機構が備わっている．ところが，大量の死細胞の発生や除去機能の破綻により細胞成分が過剰に漏出した場合，あるいは細胞成分同士が複合体を形成して分解に対する耐性を獲得した場合などに，DAMPsが周囲の細胞のTLRを活性化してしまうと考えられている．現在のところ，炎症性腸疾患，リウマ

チ性関節炎，喘息，1型糖尿病，アテローム性動脈硬化，全身性エリトマトーデスなどを例として，さまざまな疾患でTLRの関与が示唆されている[1]．このように，特定の組織機能障害においては，細胞死は一次的な要因になるばかりでなく，二次的にTLRを活性化して炎症を誘導し，損傷を遷延させる場合がある．

5 放射線症候群におけるTLRの役割

最近では，放射線による組織損傷にもTLRが関与しうることが報告されはじめてきた．UVB（ultraviolet B）放射線を受けた皮膚では，傷害された角化上皮細胞からRNAが漏出し，TLR3を活性化して組織炎症を増幅させる[14]．また，TLR4やそのアダプター分子であるMyD88（myeloid differentiation primary response gene 88）を欠損したマウスでは，放射線による骨髄系細胞の傷害が緩和される[15]．

われわれは消化管症候群の病態成立においてTLRがどのように機能するかを調べたところ，TLRの単独欠損マウスのうち，TLR3欠損マウスでは消化管症候群が顕著に抑えられることがわかった[16]．メカニズムを解析したところ，小腸上皮幹細胞を含む陰窩の上皮細胞群はTLR3を強く発現しており，放射線被曝後にTLR3依存的なアポトーシスを起こしていることがわかった．従来，TLR3はウイルスの二本鎖RNAを認識するセンサーとして機能していると考えられている[12]．ところが消化管症候群においては，p53依存的にアポトーシスした多数の死細胞から漏出したRNAがTLR3を活性化し，TRIF（TIR-domain-containing adaptor-inducing IFN-β）-RIP1（receptor-interacting protein 1）経路を介してアポトーシスを誘導していることがわかった[16]．同時に，TLR3への二本鎖RNAの結合を阻害する薬剤を放射線照射前，あるいは照射後の一定時間内にマウスに投与することでも，消化管症候群を著しく抑制できることを明らかにした[16,17]．TLR3の欠損はp53機能に影響しないことも確認しており，放射線被曝の一定時間内にTLR3阻害剤を投与すれば，p53によって誘導されるDNA修復機能，ならびに修復不可能なまでのDNA傷害を受けた細胞を除去する機能に影響することなく，消化管症候群を予防できると期待される．

一方で，人為的にTLRを刺激することで細胞の生存機能を活性化し，放射線症候群の症状を軽減できるという報告もなされている[18]．TLR4のリガンドであるリポ多糖や，TLR2を刺激する乳酸菌株をあらかじめマウスに投与しておくと，シクロオキシゲナーゼ2依存的な機構によって消化管症候群の症状が軽減する[19,20]．また，TLR5のリガンドであるフラジェリンや，フラジェリンを安定化した薬剤であるCBLB502をマウスやサルに投与した場合にも，消化管症候群が軽減することが報告されている[21,22]．さらに，TLR9のアゴニストを投与すると，腸管のマクロファージの活性化を介して消化管症候群が緩和することが報告されている[23]．各研究で標的にされていたTLRのサブタイプは異なるものの，惹起された応答は共通して抗アポトーシス機能の活性化をもたらし，結果として小腸陰窩上皮細胞群の細胞死を減弱させている[19〜23]．同様の試みは造血器症候群に対しても試験されはじめており，CBLB502の他に，TLR2アゴニストであるCBLB612やCBLB613が改善効果を示すことが確認されている[21,24,25]．放射線による直接的な傷害ではなく，二次的なストレスを受けた細胞の生存率を向上させているのならば，TLRアゴニストの応用もまた有効な戦略であると思われる．ただし，標的ではない細胞に作用して，放射線によって傷害を受けた臓器の炎症を増悪させる危険性があることも考慮せねばならない．

おわりに

本稿では詳しくとり上げなかったが，放射線に被曝して炎症を起こした臓器ではアポトーシスの他にネクローシスやオートファジーによる細胞死も観察されることが知られている[6]．放射線症候群では臓器，放射線の種類，被曝線量，被曝後期間などに応じてさまざまな症状を呈するが，病因となる細胞死の形態やその誘導機構，さらに二次的な傷害に至る経路を症状ごとに解き明かすことが，より効果的な予防・治療手段を提案するための課題になると思われる．われわれは，そのような過程にはTLRをはじめとする自然免疫機能が大きく関与し，それを制御することが放射線症候群の新たな予防・治療戦略につながると信じて，研究に努めていきたい．

文献

1) Takeuchi O & Akira S：Cell, 140：805-820, 2010
2) Hauer-Jensen M, et al：Nat Rev Gastroenterol Hepatol, 11：470-479, 2014
3) Harb AH, et al：Curr Gastroenterol Rep, 16：383, 2014
4) Waselenko JK, et al：Ann Intern Med, 140：1037-1051, 2004
5) Berger ME, et al：Occup Med (Lond), 56：162-172, 2006
6) Kondo T：Rad Emerg Med, 2：1-4, 2013
7) Surova O & Zhivotovsky B：Oncogene, 32：3789-3797, 2013
8) Kirsch DG, et al：Science, 327：593-596, 2010
9) Merritt AJ, et al：Oncogene, 14：2759-2766, 1997
10) Gosselin TK & Mautner B：Clin J Oncol Nurs, 6：175-6, 180, 2002
11) Koukourakis MI：Br J Radiol, 85：313-330, 2012
12) Akira S, et al：Cell, 124：783-801, 2006
13) Zanoni I & Granucci FJ：J Mol Med (Berl), 88：873-880, 2010
14) Bernard JJ, et al：Nat Med, 18：1286-1290, 2012
15) Harberts E, et al：Innate Immun, 20：529-539, 2014
16) Takemura N, et al：Nat Commun, 5：3492, 2014
17) Cheng K, et al：J Am Chem Soc, 133：3764-3767, 2011
18) Singh VK & Pollard HB：Expert Opin Ther Pat, 25：1085-1092, 2015
19) Riehl T, et al：Gastroenterology, 118：1106-1116, 2000
20) Ciorba MA, et al：Gut, 61：829-838, 2012
21) Burdelya LG, et al：Science, 320：226-230, 2008
22) Jones RM, et al：Gut, 60：648-657, 2011
23) Saha S, et al：PLoS One, 7：e29357, 2012
24) Singh VK, et al：Radiat Res, 177：628-642, 2012
25) Shakhov AN, et al：PLoS One, 7：e33044, 2012

＜筆頭著者プロフィール＞
武村直紀：2010年北海道大学大学院生命科学院生命システム科学コース博士課程修了（園山慶准教授研究室）．肥満を制御しうるプロバイオティクスの研究に従事した．'10年〜大阪大学免疫学フロンティア研究センターにて特任研究員，'12年〜東京大学医科学研究所国際粘膜ワクチン開発研究センターにて特任助教，'14年〜千葉大学医学研究院・医学部にて特任助教を経て，現在は講師を務める．'10年より現千葉大学医学部の植松智教授の指導のもと，消化管の自然免疫機能の解明に従事している．

第2章　死細胞の認識，貪食，生体応答

9. 細胞死と炎症におけるRIPK3の多様な機能

森脇健太

> RIPK3はネクロプトーシスに必須のセリン・スレオニンキナーゼである．多くの疾患モデルにおいて，RIPK3ノックアウトマウスでは炎症反応が抑制されていることが報告されており，そのためRIPK3は創薬のターゲットとして現在非常に注目を浴びている．これまで，RIPK3はネクロプトーシスを起こすことによって生体内で炎症反応を誘導していると信じられてきたが，近年RIPK3はネクロプトーシス非依存的にNF-κB経路やインフラマソームを活性化することにより直接炎症反応を惹起できるということがわかってきた．本稿では，これらのRIPK3の新たな機能を踏まえて，RIPK3がどのようにして生体内で炎症反応を誘導しているのかを考察していきたい．

はじめに

ネクローシスは細胞質，細胞内小器官の膨張，ならびに細胞膜の破裂を伴う細胞死として形態学的に定義される．プログラム細胞死であるアポトーシスとは対照的に，ネクローシスは外傷や血流の遮断などにより偶発的かつ受動的にのみ起こる非プログラム細胞死として長らく認識されてきた．しかしながら，近年における細胞死研究の発展に伴い，ネクローシスも遺伝的にコードされた巧妙なプログラムによって誘導されうるということが明らかとなり，ネクローシスという現象を引き起こす分子の姿が見えはじめてきている．また，そもそもネクローシスは病理的条件下で観察される細胞死であるため，その分子機構のみならず疾患との関係性についても注目が集められている．

数あるプログラムネクローシスのなかでも，ネクロプトーシスは近年非常に注目を浴びており，その分子機構についての研究が急速に進んでいる．また，ネク

[キーワード＆略語]
RIPK3，ネクロプトーシス，炎症，NF-κB，インフラマソーム

DAMPs：damage-associated molecular patterns
DSS：dextran sulfate sodium
FADD：Fas-associated via death domain
IAP：inhibitor of apoptosis
IκB：inhibitor of κB
LPS：lipopolysaccharide
MLKL：mixed lineage kinase domain-like
NF-κB：nuclear factor-κB
RHIM：RIP homotypic interaction motif
RIPK3：receptor interacting protein kinase 3
TRIF：Toll/IL-1 receptor domain-containing adaptor inducing interferon β

Receptor interacting protein kinase 3 (RIPK3)：functions beyond necroptosis
Kenta Moriwaki：University of Massachusetts Medical School（マサチューセッツ大学医学部）

Graphical Abstract

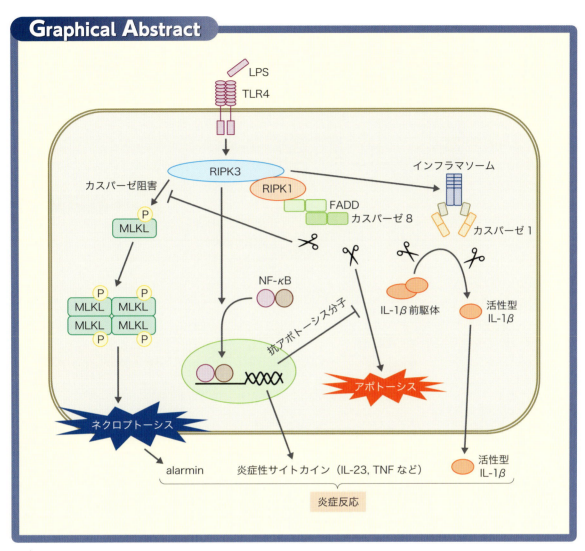

◆RIPK3による炎症の制御機構

カスパーゼを阻害した条件下で細胞をLPSで刺激するとRIPK3依存的ネクロプトーシスが誘導される．カスパーゼを阻害しない条件下では，RIPK3は骨髄由来樹状細胞でNF-κBの活性化，カスパーゼ1，8の活性化を介して炎症性サイトカインの産生を正に制御する．生体内での複雑な環境下では，RIPK3はネクロプトーシス依存的，非依存的機能の両方を介して炎症反応を誘導していると考えられる．

ロプトーシスが多くの疾患にかかわっている可能性も示唆されており，医学的観点からも注目を集めている．本稿では特に，その制御分子であるRIPK3（receptor interacting protein kinase 3）に焦点を当て，RIPK3がどのようにしてネクロプトーシスを誘導し，また種々の病態に関係しているのかを概説していきたい．

1 ネクロプトーシスにおけるRIPK3の機能

ネクロプトーシス全体の分子機構については，本誌第1章-2を参照していただきたい．ここではRIPK3に特化して，現在までに知られているその活性化機構を簡単に紹介したい．RIPK3は，細胞質に局在し，アミノ末端側にキナーゼドメインを有するセリン・スレオ

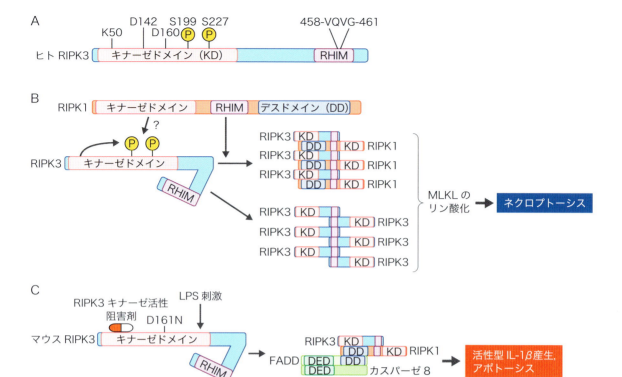

図1 RIPK3の活性化モデル
A）ヒトRIPK3のタンパク質構造．キナーゼ活性に重要な触媒三残基を構成する50番目のリジン（K），160番目のアスパラギン酸（D），また，触媒ループ内に位置する142番目のアスパラギン酸の変異体はキナーゼ活性欠損変異体としてよく利用される．RHIMのコア配列は，ヒトRIPK3で458〜461番目に位置し，4つのアミノ酸（バリン−グルタミン−バリン−グリシン：VQVG）からなる．B）RIPK3は自身のリン酸化を引き金として，RIPK1とヘテロ多量体，もしくはホモ多量体を形成し活性化され，ネクロプトーシスを誘導する．C）RIPK3は，RHIM依存的にRIPK1，FADD，カスパーゼ8と複合体を形成し，カスパーゼ8の活性化を引き起こす．DED：death effector domain.

ニンキナーゼであり（図1A）[1]，その活性化の引き金はリン酸化であると考えられている[2]．RIPK3をリン酸化するキナーゼについてはいまだはっきりしていない点が多い．TNF誘導性ネクロプトーシスの場合，RIPK3の上流に位置するRIPK1がRIPK3をリン酸化すると考えられているが，RIPK1が本当にRIPK3をリン酸化しているのか，しているとしたらそれがRIPK3活性化の引き金かどうかは，はっきりと証明されていない．実際，状況によってRIPK1がなくてもRIPK3はネクロプトーシスを誘導することができる．唯一はっきりしている点は，RIPK3は自己リン酸化されるという点である．これまで，ヒトRIPK3の199, 227番目のセリンのリン酸化がネクロプトーシスの誘導に重要であることが報告されている[3,4]．活性化したRIPK3は下流分子であるMLKL（mixed lineage kinase domain-like）をリン酸化することによってネクロプトーシスを引き起こす[5]．

リン酸化以外にRIPK3の活性化に必要とわかっているのが，C末端側にあるRHIM（RIP homotypic interaction motif）を介したRIPK3多量体の形成である．RIPK3と同様にRIPK1もRHIMをもち，TNF誘導性ネクロプトーシスが起こる過程で，RHIMを介したRIPK1-RIPK3の結合が起こり，それがネクロプトーシスの誘導に必須であることが知られている[2]．詳細な生化学的解析により，この結合は1分子ずつの結合ではなく，実際には，アミロイド様のヘテロ多量体を形成していることがわかった[6]．しかし，これはRIPK3多量体の形成に必ずRIPK1が必要であるということではなく，状況に

よってRIPK3はRHIM依存的にホモ多量体を形成し，ネクロプトーシスを誘導することができる．また，RIPK3の全長の結晶構造が明らかとなっていないのでまだはっきりとはしていないが，N末端側のキナーゼドメインがC末端側のRHIMを覆い隠しており，自発的な多量体形成を妨げている可能性が示唆されている（図1B）．現在のモデルでは，RIPK3がリン酸化されるとタンパク質の構造が変化し，RHIMが露出され，それがRHIMを介したヘテロもしくはホモ多量体の形成を促進すると考えられている．しかしながら，この多量体と下流分子であるMLKLが立体構造上どのように相互作用しているのかはよくわかっていない．

2 RIPK3と炎症性疾患

ネクローシスを起こした細胞は，細胞膜の破裂に伴い，細胞内からalarmin[※1]もしくはDAMPs（damage-associated molecular patterns）とよばれる免疫刺激物質を放出し，炎症反応を惹起する．そのため，ネクロプトーシスは炎症性疾患に関与しているのではないかと考えられ，これまで多くの研究者がRIPK3ノックアウトマウスを用いてネクロプトーシスの生体内における機能を調べてきた．表にまとめているが，多くの疾患に対するマウスモデルにおいてRIPK3欠損により炎症反応が抑制されることが報告されている[7]．これらの研究結果より，現在RIPK3は多くの疾患に対する創薬のターゲットとして非常に注目を浴びている．

これらRIPK3ノックアウトマウスを用いた結果の解釈は，RIPK3がこれらの病態でネクロプトーシスを誘導することによって炎症を誘発している，というものであった．しかしながら，これはRIPK3がネクロプトーシスを誘導することができるという培養細胞での実験結果に基づいた推論であり，これらのマウスモデルで本当にRIPK3依存的ネクロプトーシスが起こっているかはほとんど実験的に証明されていない．また，

> **※1　alarmin**
> 細胞質内に存在する内因性物質であり，細胞外に放出された際に免疫細胞に認識され，炎症反応を誘発する物質．IL-33，HMGB1，F-アクチンなどが知られている．DAMPs（damage-associated molecular patterns）とよばれることもある．

ネクロプトーシスは多くの細胞内分子によって非常に強く負に制御されている（これはおそらく不必要な炎症反応を防ぐためであろう）．実際，培養細胞でネクロプトーシスを誘導するには，ほとんどすべての場合，カスパーゼ8の活性化を遺伝的に，もしくは阻害剤を用いて抑制する必要がある．また，一部の細胞株では，カスパーゼ8の阻害に加え，IAP（inhibitor of apoptosis）タンパク質などのその他の負の制御分子を抑制する必要がある．さもないと，培養細胞でネクロプトーシスを誘導することはできない．そのため，カスパーゼ8などのノックアウトマウスを使用している場合は容易にRIPK3依存的ネクロプトーシスが生体内で観察されるが，そうでない場合はどのようにしてネクロプトーシスが誘導されているのであろうか（誘導されているとしたら）？これら病因，病態が全く異なる多種多様な疾患すべてで，カスパーゼ8の活性化，ならびにその他の負の制御分子が強く抑制されているのであろうか？このように，RIPK3ノックアウトマウスを用いた研究は世界中で広く行われているが，RIPK3依存的「ネクロプトーシス」が本当に生体内で炎症を誘発している主要な原因かどうかははっきりしていない．

RIPK3が「ネクロプトーシス」を介して炎症性疾患の病態に関与しているかどうかは前述のように不明であるが，RIPK3が病態に関与しているという点には疑う余地がない．では，どのようにしてRIPK3はこれだけ多くの疾患において炎症を制御しているのであろうか？これを説明するための前述の点を踏まえた1つの仮説は，RIPK3がネクロプトーシスに依存しない，別の機能ももっているのではないかというものであった．おもしろいことに，これは仮説の域を超え，現在RIPK3のネクロプトーシス非依存的な機能が報告されてきた．以下では，それらを紹介していきたい．

3 ネクロプトーシス非依存的なRIPK3の機能

1）NF-κB経路におけるRIPK3の機能

RIPK3は当初NF-κB経路[※2]の活性化を正に制御することが知られていたRIPK1のホモログとして同定され，RIPK3もその活性化に関与することが考えられた．実際，RIPK3の同定当初，過剰発現系ではRIPK3の

表　RIPK3が関与する疾患モデル

	疾患	モデル
ウイルス感染	ワクシニアウイルス	
	マウスサイトメガロウイルス	
	単純ヘルペスウイルス	
	コクサッキーウイルス	
	ヒト免疫不全ウイルス	
	インフルエンザウイルス	cIAP2ノックアウトマウス
細菌感染	結核菌	ゼブラフィッシュ
	ネズミチフス菌	
	敗血症	LPS投与
	全身性炎症反応症候群	TNF投与
皮膚	皮膚炎	皮膚特異的カスパーゼ8，FADD，RIPK1ノックアウトマウス
	皮膚創傷治癒	物理的皮膚損傷
脳	脱髄性疾患	クプリゾン投与
	ゴーシェ病	$Gba^{flox/flox}$;nestin-Creマウス，コンズリトールBエポキシド投与
	脳内出血	コラゲナーゼ注入
腸	腸炎	腸管上皮細胞特異的カスパーゼ8，FADDノックアウトマウス，DSS投与
肝臓	肝炎	アセトアミノフェン，ConA，アルコール，αガラクトシルセラミド投与
	非アルコール性脂肪肝炎，肝線維化	メチオニン・コリン欠乏食（肝細胞特異的カスパーゼ8ノックアウトマウス）
心血管	心筋梗塞，心虚血性再灌流障害	左冠動脈前下行枝結紮
	腹部大動脈瘤	エラスターゼ注入
	動脈硬化症	LDL受容体，ApoEノックアウトマウス
眼	網膜疾患	網膜剥離，rd10マウス
膵臓	膵炎	セルレイン投与
腎臓	腎虚血性再灌流障害	両側性腎門結紮
	腎移植	アロ移植
関節	関節炎	K/BxNマウス血清移入

> **※2　NF-κB経路**
>
> 細胞の生存や炎症反応にかかわるシグナル伝達経路．古典的，非古典的経路とよばれる異なった活性化メカニズムがある．シグナルは最終的にRelA，RelB，cRel，p50，p52といったNF-κB分子に伝えられ，これらの分子が核に移行し，遺伝子発現を誘導する．

> **※3　リポ多糖**
>
> LPS：lipopolysaccharide．グラム陰性細菌の細胞壁表層にある脂質と糖質からなる分子．LPSがその受容体であるTLR4に結合すると，MyD88やTRIFといった細胞質内アダプター分子を介して，NF-κB経路をはじめとするシグナル伝達経路を活性化して炎症反応を引き起こす．

NF-κB経路活性化への関与が示唆されたが，RIPK3ノックアウトマウス由来の胎仔線維芽細胞，マクロファージでTNF受容体，Toll様受容体（Toll like receptor：TLR）刺激によるIκB（inhibitor of κB）のリン酸化，ならびに分解に異常がみられなかったので，RIPK3はNF-κB経路の活性化に関与しないと結論づけられていた[8]．しかしながら，われわれはリポ多糖[※3]（LPS）誘導性のNF-κB経路を介したTNFやIL-23といったサイトカインの産生が，RIPK3欠損マウス骨髄由来樹状細胞で著しく抑制されていることを見出した[9]．これに対し，野生型マウス骨髄由来樹状

細胞をRIPK3のキナーゼ活性阻害剤で処理をしてもサイトカイン産生は抑制されなかったので，RIPK3はキナーゼ活性非依存的にNF-κB経路を正に制御していると考えられる．

NF-κB経路の活性化にあたって，それぞれのNF-κB分子（RelA，RelB，cRel，p50，p52）の二量体は核内へ移行し，遺伝子発現を誘導する．おもしろいことに，RIPK3欠損マウス骨髄由来樹状細胞では，LPS誘導性のRelB，p50の核内移行が野生型に比べ抑制されていた．RelBは主にp52とのヘテロ二量体として非古典的NF-κB経路で作用することが知られている．しかしながら，RelBは樹状細胞において非常に強く発現しており，TLR刺激による古典的NF-κB経路で，p50とヘテロ二量体を形成することによって，TNFやIL-23の産生を制御することが報告されている[10]．樹状細胞とは異なり，マクロファージではRIPK3欠損によるLPS誘導性サイトカイン産生の低下はみられなかった．また，血管平滑筋細胞においてはTNF誘導性のRelAのリン酸化，サイトカイン産生がRIPK3欠損により抑制されるという報告もある[11]．これらの結果は，RIPK3は細胞種特異的にNF-κB活性化を促し，ネクロプトーシス非依存的に炎症反応を誘導できるということを示している．

2）RIPK3によるインフラマソームの活性化

炎症性サイトカインであるIL-1βやIL-18は，不活性型の前駆体として産生され，カスパーゼによって切断されることによって活性型フォームとなる．この切断を担うカスパーゼとして最もよく知られているのはカスパーゼ1であり，カスパーゼ1は細胞質内の巨大なタンパク質複合体であるインフラマソーム内にて活性化される（第1章-3参照）．野生型のマウス骨髄由来樹状細胞をLPSで刺激するとインフラマソーム活性化によるIL-1βの産生がみられることが知られていたが，RIPK3欠損細胞ではこのカスパーゼ1活性化とIL-1βの産生が抑制されていた[9]．このカスパーゼ1活性化とIL-1βの産生はRIPK3キナーゼ活性阻害剤で抑制されなかった．また，RIPK3の負の制御分子であるカスパーゼ8やIAPタンパク質を欠損した細胞では，LPS刺激後に非常に強いRIPK3依存的なIL-1βの産生がみられることも報告されている[12)13)]．そのため，詳細なメカニズムはいまだ不明であるが，RIPK3はインフラマソーム形成もしくは，インフラマソーム内でのカスパーゼ1の活性化をキナーゼ活性非依存的に正に制御することによって，IL-1βの産生を促進していると考えられる．

3）RIPK3によるカスパーゼ8の活性化

前述のように，野生型のマウス骨髄由来樹状細胞をLPSで刺激するとIL-1βの産生がみられるが，これはカスパーゼ1の阻害剤で部分的にだけ阻害され，完全には阻害されなかった．この結果は，カスパーゼ1以外の分子も活性型IL-1βの産生にかかわっていることを示唆していた．カスパーゼ1と同様に，カスパーゼ8もIL-1β前駆体を切断し，活性型IL-1βを産生することが知られている．そこで，カスパーゼ8の関与を調べたところ，確かに野生型のマウス骨髄由来樹状細胞で，LPS刺激後にカスパーゼ1と同様カスパーゼ8がRIPK3依存的に活性化されることがわかった[14]．また，カスパーゼ8阻害剤で処理すると，LPS誘導性の活性型IL-1βの産生が部分的に抑制され，カスパーゼ1阻害剤と併用することによって，完全に抑制された．さらなる詳細な解析より，LPS刺激によるカスパーゼ8の活性化には，RIPK3のみならず，TRIF（Toll/IL-1 receptor domain-containing adaptor inducing interferon β），RIPK1，FADD（Fas-associated via death domain）が必要であること，LPS刺激後にRIPK3，RIPK1，FADD，カスパーゼ8が複合体を形成してカスパーゼ8を活性化することが明らかとなった（**図1C**）．

4）RIPK3とアポトーシス

活性型カスパーゼ8は，ミトコンドリアを介して，また直接カスパーゼ3を活性化することによってアポトーシスを誘導することが知られている．しかしながら，野生型のマウス骨髄由来樹状細胞をLPSで刺激すると1時間後にはカスパーゼ8の活性化がみられるが，その後培養を続けてもアポトーシスはみられなかった．LPS刺激によって細胞の生存にかかわる抗アポトーシス分子の発現が誘導されることが知られているので，シクロヘキシミドで新規のタンパク質合成を停止させた条件下においてLPSで刺激すると，細胞はアポトーシスを起こし死に至った．RIPK3を欠損した細胞では，このアポトーシスが抑制されていた[14]．この結果は，RIPK3はカスパーゼ8の活性化を促進し，アポトーシ

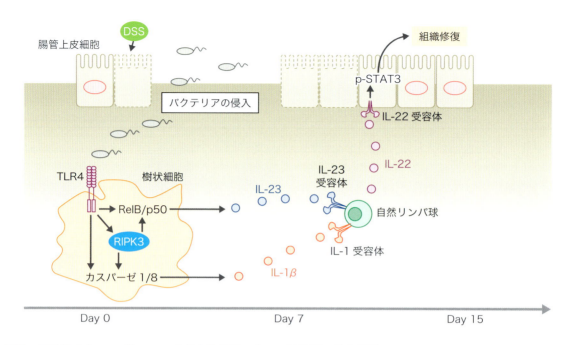

図2　RIPK3のネクロプトーシス非依存的機能によるDSS腸炎の修復機構
RIPK3は樹状細胞にて，ネクロプトーシス非依存的にNF-κB経路活性化を介してIL-23産生，またカスパーゼ活性化を介してIL-1β産生を促進する．IL-23，IL-1βは自然リンパ球などからのIL-22の産生を促し，傷害を受けた腸管上皮細胞の修復を促す．横軸はDSS投与後の時間軸をあらわす．文献9をもとに作成．

スの誘導を促すことができることを示している．

また，マウスRIPK3の161番目のアスパラギン酸をアスパラギンに変異（D161N）させたRIPK3キナーゼ活性欠損ノックインマウスは，過剰なカスパーゼ8の活性化によるアポトーシスのため，胎生致死となることが報告された[15]．また，GlaxoSmithKlein社（GSK社）によって開発されたRIPK3キナーゼ活性阻害剤で細胞を処理すると，カスパーゼ8の活性化がみられた[14)16]．これらの結果は，RIPK3のキナーゼ活性がカスパーゼ8の活性化を抑制していることを示唆していたが，同じくキナーゼ活性を失っている51番目のリジンをアラニンに変異（K51A）させたマウスは，正常に産まれ，カスパーゼ8の異常活性化はみられなかった[16]．そのため，現在のところ，D161N変異を導入すると，もしくはGSK社のRIPK3キナーゼ活性阻害剤がRIPK3に結合すると，RIPK3に構造変化が起こり，RHIMドメインが露出し，このRHIMドメインを介してRIPK3がRIPK1と結合し，さらにFADD，カスパーゼ8と結合することによって，RIPK3-RIPK1-FADD-カスパーゼ8複合体が形成され，カスパーゼ8

の活性化が誘導されると考えられている（**図1C**）．

5）RIPK3のネクロプトーシス非依存的な機能によるDSS誘導性腸炎の制御

今まで紹介してきたネクロプトーシスに依存しないRIPK3の新しい機能が炎症性疾患にどのように関与しているか，われわれの知見に基づいて1例紹介したい．マウスにデキストラン硫酸ナトリウム（dextran sulfate sodium：DSS）を経口投与すると，急性腸炎が起き，その後時間とともに障害を受けた大腸は修復され，腸炎は改善されていく．そもそも炎症反応は生体の恒常性を維持するための生体防御反応であり，その反応が強すぎても弱すぎても恒常性が破綻し，組織障害を引き起こす．そのため組織修復には適度な炎症反応が必要となる．IL-22はこの修復に重要なサイトカインであり，その産生はIL-23とIL-1βによって強く誘導されることが報告されている[17]．おもしろいことに，RIPK3ノックアウトマウスでは野生型マウスに比べDSS投与による腸炎が著しく亢進していた[9]．また，RIPK3を欠損した骨髄細胞を移植した野生型マウスで，同様の強い腸炎がみられたため，骨髄由来免疫細胞に

発現するRIPK3がDSS腸炎を抑制するのに重要であることがわかった．さらなる詳細な解析の結果，DSSを投与したRIPK3ノックアウトマウスの腸管組織ではIL-23，IL-1β，IL-22の産生が低下しており，組織修復不全がみられ，これらのサイトカインをRIPK3ノックアウトマウスに投与すると部分的に症状が改善した．前述のように，RIPK3は樹状細胞においてIL-23ならびにIL-1βの産生をネクロプトーシス非依存的に促進することから，これらの結果はRIPK3が生体内においてネクロプトーシス非依存的に炎症反応を制御していることを示す1例であると考えている（図2）．

おわりに

ここで紹介したように，RIPK3のネクロプトーシス非依存的機能が明らかとなってきた今，それぞれの病態でRIPK3がネクロプトーシス依存的に，もしくは非依存的に炎症を誘導しているのかどうかを詳細に調べていく必要がある．RIPK3をターゲットにした創薬を考えたとき，この点は非常に重要である．RIPK1キナーゼ活性阻害剤ネクロスタチンもRIPK3のノックアウトマウスと同様に，ネクロプトーシスと疾患との関係を調べるためによく使用されてきたが，非特異的な効果の可能性があるうえ，現在ではRIPK1はキナーゼ活性依存的にアポトーシスを誘導することもわかってきたので結果の解釈には注意が必要である．近年開発されてきたネクロプトーシスに特異的な分子である（と今は信じられている）MLKLのノックアウトマウス，リン酸化された活性型RIPK3，MLKLに対する抗体などが，それを可能にする有用なツールであろう．ネクロプトーシスの分子機構，ならびにネクロプトーシスとそれを制御する分子の生理的，病理的機能に関してはまだまだ不明な点が多く，これからのさらなる研究の発展に伴い，もっとおもしろい現象がみられるのではないかとワクワクする毎日である．

文献

1) Moriwaki K & Chan FK：Genes Dev, 27：1640-1649, 2013
2) Cho YS, et al：Cell, 137：1112-1123, 2009
3) McQuade T, et al：Biochem J, 456：409-415, 2013
4) Chen W, et al：J Biol Chem, 288：16247-16261, 2013
5) Sun L, et al：Cell, 148：213-227, 2012
6) Li J, et al：Cell, 150：339-350, 2012
7) Chan FK, et al：Annu Rev Immunol, 33：79-106, 2015
8) Newton K, et al：Mol Cell Biol, 24：1464-1469, 2004
9) Moriwaki K, et al：Immunity, 41：567-578, 2014
10) Shih VF, et al：Nat Immunol, 13：1162-1170, 2012
11) Wang Q, et al：Circ Res, 116：600-611, 2015
12) Vince JE, et al：Immunity, 36：215-227, 2012
13) Kang TB, et al：Immunity, 38：27-40, 2013
14) Moriwaki K, et al：J Immunol, 194：1938-1944, 2015
15) Newton K, et al：Science, 343：1357-1360, 2014
16) Mandal P, et al：Mol Cell, 56：481-495, 2014
17) Mizoguchi A：Inflamm Bowel Dis, 18：1777-1784, 2012

<著者プロフィール>

森脇健太：2004年大阪大学医学部保健学科卒業，'10年大阪大学大学院医学系研究科博士後期課程修了，同年同研究科研究員を経て，'11年よりマサチューセッツ大学医学部にて研究員．主に糖鎖とがんについての研究を行っていた大学院生時代に，ある糖鎖の機能を追っているうちに細胞死の世界へ入る．現在は，ネクロプトーシスの分子機構，RIPK3による炎症制御機構に興味をもち，研究を行っている．

第3章 疾患と細胞死

1. 細胞死を介した抗ウイルス応答

齊藤達哉

病原体に対する防御応答においては，病原体の成分を感知し，その排除を誘導する自然免疫機構が重要な役割を果たす．ウイルスに対する防御応答に関しては，ウイルス由来の核酸を認識し，IFN（interferon）-α/βなどのⅠ型IFNの発現を誘導するメカニズムについての研究がさかんに行われてきた[1)2)]．また，近年の研究からIFNに依存しない抗ウイルス応答も自然免疫機構により誘導され，病原体の排除において重要な役割を果たしていることが明らかになりつつある．IFNを介した防御応答においては転写因子の活性化とそれに続く抗ウイルス因子の発現が重要であるのに対し，IFNに依存しない防御応答においてはオルガネラの損傷など，細胞死に関連する経路が深くかかわる．本稿では，血液中に最も豊富に存在する白血球である好中球が細胞死に陥った際に放出される，好中球細胞外トラップ（NETs）とよばれる細胞外構造体をとり上げ，NETsの放出にかかわるシグナル伝達やウイルス感染時におけるNETs放出の病態生理学な意義について紹介する[3)4)]．

はじめに

自然免疫は，病原体を感知し，その排除を行う重要な防御機構である[1)2)]．ウイルスに対する自然免疫においては，パターン認識受容体とよばれる病原体に対するセンサーが細胞内外に存在するウイルス由来の核酸成分を感知し，防御応答を惹起する．パターン認識受容体であるTLR7（Toll-like receptor 7）やTLR9は，それぞれウイルスの一本鎖RNAや非メチル化CpG DNAを介して，細胞外に存在するウイルスをエンドソームやリソソーム様オルガネラにおいて感知する．また，細胞内に侵入したRNAウイルスに対しては，パターン認識受容体であるRLRs（RIG-I-like receptors）がウイルス由来の二本鎖RNAを感知する．さらに，DNAウイルスやレトロウイルスに対しては，パターン認識受容体であるcyclic GMP-AMP synthaseがウイルス由来の二本鎖DNAやRNA/DNAハイブリッド二本鎖を感知する．ウイルス由来の核酸成分を感知したこれらのパターン認識受容体は，転写因子IRF3（interferon regulatory factor 3）やIRF7の活性化を

[キーワード&略語]
自然免疫，活性酸素種，オルガネラ，好中球，炎症

HIV-1：human immunodeficiency virus-1
IRF3：interferon regulatory factor 3
ISG：IFN-stimulated gene
　　　（インターフェロン誘導性遺伝子）
NETs：neutrophil extracellular traps
　　　（好中球細胞外トラップ）
RLRs：RIG-I-like receptors

Antiviral response mediated by cell death
Tatsuya Saitoh：Department of Inflammation Biology, Institute for Advanced Enzyme Research, Tokushima University
（徳島大学先端酵素学研究所炎症生物学分野）

Graphical Abstract

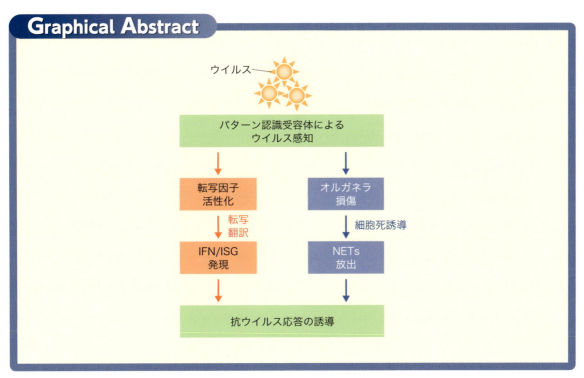

◆ウイルスに対する自然免疫応答
転写因子活性化に応じた IFN/ISG の発現に加えて，細胞死を介した NETs の放出がウイルス排除を促進する．

誘導することにより，Ⅰ型 IFN およびインターフェロン誘導性遺伝子（IFN-stimulated gene：ISG）の発現を誘導する．一方で，ウイルスを感知したパターン認識受容体は，IFN に依存しない防御応答についても誘導することが発見され，近年注目を浴びつつある．本稿では，特に細胞死を介して IFN 非依存的に誘導される NETs に焦点を当て，この新たな防御応答の誘導メカニズムや生物学的な役割を議論する．

1 好中球の細胞死を介した防御応答

病原体を認識して活性化した好中球は，核内のゲノム DNA とヒストンから形成される網目状構造体を細胞外へと放出する（図1）[3)4)]．この網目状構造体は，NETs（neutrophil extracellular traps）とよばれる．NETs を形成するヒストンは所々分解されていることから，NETs の DNA はコンパクトに折りたたまれてはいない．よって，NETs を形成する DNA およびヒストンは，それぞれが偏った荷電を有しており，高い粘着性を有する．この性質により，NETs はさまざまな病原体を捕捉する．NETs は，サルモネラや赤痢菌などの細菌，さらにはカンジダやアスペルギルスなどの真菌の運動性を低下させることが，まず発見された[3)～5)]．続いて，NETs は，HIV-1（human immunodeficiency virus-1）や Myxoma virus などのウイルスも捕捉することが確認されている[6)7)]．好中球が豊富に存在する肝臓，肺や腸管などの臓器において，NETs が病原体を捕捉する様子が確認されている．好中球は，ヒストンに加えて，好中球エラスターゼ，ミエロパーオキシダーゼ，デフェンシンなどの抗病原体活性を有する因子を高発現しており，これらの因子は放出された NETs 上に活性を保持した状態で豊富に存在する．そのため，NETs は病原体を捕捉するだけにとどまらず，捕捉した病原体を失活させる機能も有している[3)～7)]．

NETs の放出は，核膜および細胞膜の破損に起因する細胞死を伴って誘導されるため，NETosis ともよばれている．NETosis は，病原体の除去を促進することから "beneficial suicide（有意義な細胞の自殺）" で

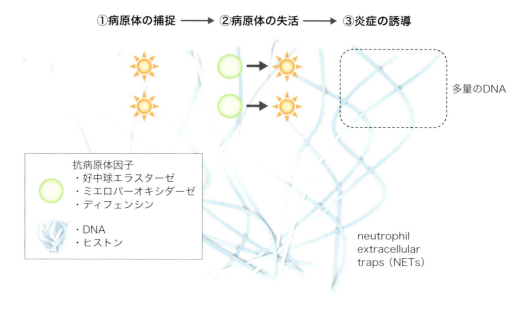

図1 NETsによるウイルスの捕捉と除去

あると考えられている．好中球によるNETsの放出，すなわちNETosisは，B細胞による抗体の産生と並び，細胞外に存在する病原体に対する強力な防御機構として働く．さらに，NETsは炎症性サイトカインの誘導機構であるインフラマソームの活性化を促進することから[8]，自然免疫全体を賦活化する役割も担っている可能性がある．

2 NETsの放出メカニズム

好中球は，パターン認識受容体であるTLR（Toll-like receptor）やRLRを介してウイルスの核酸を感知する[1)2)]．これらの受容体は転写因子IRF3/IRF7の活性化を誘導することにより，IFNやIFN誘導性の抗ウイルス因子の発現を誘導する．一方で，好中球においてこれらの受容体はNADPHオキシダーゼを活性化することにより，NETsの放出も誘導する（図2）[3)4)]．好中球においては，NADPHオキシダーゼが非常に強く活性化するため，活性酸素種が過剰に産生される．脂質の過酸化によりアズール顆粒が損傷すると，アズール顆粒中に存在する強力な分解酵素である好中球エラスターゼが細胞質内へと漏出して，さまざまな基質を分解する．活性酸素種による脂質の過酸化や好中球エ

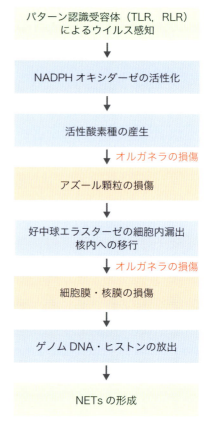

図2 ウイルスを感知したパターン認識受容体によるNETs放出の誘導メカニズム

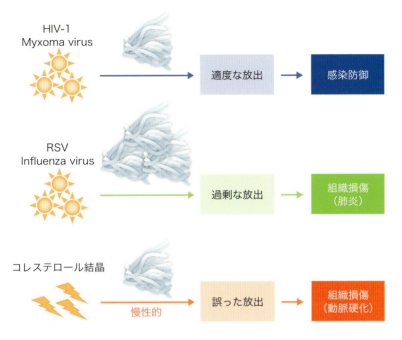

図3　NETs放出と疾患との関係

ラスターゼによる基質の分解は，核膜や細胞膜に損傷を与える．また，好中球エラスターゼは核内にも移動し，ヒストンを分解することにより，ヒストンと結びつくことでコンパクトに折りたたまれていたゲノムDNAを解き放つ．こうして，本来は核内に存在するゲノムDNAとヒストンが細胞外へと放出され，網目状の構造体であるNETsを形成する．乖離したゲノムDNAとヒストンはマイナスとプラスに偏った荷電を有しており，NETsは粘着性の高い構造体となる．DNAやヒストンが細胞外へ放出される際にアズール顆粒や分泌小胞を伴うため，NETs上にはこれらの小胞内に蓄えられているミエロパーオキシダーゼ，アルファデフェンシンやカルプロテクチンなどの抗病原体因子が漏出し，豊富に存在している．ミエロパーオキシダーゼは，好中球エラスターゼを介したヒストンの分解を促進することにより，NETsの形成を促進する役割も果たす．

このように，NETsは，活性酸素種と好中球エラスターゼを介したオルガネラ損傷の連鎖が引き起こす細胞死に伴い，細胞外に放出される．つまり，強力な活性酸素種産生機構を有し，非特異的かつ強力な分解酵素を発現するという2つの活性を兼ね備えていることが，細胞死に伴い細胞外にゲノムDNAとヒストンからなる構造体を放出するためには必要である．他の顆粒球である肥満細胞や好酸球も，好中球と比べると弱いながらも同様の活性を有しており，細胞外DNAトラップを放出することが可能である．しかしながら，その活性は低く，かつ関連報告はまだ少ないため，その意義については今後の研究課題である．

おわりに

自然免疫応答が適切な強度で誘導されることは，宿主を病原体から守るうえできわめて重要である．一方で，自然免疫応答が誤って，あるいは過度に誘導されてしまうと，さまざまな疾患の発症原因となる．NETsの放出も，このような正負両面の性質を備えた自然免疫応答であることが明らかになっている（図3）．自己免疫疾患である全身性エリテマトーデスの患者においてはNETsの過剰な放出や分解不全による蓄積が起こっており，形質細胞様樹状細胞においてNETsに含まれるDNAがTLR9を活性化し，IFNの過剰産生に起因する全身性の炎症を惹起する[9)10)]．また，過栄養摂取などにより蓄積したコレステロール結晶に好中球が

次々と反応し，NETsの放出が慢性的に行われると，NETs中の自然免疫賦活成分によって周囲のマクロファージが活性化し，炎症性サイトカインIL-1βの産生が促進される．この"NETs⇒サイトカインストーム"の炎症スパイラルが動脈硬化の原因となる[8]．NETsの危険性は，ウイルスや細菌などの感染の際にも指摘されている[11]．RSV（Respiratory syncytial virus），Rodent-borne hantavirusesやInfluenza virusの感染は肺などの組織において強力にNETs放出を誘導し，組織を破壊するとの報告や，敗血症においてNETsの放出は致死性を高めるなどの報告がなされている[12]〜[16]．このように，NETsの放出はウイルスなどの病原体を排除する一方で，われわれを傷つけかねない諸刃の剣である．今後の研究により，NETs放出過程の詳細な分子メカニズムが明らかになり，NETs放出の制御を基盤とした疾患治療法の開発が進むことに期待したい．

利益相反について
齊藤は，以下の企業と共同研究を行っている．
・エーザイ株式会社
・小野薬品工業株式会社
なお，共同研究の内容は本稿の内容とは全く異なる．

文献

1) Kawai T & Akira S：Int Immunol, 21：317-337, 2009
2) Takeuchi O & Akira S：Cell, 140：805-820, 2010
3) Brinkmann V, et al：Science, 303：1532-1535, 2004
4) Brinkmann V & Zychlinsky A：J Cell Biol, 198：773-783, 2012
5) Urban CF, et al：PLoS Pathog, 5：e1000639, 2009
6) Saitoh T, et al：Cell Host Microbe, 12：109-116, 2012
7) Jenne CN, et al：Cell Host Microbe, 13：169-180, 2013
8) Warnatsch A, et al：Science, 349：316-320, 2015
9) Lande R, et al：Sci Transl Med, 3：73ra19, 2011
10) Garcia-Romo GS, et al：Sci Transl Med, 3：73ra20, 2011
11) Jenne CN & Kubes P：PLoS Pathog, 11：e1004546, 2015
12) Cortjens B, et al：J Pathol, 238：401-411, 2016
13) Raftery MJ, et al：J Exp Med, 211：1485-1497, 2014
14) Narasaraju T, et al：Am J Pathol, 179：199-210, 2011
15) Martinod K, et al：Blood, 125：1948-1956, 2015
16) Czaikoski PG, et al：PLoS One, 11：e0148142, 2016

<著者プロフィール>
齊藤達哉：2015年に研究室を立ち上げたばかりです．自然免疫を介した炎症の分子機構と病態生理学的役割に関する研究を行っています．また，炎症の制御を基盤とした疾患治療薬の開発も行っています．現在，われわれとともに炎症研究に一緒に取り組んでくれる大学院生を募集中です．
HP：http://www.tokushima-u.ac.jp/ier/divisions/signal.html

第3章 疾患と細胞死

2. 病原性寄生虫に対する宿主免疫系とインターフェロン-γ依存的な感染細胞死

山本雅裕

ウイルス，細菌，寄生虫などの病原性微生物が宿主細胞に感染するとさまざまな細胞死が起こる．病原体の増殖に耐えられずに死んでしまうという細胞死もあれば，感染防御のために自発的に死ぬという細胞死もあり，特に後者のプログラムされた細胞死は宿主免疫系に非常に重要な役割をもつことが近年の研究からわかってきている．本稿では，筆者が研究している病原性寄生虫「トキソプラズマ」を材料として，感染によって起こる「プログラム細胞死」がどのようにして起き，われわれ宿主の感染防御免疫系に影響を及ぼしうるのかについて，最新の知見を交えて概説する．

はじめに

まず，本稿でとり上げる病原性寄生虫である「トキソプラズマ」について簡単に紹介したい．トキソプラズマは単細胞の真核生物であり，いわゆる「原虫」に分類される寄生虫である．ヒトを含め，すべての恒温動物の有核細胞に感染することが可能な寄生虫であり，世界人口の約3分の1が感染していると試算されているが，感染しても健常人にはほとんど影響はなく，脳や筋肉中に潜伏感染してしまい，一生涯無症状に過ごす．しかし，エイズ患者や抗がん剤投与下にあるなどの極端に免疫不全状態になったヒトや動物では，潜伏感染していたトキソプラズマが再活性化し致死的なトキソプラズマ脳症や肺炎などが起きる．また，妊婦が初感染の場合は胎児に流産を引き起こす，あるいは，新生児が生まれながらに原虫に感染している先天性トキソプラズマ症を発症させる病原性寄生虫である[1]．

トキソプラズマは細胞に感染したときに「寄生胞」とよばれる膜構造体を形成し，そのなかで宿主の細胞から脂質やアミノ酸を吸いとって増殖する．寄生胞を包む膜はもともと宿主の細胞膜に由来するが，理由ははっきりとはしていないものの宿主の酸性のオルガネ

[キーワード&略語]
インターフェロン-γ（IFN-γ），トキソプラズマ，IFN-γ誘導性GTP分解酵素，寄生胞

CCV：Chlamydia-containing vacuole（クラミジア含有小胞）
IFN-γ：interferon-γ（インターフェロン-γ）
LC3：microtubule-associated light chain 3
LPS：lipopolysaccharide（リポ多糖）
SCV：Salmonella-containing vacuole（サルモネラ含有小胞）

Host immunity to a pathogenic parasite and interferon-γ-dependent cell death
Masahiro Yamamoto[1) 2)]：Department of Immunoparasitology, RIMD, Osaka University[1)] /Laboratory of Immunoparasitology, IFReC, Osaka University[2)]（大阪大学微生物病研究所感染病態分野[1)] /大阪大学免疫学フロンティア研究センター免疫寄生虫学教室[2)]）

Graphical Abstract

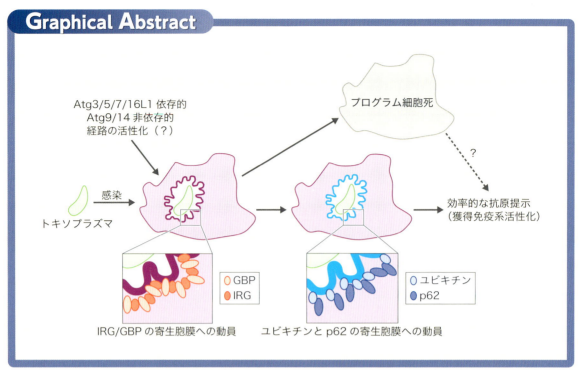

◆オートファジー非依存的経路による寄生胞膜破壊と獲得免疫活性化機構
Atg3/Atg5/Atg7/Atg16L1依存的(Atg9/Atg14非依存的)にIRG/GBPが寄生胞に蓄積し膜構造を破壊する．さらに寄生胞膜がユビキチン化され，p62が結合し，最終的に爆発的な抗原提示反応が起きる．寄生胞膜の破壊によって引き起こされるプログラム細胞死と獲得免疫系活性化との関連については現在不明である．

ラであるエンドソームやリソソームなどとは結合せず，それゆえにトキソプラズマは寄生胞の内部で効率的に増殖することが可能となっている（図1A）[2]．

トキソプラズマの感染に対して，宿主は免疫系を作動させ排除する．具体的に，トキソプラズマを構成するタンパク質や核酸，リポタンパク質などを宿主の自然免疫系の分子群であるToll様受容体（TLR）が認識することにより，マクロファージや樹状細胞などからインターロイキン12（IL-12）が産生され，トキソプラズマの抗原に特異的なTh1型のCD4 T細胞やCD8 T細胞が誘導され，それらのT細胞から大量のインターフェロン-γ（IFN-γ）が産生される．IFN-γを欠損するマウスはトキソプラズマ感染に対して高感受性となり，感染後早期（10日以内）に死亡してしまうことからIFN-γはトキソプラズマ感染に対する免疫系に重要な宿主分子であることがわかる[3]．

1 IFN-γ刺激によって引き起こされる「プログラム細胞死」

IFN-γはサイトカインであり，それ自身にトキソプラズマを破壊する能力はない．しかし，IFN-γで感染細胞を刺激すると種々のIFN-γ依存的な誘導性分子群が発現し，トキソプラズマの寄生胞の膜構造が破壊され，原虫が宿主細胞質へと放り出されることにより宿主分解系で処理され殺傷される．ドイツの研究グループは興味深いことに，原虫の殺傷後に宿主の細胞死が起きることを報告している[4]．

具体的には，IFN-γ刺激した細胞ではトキソプラズマの感染後約120分後に寄生胞膜が破壊され，その20分後に原虫の内部と宿主の細胞質が均一に混ざる透過現象がみられ（この時点で，原虫は殺傷される），さらにその60分後に感染細胞自身の細胞質と細胞外が透過する（すなわち，感染細胞が死ぬ）現象をタイムラプ

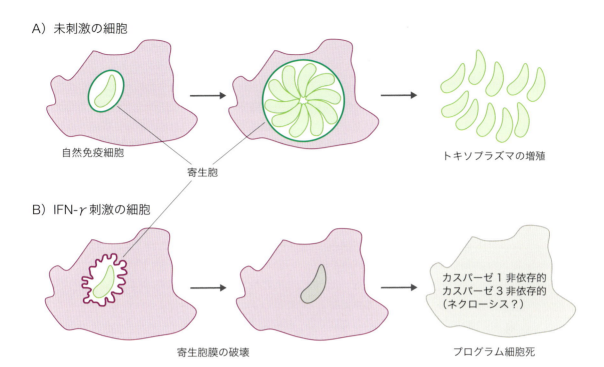

図1　IFN-γ刺激による寄生胞膜破壊とプログラム細胞死
未刺激状態では，寄生胞を形成したトキソプラズマは効率的に増殖し，その結果として原虫の数は増大し，細胞は死ぬ（A）．一方，IFN-γ刺激した細胞では寄生胞の膜構造が破壊され，原虫の細胞質と宿主細胞質が透過することによって，ネクローシス様のプログラム細胞死が起きる（B）．

ス顕微鏡で詳細に観察している．このIFN-γによってトキソプラズマ感染細胞で引き起こされる細胞死の特徴は，カスパーゼ3の切断による活性化やその基質であるPARPの切断は認められないことからアポトーシスではないこと，さらにカスパーゼ1の活性化やIL-1βのプロセシングなどのインフラマソームの活性化は認められないことからパイロトーシスではないことが解析されており，これまでのところネクローシスではないかと推測されている．また，IFN-γ刺激により起こる寄生胞膜破壊にオートファジー※1が関与していることが示唆されていた5)．この点に関して，オートファジーのマーカーであるLC3※1の細胞内局在は，特に原虫の寄生胞の周囲に限局しているわけではないことからオートファジーによる細胞死の関連も否定的である．このように，IFN-γ刺激によって，トキソプラズマの寄生胞膜が破壊されることがトリガーとなり，「プログラム細胞死」が起きる（図1B）．

2 IFN-γ依存的な寄生胞膜の破壊メカニズム

それでは，IFN-γ依存的プログラム感染細胞死を引き起こす寄生胞膜破壊はどのようにして起きるのであろうか？ IFN-γで刺激された細胞では約2,000個のIFN-γ誘導性遺伝子群が誘導される．このなかには2種類の寄生胞膜に局在するGTP分解酵素群が含まれている．1つがp47免疫関連GTPase（IRG）とよばれる分子群であり，マウスでは約20種類，ヒトでは3種類存在している6)．IRGは寄生胞膜に蓄積するGKS型IRG（GKS-IRG※2）と蓄積はしないがGKS-IRGの活

> **※1　オートファジーとLC3**
> オートファジーは隔離膜から生じたオートファゴソームのなかで細胞内のさまざまな成分が分解される真核細胞がもつ恒常性維持機構である．哺乳動物の細胞では，飢餓状態でLC3が隔離膜（オートファゴソーム）で粒子状構造を形成することから，よくオートファジーのマーカーとして使用されている．

性を制御するGMS型IRG（GMS-IRG[※2]）に大別される．GMS-IRGはIrgm1，Irgm2そしてIrgm3からなり，Irgm3を欠損するだけでIFN-γの欠損と同じく原虫の感染後早期にマウスが感受性を示し，Irgm3欠損細胞においてはGKS-IRGの1つであるIrga6の寄生胞膜への蓄積率が著しく低下することからGMS-IRGがGKS-IRGの寄生胞膜への動員を制御していることが示唆される．GMS-IRGの制御様式については，Irgm3は主として小胞体に，Irgm1とIrgm2はゴルジ体に局在しており，さらにIrga6や別のGKS-IRGのファミリー分子であるIrgb6がGMS-IRGと結合することから，小胞体やゴルジ体などの宿主細胞の細胞内膜系においてGKS-IRGが活性化して小胞体やゴルジ体を傷害し宿主細胞の恒常性の維持に支障をきたさないようにしていることが示唆されている．一方，寄生胞膜上においては，何らかの理由によりGMS-IRGは蓄積できず，GKS-IRGのみが蓄積しGTP結合型となり活性化型となったGKS-IRGは多量体化し膜構造を破壊すると考えられている．なお，Irga6やIrgb6などのGKS-IRGの多くはN末端部位に脂質に結合可能なミリストイル基付加部位を有していることから，脂質膜からなる寄生胞膜に局在することが可能である．

もう1種類のGTP分解酵素群がp65グアニル酸結合タンパク質（GBP）であり，マウスでは11種類，ヒトでは6種類存在している．GBPもGKS-IRGと同様に寄生胞膜に蓄積するが，ミリストイル基を介して寄生胞膜に局在可能なIRGに対して，GBPは11種類の内3種類（Gbp1，Gbp2，Gbp5）のC末端部位にゲラニルゲラニル基（脂質）付加部位が存在し，ゲラニルゲラニル基を介して寄生胞膜の脂質二重層に局在している（図2A）[7]．われわれのグループは11種類存在するGBPの内5種類を同時に欠損するマウス（GBPchr3欠損マウス）を作製しトキソプラズマ感染防御におけるGBPの役割を検討した[8]．

その結果，GBPchr3欠損マウスはIFN-γ欠損マウスやIrgm3欠損マウスほどではなかったが，感染早期に原虫感染に高感受性となりマウスの生存率も有意に低下した．さらにGBPchr3欠損マクロファージにおいては，Irgb6やIrga6の寄生胞膜への動員率が低下していた（図2B）．さらにGBPchr3に含まれるGbp2の単独欠損細胞においてはIrga6の寄生胞膜への動員が低下していることを見出し[9]，米国の研究グループはGbp1の単独欠損細胞でのIrgb6の寄生胞膜への動員率低下を報告した[10]．以上のことから，GBPは寄生胞膜にあって，それぞれのGBPのメンバーが異なるGKS-IRGの寄生胞膜への動員を正に制御していることが示唆された．

このように，IFN-γ誘導性GTP分解酵素であるIRGとGBPが寄生胞膜に蓄積し破壊する．この膜破壊はIFN-γ刺激により引き起こされるトキソプラズマ感染細胞死への関連はドイツの研究グループがトキソプラズマの病原性の違いから明確に証明した．すなわち，IFN-γ誘導性GTP分解酵素による破壊を受けない高病原性トキソプラズマ感染ではIFN-γ依存的な細胞死が起きなかった[4]．このことにより，IRGとGBPの寄生胞膜破壊がIFN-γ依存的プログラム細胞死に必須のイベントであること，さらにはプログラム細胞死の有無が最終的に個体におけるトキソプラズマの病原性の高低に影響を及ぼしうることを示唆している．

3 Atg3/Atg5/Atg7/Atg16L1は必要だが，オートファジー非依存的な寄生胞膜破壊機構

ではIRGやGBPが寄生胞膜にどのようにして動員されるのであろうか？　米国の研究グループは2008年にオートファジーの必須の分子であるAtg5を欠損するマクロファージにおいてはIrga6の寄生胞膜への動員が著しく低下していることを報告した[11]．この研究ではIFN-γ誘導性GTP分解酵素の動員メカニズムにオートファジーが関与しているかどうかが不明であったため，われわれのグループは他のオートファジー必須分子群であるAtg7，Atg9a，Atg14，Atg16L1を欠損する細胞を用いて検討した[12]．その結果，Atg7欠損細胞およびAtg16L1欠損細胞ではIFN-γ刺激によるIRGやGBPの寄生胞膜への蓄積がAtg5欠損細胞と同様に顕

※2　GKS-IRGとGMS-IRG

GKSとGMSはGTP分解酵素ドメインの活性中心に位置するアミノ酸である．GTP分解酵素活性をもつGKS-IRGに対して，GMS-IRGはGTP分解酵素ドメインの活性中心に位置するリジン残基（K）がメチオニン（M）に置換されており，GTP分解酵素活性を失っている．

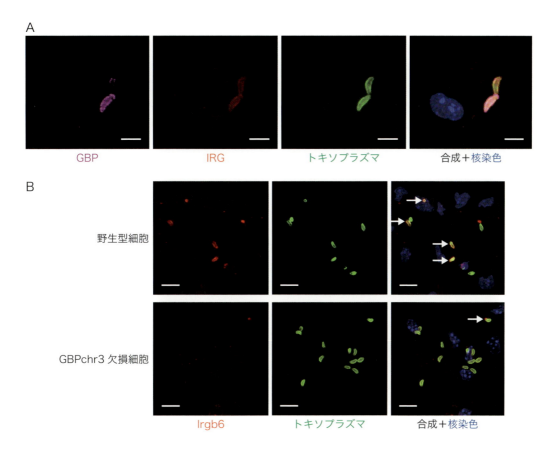

図2 IFN-γ誘導性GTP分解酵素IRGとGBPは寄生胞膜に蓄積する
A) IFN-γ刺激をしたマクロファージにおけるIRG（赤）とGBP（マゼンタ），トキソプラズマ（黄緑）の共焦点画像．IRGとGBPがトキソプラズマ上で共局在していることがわかる．B) GBPchr3欠損細胞（下段）ではIrgb6（GKS-IRG）のトキソプラズマへの動員率が野生型細胞（上段）と比べて低下している．矢印は，Irgb6が寄生胞膜へ動員された場所を示す．スケールバー：10 μm．文献8より転載．

著に低下していた．一方，Atg9aやAtg14欠損細胞においては野生型細胞と同程度にIRGやGBPの寄生胞膜への動員が認められた．このことは，IRGやGBPの寄生胞膜への動員には一部のAtg分子群が使用されているだけに過ぎず，オートファジー非依存的であることが示唆された．またわれわれのグループは別の米国の研究グループと共同でAtg3もこの反応に必須であることを示した（**Graphical Abstract**)[13]．

Atg3/Atg5/Atg7/Atg16L1はオートファゴソームのもととなる隔離膜の形成というオートファジーの必須反応のなかではLC3の脂質付加ならびに隔離膜へのLC3の結合反応に必須の役割を果たしている．しかし，LC3はIFN-γ誘導性のプログラム細胞死における役割については重要でないことも示唆されている[4]．現在，Atg3/Atg5/Atg7/Atg16L1依存的な反応がどのような機序でIFN-γ誘導性GTP分解酵素の寄生胞膜への動員に関与しているのかについては全く不明である．

4 IFN-γ依存的寄生胞膜破壊の後に起こる獲得免疫反応

トキソプラズマ感染に対する免疫系が成立するためには原虫由来の抗原に特異的なT細胞が効率的に活性化される必要がある．われわれのグループはIRGやGBPによる寄生胞膜破壊の過程が，トキソプラズマが寄生胞内に分泌される抗原タンパク質特異的なCD8 T細胞の爆発的活性化に重要であることを示した[14]．寄生胞膜の崩壊の途中にプロテアソーム依存的なタンパ

ク質分解に重要な役割を果たすユビキチンが寄生胞膜に動員されることを見出した．ユビキチンはさらにオートファジーアダプター分子として多数の報告があるp62（SQSTM1）を寄生胞膜へと動員するが，この動員はAtg3/Atg5/Atg7/Atg16L1には依存するがAtg14には依存しないことから，IRGとGBPの動員メカニズムと同じくオートファジー非依存的である．

モデル抗原として卵白アルブミン（OVA）とそれに対する特異的なT細胞受容体を有するCD8 T細胞（OT-I T細胞）を使用し，寄生胞内に特異的にOVAを分泌するトキソプラズマをAtg3やGMS-IRG（Irgm1とIrgm3）またはp62を欠損する細胞に感染させOT-I T細胞と共培養すると，野生型抗原提示細胞をIFN-γで刺激した際にみられるOT-I T細胞の爆発的活性化がAtg3，GMS-IRG，p62欠損細胞では減弱することからIFN-γ依存的寄生胞膜破壊とそれに伴うp62の動員がCD8 T細胞の活性化のための抗原提示反応に重要であることが示唆された（**Graphical Abstract**）．

このIFN-γ依存的寄生胞膜破壊による効率的な獲得免疫系の誘導機構にIFN-γにより引き起こされるプログラム細胞死が関与するかについては現在のところ不明であるが，寄生胞膜破壊によって細胞死が起きること，さらに死細胞（あるいは死につつある細胞）のなかの抗原が別の抗原提示細胞に取り込まれることによる効率的なCD8 T細胞依存的獲得免疫誘導との類似点から[15]，寄生胞膜破壊後のプログラム細胞死が与える獲得免疫反応への影響について今後検討していきたい．

おわりに

寄生虫・トキソプラズマの感染がIFN-γ刺激依存的に引き起こす細胞死とそれが起きるのに必要な寄生胞膜破壊の分子機構について概説した．トキソプラズマだけでなく細菌であるサルモネラやクラミジアなどのグラム陰性菌も感染細胞内で寄生胞によく似たサルモネラ含有小胞（SCV）あるいはクラミジア含有小胞（CCV）を形成する．これらSCVやCCVもIFN-γ誘導性GTP分解酵素の標的となり膜が破壊されるが，その際にはリポ多糖（LPS）が細胞内に露出しカスパーゼ11により認識され非標準的インフラマソームが活性化しパイロトーシスというプログラム細胞死が起きることをわれわれのグループはスイスまたは米国の研究グループと共同で報告した[16][17]．このように，細胞内寄生性の病原体が形成する小胞の膜の破壊を通じたプログラム細胞死は寄生虫や細菌に対して起きる一般的な宿主応答であると考えられ，そのプロセスに着目した新規の抗病原体薬あるいは治療法の開発につながるような基礎医学研究を今後展開していきたい．

文献

1) Montoya JG & Remington JS：Clin Infect Dis, 47：554-566, 2008
2) Boothroyd JC：Int J Parasitol, 39：935-946, 2009
3) Yarovinsky F：Nat Rev Immunol, 14：109-121, 2014
4) Zhao YO, et al：PLoS Pathog, 5：e1000288, 2009
5) Ling YM, et al：J Exp Med, 203：2063-2071, 2006
6) Howard JC, et al：Curr Opin Microbiol, 14：414-421, 2011
7) Kim BH, et al：Cell Host Microbe, 12：432-444, 2012
8) Yamamoto M, et al：Immunity, 37：302-313, 2012
9) Ohshima J, et al：Proc Natl Acad Sci U S A, 112：E4581-E4590, 2015
10) Selleck EM, et al：PLoS Pathog, 9：e1003320, 2013
11) Zhao Z, et al：Cell Host Microbe, 4：458-469, 2008
12) Ohshima J, et al：J Immunol, 192：3328-3335, 2014
13) Haldar AK, et al：PLoS One, 9：e86684, 2014
14) Lee Y, et al：Cell Rep, 13：223-233, 2015
15) Leavy O：Nat Rev Immunol, 15：725, 2015
16) Meunier E, et al：Nature, 509：366-370, 2014
17) Pilla DM, et al：Proc Natl Acad Sci U S A, 111：6046-6051, 2014

<著者プロフィール>
山本雅裕：2001年，東京大学理学部卒業．'06年，大阪大学大学院医学系研究科博士課程修了．'13年，大阪大学教授．トキソプラズマをモデルとして，細胞内寄生性病原体に対する宿主免疫応答の研究（免疫学）と原虫の病原性メカニズムの研究（寄生虫学）を行っています．この分野は多くの重要な命題が解かれていないにもかかわらず，ニッチなせいか研究人口が少なく，若い大学院生やポスドクには狙い目です．興味ある人はお気軽に連絡をください．

第3章 疾患と細胞死

3. メタボリックシンドロームと細胞死

菅波孝祥，田中　都，伊藤美智子，小川佳宏

肥満を中心として発症するメタボリックシンドロームやこれに合併する種々の生活習慣病において，慢性炎症の意義が注目されている．肥満や非アルコール性脂肪肝炎では，代謝ストレスにより細胞死に陥った実質細胞をマクロファージが貪食・処理する特徴的な組織像（CLS）が形成され，炎症や線維化の起点となる（**Graphical Abstract**）．すなわち，CLSは実質細胞と間質細胞の相互作用の場であり，代謝性組織リモデリングの駆動エンジンとして働く．CLSに注目することにより，メタボリックシンドロームの病態メカニズムの解明や新しい治療法の開発が可能になると期待される．

はじめに

近年，さまざまな非感染性の慢性疾患に共通の病態基盤として「慢性炎症」が注目されている．従来，慢性関節リウマチに代表される自己免疫疾患や動脈硬化，がんなどの慢性炎症性疾患であることが認識されているが，最近では，肥満を中心として発症するメタボリックシンドロームやこれに合併する糖尿病，非アルコール性脂肪肝炎（nonalcoholic steatohepatitis：NASH），慢性腎臓病（chronic kidney disease：CKD）においても慢性炎症の関与が明らかになってきた[1]．したがって，非感染性慢性炎症の分子機構が解

[キーワード&略語]
慢性炎症，メタボリックシンドローム，肥満，非アルコール性脂肪肝炎，マクロファージ

- **CKD**：chronic kidney disease（慢性腎臓病）
- **CLS**：crown-like structure
- **EPA**：eicosapentaenoic acid（エイコサペンタエン酸）
- **FGF1**：fibroblast growth factor 1
- **HIF-1α**：hypoxia-inducible factor-1α
- **MC4R**：melanocortin 4 receptor
- **Mincle**：macrophage-inducible C-type lectin
- **NASH**：nonalcoholic steatohepatitis（非アルコール性脂肪肝炎）
- **TDM**：trehalose-6,6′-dimycolate（トレハロースジミコール酸）
- **TGF-β**：transforming growth factor-β
- **TIMP-1**：tissue inhibitor of metalloproteinase-1
- **TLR4**：Toll-like receptor 4

Role of obesity-induced cell death in the pathophysiology of the metabolic syndrome
Takayoshi Suganami[1,2] /Miyako Tanaka[1] /Michiko Itoh[3] /Yoshihiro Ogawa[3,4]：Department of Molecular Medicine and Metabolism, Research Institute of Environmental Medicine, Nagoya University[1] /PRESTO, Japan Science and Technology Agency[2] /Department of Molecular Endocrinology and Metabolism, Graduate School of Medical and Dental Sciences, Tokyo Medical and Dental University[3] /AMED-CREST, Japan Agency for Medical Research and Development[4]
（名古屋大学環境医学研究所分子代謝医学分野[1] / 科学技術振興機構さきがけ[2] / 東京医科歯科大学大学院医歯学総合研究科分子内分泌代謝学分野[3] / 日本医療研究開発機構AMED-CREST[4]）

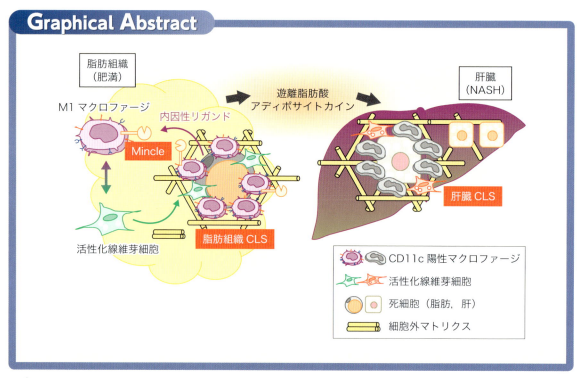

◆ CLS と代謝性組織リモデリング

肥満の脂肪組織とNASHの肝臓において類似の組織学的構造（CLS）が形成され，炎症や線維化の起点となる．これは，過栄養に起因する代謝ストレスによって細胞死に陥った実質細胞に対するマクロファージの応答であり，代謝性に誘導される組織リモデリングの駆動エンジンとして働く．

明されると，多くの疾患に対する理解が深まり，新たな治療戦略の開発につながることが期待される．

　発熱，発赤，疼痛，腫脹などを主徴とする急性炎症と比較して，慢性炎症に特徴的な所見として「組織リモデリング」があげられる．通常，実質細胞と間質細胞の相互作用により臓器の恒常性が維持されているが，慢性的なストレスが加わることにより，この相互作用が破綻して臓器を構成する細胞の種類や数が大きく変化し，臓器の機能障害や線維化をきたす[2)3)]．このような組織リモデリングの起点として，細胞死の重要性が指摘されている．例えば，動脈硬化の血管壁では，コレステロールを蓄積して泡沫化したマクロファージが細胞死に陥ることによりプラークの不安定化が生じる．また，肥満の脂肪組織では，マクロファージが細胞死に陥った脂肪細胞をとり囲み，貪食・処理する特徴的な組織像（crown-like structure：CLS※）を形成することが知られている（**Graphical Abstract**）[4)]．本稿では，過栄養により誘導される細胞死が慢性炎症を惹起するメカニズムとその意義について，特に肥満とNASHに注目して最近の知見を概説する．

1 肥満と脂肪細胞死

ライフスタイルの欧米化に伴って，わが国においても肥満が増加し，メタボリックシンドロームやさまざまな生活習慣病の誘因となっている．メタボリックシンドロームの病態生理において，肥満は上流に位置しており，脂肪組織の機能障害によりメタボリックシン

> ※ **CLS**
> Crown-like structure．王冠様構造とも称される．肥満の過程で細胞死に陥った脂肪細胞を炎症促進性M1マクロファージがとり囲み，貪食・処理する特徴的な組織学的構造．慢性炎症の本態である実質細胞と間質細胞の相互作用の場であり，組織リモデリングの起点となる．

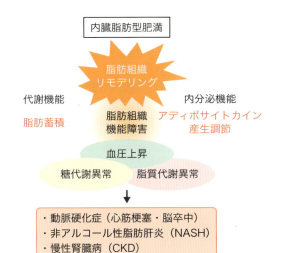

図1　メタボリックシンドロームの病態生理と脂肪組織リモデリング
肥満による脂肪組織の機能障害は，メタボリックシンドロームの病態基盤となる．実質細胞である脂肪細胞が肥大化することに加えて，多彩な間質細胞の数や種類がダイナミックに変動することにより（脂肪組織リモデリング），脂肪組織機能が障害されることが明らかになってきた．

ドロームを発症する．脂肪組織は，余剰のエネルギーを中性脂肪として蓄積する代謝機能やアディポサイトカイン（アディポカイン）と総称される生理活性物質を産生・分泌する内分泌機能により，栄養変化に対する生体の恒常性を維持している（**図1**）[5]．当初，実質細胞である脂肪細胞に注目して研究が行われてきたが，最近では，免疫担当細胞や血管構成細胞，線維芽細胞などの種々の間質細胞の関与が明らかになってきた[2)3)]．実際，体脂肪量の増加に伴って，脂肪細胞の肥大化，免疫担当細胞の浸潤，血管新生，細胞外マトリクスの過剰産生などが生じ，ダイナミックな組織学的な変化が観察される．これは，従来より慢性炎症の病態として知られる動脈硬化病変と酷似しているため，「血管壁リモデリング」に模して「脂肪組織リモデリング」と称される（**図1**）[2)3)]．

1）脂肪組織炎症とマクロファージ

肥満の脂肪組織にマクロファージの浸潤が増加することがはじめて報告された2003年以降[6]，脂肪組織炎症の分子機構や病態生理学的意義に関する知見が急速に集積している．われわれは，脂肪細胞とマクロファージの共培養系を確立して，液性因子を介する両者の細胞間相互作用が炎症反応を遷延化させることを証明した[7]．特に，脂肪細胞に由来する飽和脂肪酸は，グラム陰性桿菌に対する病原体センサーのTLR4（Toll-like receptor 4）を介してマクロファージの炎症反応を惹起する[8]．現在では，マクロファージの細胞数の増加に加えて，炎症抑制性M2から炎症促進性M1へのマクロファージの極性変化も脂肪組織炎症の重要なメカニズムであり，アディポサイトカイン産生調節の破綻をもたらすことが明らかになっている（**図1**）[2)9)]．脂肪組織に浸潤したM1マクロファージは，肥満の過程で細胞死に陥った脂肪細胞をとり囲みCLSを形成する（**Graphical Abstract**）[9]．したがって，CLSは脂肪細胞とマクロファージの相互作用の場であり，脂肪組織炎症の起点となることが想定される．

2）脂肪組織線維化とMincle

一般に，慢性炎症は組織線維化を誘導するが，肥満の脂肪組織も例外ではない．最近，われわれは，病原体センサー分子のMincle（macrophage-inducible C-type lectin）が脂肪組織線維化の主要な制御因子であることを見出した（**図2**）[10)11)]．Mincleは，Ca^{2+}依存型レクチン（糖鎖認識タンパク質）であり，細胞膜上に局在している．マクロファージにおいてリポポリサッカライドにより誘導される遺伝子として同定され[9]，結核菌糖脂質TDM（trehalose-6,6′-dimycolate）や病原性真菌（マラセチア，カンジダ）に加えて，死細胞を認識して炎症性サイトカインやケモカインの産生を誘導する[12)〜14)]．われわれは，Mincleが肥満マウスや肥満症例の脂肪組織，特にCLSを構成するマクロファージに限局して発現することを見出した（**図2**）[10]．マクロファージにおいてMincleが活性化すると，炎症性サイトカインやケモカインに加えて，TGF-β（transforming growth factor-β）やTIMP-1（tissue inhibitor of metalloproteinase-1）などの線維化促進分子の発現誘導が認められた．実際，非肥満マウスの脂肪組織にTDMを直接投与したところ，Mincle依存性にCLSが形成され，周囲に活性化線維芽細胞が集積し，間質線維化が誘導された．一方，脂肪細胞においては，低酸素応答性転写因子HIF-1α（hypoxia-inducible factor-1α）が線維化促進的に[15]，PPARγ-FGF1（fibroblast growth factor 1）経路が

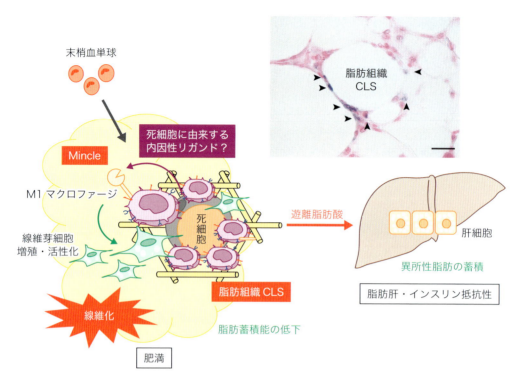

図2 Mincleによる脂肪組織線維化と異所性脂肪蓄積の新たな分子機構
肥満の脂肪組織において，MincleはCLSを構成するM1マクロファージ選択的に発現する．Mincleの内因性リガンドは，肥満の過程で代謝ストレスにより細胞死に陥った脂肪細胞に由来すると想定される．Mincleが活性化すると脂肪組織の線維化を惹起し，脂肪蓄積能が障害されて肝臓に異所性脂肪として蓄積する．矢じり：Mincle発現細胞，スケールバー：25μm．文献10をもとに作成．

線維化抑制的に[16] 働くことが報告されている．

3）異所性脂肪蓄積におけるMincleの意義

このように，脂肪組織線維化の分子機構が徐々に明らかになってきたが，肥満動物のみならず，肥満症例においても脂肪組織の線維化が報告されている．特に，脂肪組織の線維化は異所性脂肪蓄積と正の相関を示すという[17)18]．実際，脂肪組織線維化が抑制されるMincle欠損マウスでは，肥満に伴う脂肪細胞の肥大化や脂肪組織重量の増加が顕著である一方，肝異所性脂肪蓄積（脂肪肝）は有意に減少し，糖代謝も良好に保たれた（**図2**）．すなわち，Mincleは体内における脂肪分布の調節因子として働くことが示唆される．脂肪組織に特徴的なVI型コラーゲンを欠損するマウスにおいても，Mincle欠損マウスと同様の表現型が観察される[19]．過栄養によりエネルギー貯蔵庫としての容量を超えると，脂肪組織に蓄えきれない過剰な脂肪が，肝臓や骨格筋などの非脂肪組織に異所性に蓄積し（異所性脂肪），臓器機能障害（広義の脂肪毒性）をもたらす[3)5]．従来，脂肪組織の脂肪蓄積能はインスリンによる脂肪合成と交感神経系による脂肪分解のバランスで制御されることが知られていたが，近年，脂肪組織炎症の関与も明らかになってきた．例えば，炎症性サイトカインはインスリン抵抗性を惹起するとともに，脂肪分解を直接誘導しうる．これに加えて，Mincleが脂肪組織線維化を介して全身の脂肪分布を制御することが明らかになった．

2 NASHと肝細胞死

NASHは，メタボリックシンドロームの肝臓における表現型と考えられており，脂肪肝から肝硬変や肝細胞がんへ進展する病態として注目されている．NASHの発症機構として，「Two hit仮説」や「Multiple parallel hit仮説」が提唱されているが，いずれにおいて

ヒト肥満症患者と共通の表現型	NASH様肝病変	肝細胞がん
・過食による肥満 ・インスリン抵抗性 ・高脂血症 ・脂肪肝	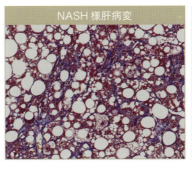	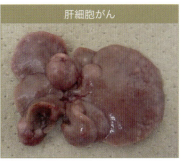

高脂肪食負荷の期間			
	8週	20週	1年

図3　MC4R欠損マウスを用いた新しいNASH・肝細胞がんモデル
MC4R欠損マウスに高脂肪食を負荷することにより，肥満やインスリン抵抗性を背景に，単純性脂肪肝，ヒトNASH様の肝病変，多発性肝細胞がんを経時的に，ほぼ100％の確率で発症した．文献5をもとに作成．

も，異所性脂肪の蓄積と慢性炎症が鍵となる．従来，肥満やインスリン抵抗性を中心とするメタボリックシンドロームの病態とNASH様の肝病変をあわせもつ動物モデルがほとんど存在しなかったが，最近，われわれは，メラノコルチン4型受容体（melanocortin 4 receptor：MC4R）欠損マウスを用いてユニークなNASH動物モデルを開発し（図3），肝細胞死を起点とするNASHの病態メカニズムを検討している．

1）MC4R欠損マウスを用いたNASH動物モデル

MC4Rは，中枢神経系，特に視床下部に発現し，摂食抑制やエネルギー消費の亢進に働く．したがって，MC4R欠損マウスは，過食による肥満やインスリン抵抗性をきたすことが知られている．ヒトにおいても，MC4Rは単一遺伝子の異常による肥満の原因として最も頻度が高い．通常食で飼育したMC4R欠損マウスは肥満や脂肪肝を呈するのみだが，MC4R欠損マウスに高脂肪食を負荷すると，肥満やインスリン抵抗性を背景として，脂肪肝，NASH，肝細胞がんを経時的に，ほぼ100％の確率で発症することを見出した（図3）[20]．このモデルでは，肝病変の形成に先立って顕著な脂肪組織炎症が観察され，過剰に放出された遊離脂肪酸による異所性脂肪の蓄積やアディポサイトカイン産生調節の異常が肝病変の発症に重要な役割を果たすと想定される（図1）．

2）肝臓CLSを起点とする肝線維化の形成

NASH病変を発症したMC4R欠損マウスにおいて，われわれは，脂肪組織CLSに類似の病理組織学的構造（肝臓CLS）を見出した（図4）[21]．脂肪組織CLSと同様に，肝臓CLSは，細胞死に陥った肝細胞をマクロファージがとり囲み，貪食・処理する像と考えられる．肝臓CLSを構成するマクロファージはCD11c陽性であり，周辺のクッパー細胞とは明確に区別された．さらに，肝臓CLS周囲には活性化線維芽細胞の集積やコラーゲンの沈着を認め，CLSが肝線維化の起点になることが示唆された．一方，ヒトNASH症例においても肝臓CLSを認め，肝細胞障害の指標である風船様変性（ballooning degeneration）と肝臓CLSは正の相関を示した．このように，肝細胞の障害や細胞死により肝臓CLSが形成され，周囲に炎症や線維化が波及・拡大化してNASHの発症に至ると想定される．これに対して，慢性ウイルス性肝炎症例では肝臓CLSをほとんど認めず，代謝性肝障害に特徴的な所見と考えられた．今後，肝臓CLSの詳細を明らかにすることにより，NASHの分子病態の理解が進み，NASHに特異的なバイオマーカーの開発や新しい治療標的分子の同定につながると期待される（図4）．

3）短期NASHモデルの開発

MC4R欠損マウスによるNASHモデルは，新しい治療薬の薬効評価系としても有用と考えられる．例えば，代表的なω-3多価不飽和脂肪酸のEPA（eicosapentaenoic acid）は，MC4R欠損マウスにおけるNASH病変の予防および治療に効果を示した（図5）[22]．従

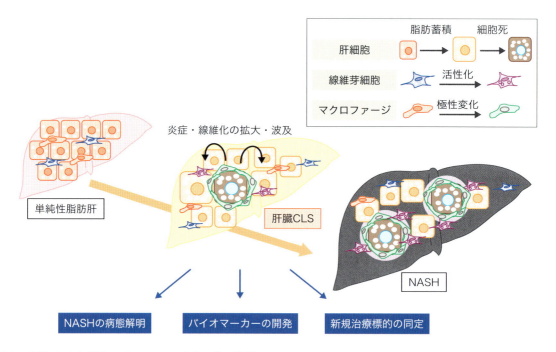

図4 肝臓CLSを起点とするNASH発症の分子機構
単純性脂肪肝からNASHを発症する過程において，代謝ストレスにより細胞死に陥った肝細胞をマクロファージがとり囲んで肝臓CLSを形成し，ここを起点として周囲に炎症や線維化が拡大・波及することによりNASH発症に至ると想定される．文献1より引用．

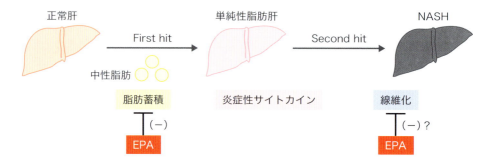

図5 EPAによるNASHの予防および治療効果
EPAは，MC4R欠損マウスのNASH病変に対して予防および治療効果を示した．EPAの作用点として，既知の肝脂肪蓄積の抑制作用に加えて，肝線維化に対する抑制作用が示唆された．

来，EPAによる脂肪肝改善効果が知られていたが，EPAは肝臓CLS形成ならびに肝線維化を抑制した．しかしながら，単純性脂肪肝からNASHに至る長い経過のどの部分に対して作用したのかを明らかにすることは難しく，また，評価に長時間を有することが技術的な障壁となっていた．そこで，単純性脂肪肝を発症した MC4R欠損マウスに対して，薬剤投与による肝細胞障害を惹起することにより，数日の経過で肝臓CLS形成や肝線維化を発症することを見出した．すなわち，過剰に脂肪を蓄積した肝細胞に細胞障害や細胞死が加わることにより，マクロファージや線維芽細胞を巻き込んだ細胞間相互作用が誘導され，NASHの発症に至る

ことが想定される．このような「短期NASHモデル」を有効に利用することにより，薬効評価のスループットが格段に向上することに加えて，従来の慢性炎症研究において困難であったいくつかの問題点が克服できると期待される．

おわりに

「慢性炎症」は種々の慢性疾患に共通の基盤病態であるため，その分子メカニズムが明らかになることにより，多くの疾患の病態生理の理解や新しい治療法の開発が可能になると想定される．しかしながら，その詳細はいまだ不明の点が多く，慢性炎症を主たる標的とする治療法も，特に生活習慣病に関しては検討段階にとどまっている．本稿では，肥満とNASHにおいて，CLSを起点とする慢性炎症の分子機構を概説した．CLSは実質細胞と間質細胞の相互作用の場であり，実質細胞の細胞死を発端とする代謝性組織リモデリングの駆動エンジンとして働く（**Graphical Abstract**）．脂肪組織と肝臓のCLSは多くの共通性を有する一方，構成細胞や鍵分子に関しては臓器特異性や病態特異性も存在している．CLSは線維化に先行して形成されるため，今後，CLSの詳細を明らかにすることにより，慢性炎症を標的とする新しい治療法の開発につながることが期待される．

文献

1) 菅波孝祥，小川佳宏：炎症疾患としての肥満/メタボリックシンドローム．実験医学増刊, 32：201-207, 2014
2) Suganami T & Ogawa Y：J Leukoc Biol, 88：33-39, 2010
3) Sun K, et al：J Clin Invest, 121：2094-2101, 2011
4) Cinti S, et al：J Lipid Res, 46：2347-2355, 2005
5) Suganami T, et al：Endocr J, 59：849-857, 2012
6) Weisberg SP, et al：J Clin Invest, 112：1796-1808, 2003
7) Suganami T, et al：Arterioscler Thromb Vasc Biol, 25：2062-2068, 2005
8) Suganami T, et al：Arterioscler Thromb Vasc Biol, 27：84-91, 2007
9) Lumeng CN, et al：J Clin Invest, 117：175-184, 2007
10) Tanaka M, et al：Nat Commun, 5：4982, 2014
11) Ichioka M, et al：Diabetes, 60：819-826, 2011
12) Ishikawa E, et al：J Exp Med, 206：2879-2888, 2009
13) Yamasaki S, et al：Proc Natl Acad Sci U S A, 106：1897-1902, 2009
14) Yamasaki S, et al：Nat Immunol, 9：1179-1188, 2008
15) Sun K, et al：Mol Cell Biol, 33：904-917, 2013
16) Jonker JW, et al：Nature, 485：391-394, 2012
17) Divoux A, et al：Diabetes, 59：2817-2825, 2010
18) Duval C, et al：Diabetes, 59：3181-3191, 2010
19) Khan T, et al：Mol Cell Biol, 29：1575-1591, 2009
20) Itoh M, et al：Am J Pathol, 179：2454-2463, 2011
21) Itoh M, et al：PLoS One, 8：e82163, 2013
22) Konuma K, et al：PLoS One, 10：e0121528, 2015

＜筆頭著者プロフィール＞

菅波孝祥：1994年 京都大学医学部卒業，同大学院医学研究科（中尾一和教授）を経て，2003年 東京医科歯科大学難治疾患研究所 助手（小川佳宏教授），'11年 同准教授，'13年 東京医科歯科大学大学院医歯学総合研究科 特任教授．'12年より科学技術振興機構 さきがけ研究者兼任．'15年より名古屋大学環境医学研究所分子代謝医学分野 教授．研究テーマは，生活習慣病の成因と治療に関する分子医学的研究．臨床応用を見据えた基礎医学研究に取り組む若手研究者を募集しています．

HP：http://www.riem.nagoya-u.ac.jp/4/mmm/access.html

第3章 疾患と細胞死

4. 重症薬疹における細胞死

阿部理一郎

> しばしば皮膚疾患において表皮細胞死がみられるが，これらの現象は皮膚の分化である角化が秩序立った細胞死を呈するので，異所性にみられた細胞死（個細胞角化）である可能性もある．しかしながら詳細な角化における細胞死の機序がいまだ不明であるため，類推の域を出ない．本稿では，おそらくは角化における細胞死とは別の機序である重症薬疹であるスティーブンス・ジョンソン症候群（SJS），中毒性表皮壊死症（TEN）でみられる表皮細胞死に絞り，その細胞死の機序について解説する．

はじめに

病理学的に広範な細胞死がみられる皮膚疾患として，移植片対宿主病（graft-versus-host disease：GVHD）と重症薬疹のスティーブンス・ジョンソン症候群（SJS），中毒性表皮壊死症（toxic epidermal necrolysis：TEN）があげられる．GVHDではドナー細胞がレシピエント細胞を異物と認識して攻撃する機序が明らかである一方，SJS/TENの発症機序はいまだ明らかでない点が多い．しかしながら，成人スティル病や扁平苔癬でも表皮細胞死がみられるが，これらの現象は皮膚の分化である角化が秩序立った細胞死を呈するので，いわゆる個細胞角化である可能性もある．しかしながら詳細な角化における細胞死の機序がいまだ不明であるため，類推の域を出ない．

本稿では，おそらくは角化における細胞死とは別の機序である重症薬疹（SJS/TEN）での表皮細胞死に絞り，その細胞死の機序について解説する．

1 重症薬疹の臨床

SJSは多形紅斑が広範囲に出現し，眼や粘膜病変，および発熱などの全身症状を伴うもののなかで体表面積10％未満のもので，TENは体表面積10％以上に水

[キーワード＆略語]
ネクロプトーシス，スティーブンス・ジョンソン症候群，中毒性表皮壊死症

GVHD：graft-versus-host disease
（移植片対宿主病）
FPR1：formyl peptide receptor 1
SJS：Stevens-Johnson syndrome
（スティーブンス・ジョンソン症候群）

TEN：toxic epidermal necrolysis
（中毒性表皮壊死症）
TNF：tumor necrosis factor（腫瘍壊死因子）

Cell death in severe cutaneous adverse drug reaction
Riichiro Abe：Division of Dermatology, Niigata University Graduate School of Medical and Dental Sciences（新潟大学大学院医歯学総合研究科皮膚科学分野）

Graphical Abstract

◆SJS/TENの発症機序

内服した薬剤により（免疫）反応が惹起され，単球からannexin A1が産生される．産生されたannexin A1が表皮細胞のネクロプトーシスを誘導することで，皮膚が剥離しSJS/TENを発症する．

疱・びらんを形成するより重症型の疾患である（**図1A**）．どちらも多くは薬剤が原因となる．SJSは眼症状などの重篤な後遺症を残すことがあり，またTENにいたってはいまだ致死率が20％程度と予後不良である．

病理学的に表皮または粘膜上皮における広範な細胞死がみられることが特徴である（**図1B**）．この細胞死により，皮膚びらん・潰瘍や角膜潰瘍などの臨床症状を呈する．

2 細胞死誘導因子

SJS/TENの病理学的特徴は，表皮細胞の広範なアポトーシスであるとされてきた．そのために皮膚・粘膜のびらんが引き起こされる．この現象はSJS/TENに特徴的な所見であり，骨髄移植後にみられるGVHDにも類似する．よって表皮細胞のアポトーシス誘導に関して多くの検討がなされてきた．

まずアポトーシスを誘導する因子に関しては，TNF-α，perforin，granzyme，可溶性CD40Lなどの関与が示唆されてきた[1]．つまり病変部で局所的に発現亢進し，表皮細胞にのみアポトーシスを引き起こすと考えられた．しかし，病変部位でのタンパク質発現レベルの増加がはっきりと示されたものはほとんどなく，さらに通常の薬疹を含め多種の疾患で発現亢進するものも多く，その疾患特異性は高くないと思われる．

アポトーシス受容体のFasと，そのリガンドであるFasLがともに表皮細胞上に発現し，この相互作用がSJS/TENの発症を引き起こすとの報告もあるが[2]，表皮細胞のFasL発現は疑問視されている．われわれはFasLの可溶化タンパク質の可溶性FasLについて検討を行い，可溶性FasLは原因薬剤刺激で末梢血細胞から産生され，発症時患者血清中の可溶性FasLが表皮細胞のアポトーシスを誘導することを見出した[3]．しかし，可溶性FasLは細胞死を示さないタイプの重症薬疹（薬剤性過敏症症候群）[4]，および劇症肝炎で血清濃度が上昇することから，疾患特異性は高くないと思われる．

一方Chungらは病変部水疱内浸潤細胞では，いくつかの細胞死誘導因子のmRNAレベルでの亢進がみられ，特にグラニュライシンが有意に上昇していることを見出した[5]．病変部位でのグラニュライシン発現は組織染色で確認されているがさらなる解析が必要と思われる．また可溶性FasLと同様，グラニュライシンも発症早期に血清濃度が上昇するが，濃度の継時的推移と病勢とは一致せず[6]，病態発症との直接的な関連は明らかでない．

3 病変部浸潤細胞

病変部の浸潤細胞はCD8$^+$T細胞が主であるとされ，いわゆる細胞傷害性T細胞であるので，種々のアポトー

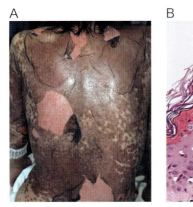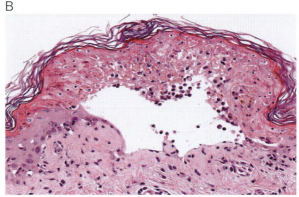

図1 重症薬疹（スティーブンス・ジョンソン症候群，中毒性表皮壊死症）
A）重症薬疹の臨床像．広範な皮膚剥離をきたす．B）重症薬疹の病理像．表皮の広範な細胞死がみられる．

シス誘導因子を産生できると思われる．実際病変部（水疱内）細胞は薬剤特異的CD8$^+$T細胞が多くあり，薬剤存在下でMHC class I 拘束性に表皮細胞傷害性を示すことが報告されてきた[7]．つまり原因薬剤が表皮細胞のMHC class I 上に提示され，それを認識するCD8$^+$T細胞が細胞死を誘導する．この結果は免疫学的には合目的であるが，なぜ表皮細胞特異的なのか疑問が残る．またNK細胞様活性を示すCD8$^+$T細胞（NK-CTL）がSJS/TENに重要であるとする報告もある[8]．NK-CTLは特異的にCD94/NKG2Cを発現し，CD94/NKG2Cと結合するHLA-Eは通常は表皮細胞に発現しないが，SJS/TEN病変部の表皮細胞には著明に発現する．NK-CTLはSJS/TEN発症時に有意に増加し，さらにNK-CTLはHLA-E発現細胞に細胞傷害を誘導するとしている．しかしなぜHLA-EがSJS/TENの表皮細胞にのみ発現されるか，など疑問点は多い．

4 ネクロプトーシスによる表皮細胞死

前に述べたように，SJS/TENにおける表皮細胞死はアポトーシスであるとされてきた．しかしながら，以前から，超微細構造の観察からアポトーシスよりもむしろネクローシスの形態を呈するとの報告があった[9]．われわれも，病変部表皮細胞死はアポトーシスとネクローシスが混在することを確認することができた．さらにネクローシスの形態をとる細胞死は，特定の受容体（formyl peptide receptor 1：FPR1）とそのリガンド（annexin A1）の相互作用によるシグナルで誘導されることも明らかにし，このSJS/TENにおける表皮細胞死は，プログラムされた，ネクローシス形態をとる細胞死（ネクロプトーシス）であることを明らかにした（図2）[10]．

興味深いことに，通常状態の表皮細胞にはFPR1は発現されず，重症薬疹病変皮膚でも発現がみられなかったが，SJS/TENの病変部皮膚において発現が亢進していた．注意すべき点は，病変部においてネクローシスとアポトーシスの形態をとる細胞死が混在してみられる点である．重層上皮である表皮において，ネクロプトーシスをきたした細胞に接する細胞はアポトーシスを誘導される可能性があると思われる．どちらの細胞死形態が発症病態に重要な初期の現象か見極めることが肝要であると考える．アポトーシスとネクロプトーシスのバランスがいかに調整されているかは不明であるが，ネクロプトーシスには遺伝的背景が関与していることも示唆される．

さらにSJS/TENにおける表皮細胞死がネクロプトーシスであるとすると，例えば全身性の著明な炎症反応がみられることなど，合目的な点が多々みられる．実際，表皮特異的FADD欠損マウスは，表皮の広範なネクローシスに加え，著明な炎症反応がみられる[11]．最近，表皮細胞においてRIP1はRIP3によるネクロプトーシスを抑制していることが明らかになり，アポトーシスよりも強く，ネクロプトーシスが皮膚における炎症やホメオスターシスを調節していることが示唆されて

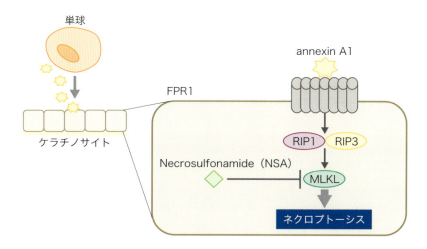

図2 SJS/TENにおける表皮細胞ネクロプトーシス機序
単球から放出されたannexin A1が表皮細胞に発現するFPR1と結合し，RIP1/3を介してネクロプトーシスをきたす．ネクロプトーシスのシグナルの1つであるMLKLの阻害剤（Necrosulfonamide）は，SJS/TENモデルマウスにおいて発症を抑制した．文献10をもとに作成．

いる[12]．

またわれわれの検討で，ネクロプトーシスの阻害剤（MLKL阻害剤）は，重症薬疹モデルマウスにおいて発症を抑制することを明らかにした．ネクロプトーシスがSJS/TENの治療ターゲットになりうると考え，現在，SJS/TENの治療薬としてのFPR1のアンタゴニストの開発を行っている．

おわりに

細胞死が発症病態に関与する皮膚疾患は，二次的に付随する現象を含めると多種にわたると予想される．特に，ネクロプトーシスは現象的に細胞死が強くみられる疾患以外にも，「炎症」の契機として重要なかかわりをもつことも考えられる．例えば乾癬においてTNF（tumor necrosis factor）は発症病態に深く関与することが，抗TNFα抗体が乾癬治療薬として用いられていることからも明らかであるが，その発症機序の詳細は不明な点が多い．最近，マウス表皮特異的NF-κB阻害により惹起される乾癬様病変においてTNF receptor 1依存性のIL-24増加とSTAT3シグナルの増強がトリガーとなることが報告されており[13]，これらの現象がTNF受容体を介するネクロプトーシスとかかわりがあるのか興味がもたれる．

今後もさまざまな皮膚疾患の発症病態に対する細胞死のかかわりが明らかになり，さらには治療のターゲットになることが期待される．

文献

1) Chung WH & Hung SI：J Dermatol Sci, 66：190-196, 2012
2) Viard I, et al：Science, 282：490-493, 1998
3) Abe R, et al：Am J Pathol, 162：1515-1520, 2003
4) Saito N, et al：Br J Dermatol, 167：452-453, 2012
5) Chung WH, et al：Nat Med, 14：1343-1350, 2008
6) Abe R, et al：Ann Intern Med, 151：514-515, 2009
7) Nassif A, et al：J Allergy Clin Immunol, 114：1209-1215, 2004
8) Morel E, et al：J Allergy Clin Immunol, 125：703-710, 2010
9) Heng MC & Allen SG：J Am Acad Dermatol, 25：778-786, 1991
10) Saito N, et al：Sci Transl Med, 6：245ra95, 2014
11) Bonnet MC, et al：Immunity, 35：572-582, 2011
12) Dannappel M, et al：Nature, 513：90-94, 2014
13) Kumari S, et al：Immunity, 39：899-911, 2013

＜著者プロフィール＞
阿部理一郎：1994年北海道大学医学部卒業後，北海道大学皮膚科教室で大河原章前教授，清水宏教授のもと重症薬疹などの皮膚疾患の研究を行ってきました．2015年9月から新潟大学に赴任しましたが，今後も新たな切り口で皮膚疾患の病態解明をめざしていきたいと思います．

第3章 疾患と細胞死

5. NLRC4変異による細胞死機能異常と疾患

安友康二

NLRC4は細胞内に侵入した細菌を感知するセンサーとして機能することが知られている．最近の研究により，NLRC4の遺伝子変異は，家族性寒冷蕁麻疹をはじめとする多様な自己炎症性疾患を引き起こすことが明らかになった．いずれのNLRC4変異も機能獲得型の変異であり，NLRC4の過剰活性化に依存した細胞死の亢進とサイトカイン産生が病態に関与していると考えられる．つまり，NLRC4は細菌のセンサーとして機能する一方で，その異常な活性化は各種炎症性疾患の発症に関与している可能性が示唆される．

はじめに

細胞死の過剰亢進あるいは適切な細胞死不全はさまざまな疾患に関与していると考えられる．例えば，自己炎症性疾患は，明らかな自己免疫応答や感染症が伴わないにもかかわらず，炎症性病態を呈する疾患群として定義され狭義には家族性に発症する遺伝性疾患を指す[1)2)]．一方，自己炎症性病態はアルツハイマー病，糖尿病などの発症にも関与することが示唆されていることから，自己炎症性病態は多様な炎症病態の基盤を形成していると考えられる．自己炎症性疾患を引き起こすインフラマソームの異常活性化は，過剰な細胞死を伴うことが明らかになっており，自己炎症性疾患の病態に細胞死が関与していると考えられる．本稿では，NLRC4変異による自己炎症性疾患に焦点を当て，NLRC4の機能とその遺伝子変異による自己炎症性疾患の病態について概説する．

[キーワード＆略語]
NLRC4，家族性寒冷蕁麻疹，寒冷刺激，炎症

CAPS：cryopyrin-associated periodic syndrome（クリオピリン関連周期熱症候群）
FCAS：familal cold autoinflammatory syndrome（家族性寒冷蕁麻疹）
NAIP：NLR family, apoptosis inhibitory protein
NLRC：nucleotide binding oligomerization domain-like receptor family CARD domain-containing protein

1 NLRC4の分子構造と機能

NLRC4はCARD，NOD，LRRドメインから構成され，細菌の侵入を感知する細胞内センサーとして機能することが知られている（図1）．NLRC4はフラジェリンあるいはPrgJなどをもつ細菌が細胞内に侵入すると，細胞内に存在するNAIP分子と結合しフラジェリンあるいはPrgJを認識する．マウスではNAIP5がフラジェリンをNAIP2がPrgJを特異的に認識すること

Mutations in NLRC4 cause dysregulated cell death and human diseases
Koji Yasutomo：Department of Immunology and Parasitology, Graduate School of Medicine, Tokushima University（徳島大学医歯薬学研究部生体防御医学分野）

Graphical Abstract

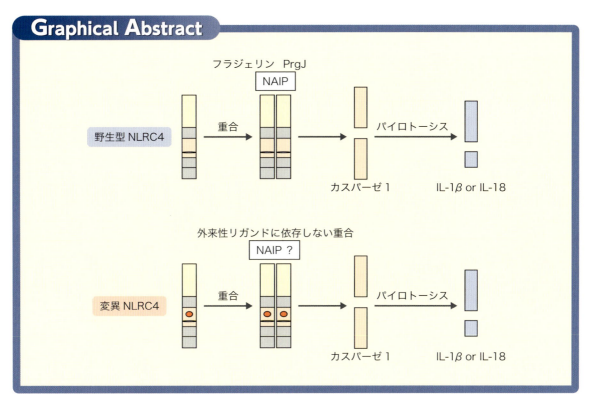

◆**NLRC4変異による過剰な細胞死とサイトカイン産生**
　NLRC4は細胞内に侵入した細菌がもつフラジェリンやPrgJをNAIPを介して認識する．その結果，NLRC4が重合してパイロトーシスとサイトカイン産生が誘導される．一方，変異NLRC4は外来生のリガンドが存在しなくても重合が促進されて，過剰な細胞死とサイトカイン産生が誘導される．

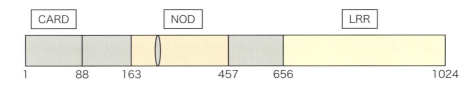

図1　NLRC4の分子構造

が報告されているが[3)4)]，ヒトではNAIPは1種類しか存在しない．PrgJ-NAIP2-NLRC4の構造解析の結果，NAIPによるリガンド認識によって，NLRC4構造変化を介しての重合が促進されることが明らかになった[5)6)]．その結果，プロカスパーゼ1が切断され活性化型のカスパーゼ1が産生される．活性化型カスパーゼ1はpro-IL-1βを分泌型のIL-1βへと変換させ，IL-1βが細胞外に分泌されるようになる．また，同時にパイロトーシスが誘導され，パイロトーシスによる細胞死がIL-1βの産生に必要であると考えられているが，細胞死に依存しないIL-1β産生機構の存在も完全には否定できない．これらの一連の反応によって，細菌感染を感知した生体がIL-1βを産生することによって，感染をコントロールすることができる．

2 家族性寒冷蕁麻疹

家族性寒冷蕁麻疹（FCAS）は寒冷刺激に曝露されると，蕁麻疹様発疹を発症する疾患群であり，重症例では蕁麻疹様発疹だけではなく，発熱や関節痛を伴うこともある．蕁麻疹様発疹の特徴は，通常の蕁麻疹とは異なり痒みを伴わないことである．FCASは，クリオピリン関連周期熱症候群（cryopyrin-associated periodic syndrome：CAPS）に属する疾患群として分類され，その最も軽症型がFCASである．FCASより重症の疾患としては，Muckle-Wells症候群，最重症型のCINCA症候群（NOMID）が知られている．

これまでの研究によって，CAPSの原因遺伝子としてNLRP3が同定されている[2]．NLRP3の機能獲得型のヘテロ変異が，NLRP3の過剰な活性化を誘導することで，活性化型カスパーゼ1が生成される．NLRC4の活性化と同様に，活性化型カスパーゼ1はpro-IL-1βを成熟型へと変換させ，IL-1βが細胞外へ分泌される．

一方，CAPSとして臨床的には診断されるが，NLRP3に変異をもたない症例があることが知られているが，その原因は明らかではなかった．

3 家族性寒冷蕁麻疹の原因遺伝子としてのNLRC4

われわれは日本人のFCASに罹患している1家系を見出した．ゲノム解析研究を開始する前に，NLRP3のエキソンおよびエキソンイントロン境界領域のDNAシークエンスを実施し，明らかな変異を見出すことができなかった．さらに，家系内のゲノムサンプルを用いて連鎖解析を実施したところ，NLRP3領域は病気とは連鎖していないことが明らかになった．以上から，本家系はNLRP3の変異に依存したFCASではないと考えられた．さらに，NLRP12の変異によってもCAPS様の疾患が発症することが報告されていることから[7]，NLRP12領域への連鎖を検討したが，NLRP12への連鎖も観察されなかった．この家系の罹患者の症状は，寒冷刺激に依存した痒みを伴わない蕁麻疹様発疹と関節痛や発熱が観察された．その症状はNLRP3に変異をもつ症例と差は認められなかった．

以上の解析から，本家系のFCASの発症にはNLRP3とNLRP12とは関連のない遺伝子変異が関与していると考えられたことから，家系内のゲノムサンプルを用いてエキソーム解析を実施した．家系内の6人の罹患者と1名の健常人のサンプルを用いて連鎖解析とエキソーム解析を実施した．その結果，NLRC4のミスセンス変異が同定された[8]．

われわれは，NLRC4変異はミスセンスのヘテロ変異であり，NODドメインの443番目のアミノ酸をヒスチジンからプロリンへ置換させていた（図2）．その変異領域は，各種の動物種間で保存されている領域であり，NLRC4の機能を制御する重要な部位と考えられた．

まず，変異NLRC4がカスパーゼ1の活性化を促進させるかを知るために，293T細胞に野生型NLRC4あるいは変異NLRC4とプロカスパーゼ1を遺伝子導入した．その結果，変異NLRC4を遺伝子導入した群のみで活性化型カスパーゼ1の増加が観察された．また，カスパーゼ1の活性化とともに，パイロトーシスの亢進も観察された．この培養系にはフラジェリンあるいはPrgJは存在しないことから，変異NLRC4は外来リガンドがなくても活性化すると考えられた．Native-PAGEでの検討でも変異NLRC4は細胞内で重合していることが観察されたこともその結果を支持する．これらの結果から，FCAS家系で認められたNLRC4変異は，外来性リガンの非存在下でもNLRC4の重合を促進させ，その結果カスパーゼ1の活性化を誘導していると考えられた．

4 Nlrc4トランスジェニックマウス

変異NLRC4が病態を引き起こしている分子機構を知るために，変異Nlrc4をインバリアント鎖プロモーター下で発現させたトランスジェニックマウス（Nlrc4 Tgマウス）を樹立した．Nlrc4 Tgマウスは8系統樹立し，いずれも関節炎および皮膚炎の症状を示した．その炎症症状はラインによって差があったが，一番重症な系統では生後3週から関節炎および皮膚炎の症状が観察された．それ以外の症状としては，著明な脾腫が観察された．脾臓の全細胞数はおおよそ2倍増加していたが，そのなかでもGr1とCD11bが共陽性の好中球の総体数が増加していた．T細胞分画では，CD4 T細胞およびCD8 T細胞のいずれの分画でも，

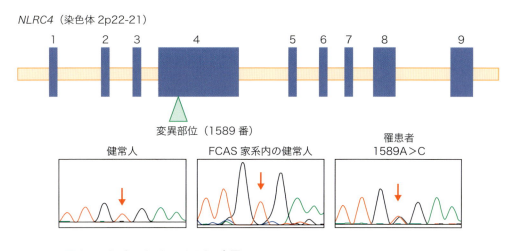

図2 FCASにおけるNLRC4変異
FCAS家系ではNLRC4のエキソン4（1589A＞C）にミスセンス変異がある．

CD44^{hi}CD62^{lo}の活性化したエフェクター細胞の増加が観察された．関節では好中球およびリンパ球の細胞浸潤が著明であり，20週齢のマウスでは関節内の骨破壊も観察された．皮膚では細胞浸潤とともに皮膚の肥厚と角化層の増生も認められた．

血清中サイトカインを測定したところ，血清IL-17Aが増加していたが，IL-6やTNF-αは検出されなかった．IL-17Aを産生している細胞を特定するためにフローサイトメーターでIL-17A産生細胞を検討した．その結果，脾臓ではGr1とCD11bが共陽性の細胞集団がIL-17Aの主要な産生細胞であることが明らかになった．

Nlrc4 Tgマウスでは変異Nlrc4が過剰に発現されていることから，野生型Nlrc4の過剰発現でも同様の変化が観察される可能性を否定するために，骨髄細胞にレトロウイルスを用いて野生型あるいは変異Nlrc4を過剰発現させ骨髄キメラマウスを樹立した．骨髄移植後，1.5カ月にキメラマウスの血清中のサイトカインを測定したところ，変異Nlrc4を遺伝子導入した骨髄キメラマウスでは，IL-17Aの産生高値が観察されたが，野生型Nlrc4を導入したマウスではそのような変化は観察されなかった．これらの結果から，Nlrc4 Tgマウスで認められている炎症病態は単にNlrc4が過剰発現した結果ではなく，変異Nlrc4がその原因であるという結果が強く支持された．

5 寒冷刺激と炎症

FCASでは，寒冷刺激に依存した炎症反応の誘導が臨床症状の特徴である．同様の応答が細胞レベルあるいはマウス個体レベルで観察できるかどうかについて検討した．マウス肥満細胞細胞株であるMC/9およびヒト由来の細胞株である293T細胞に，マウス野生型あるいは変異Nlrc4，ヒト野生型NLRC4あるいは変異NLRC4をそれぞれ遺伝子導入した．293T細胞については同時にpro-IL-1β遺伝子を遺伝子導入してIL-1β産生に与える影響を観察した．2つの細胞を32℃で培養したときに37℃培養群と比較してIL-1βの産生が亢進するかどうか検討した．その結果，両細胞ともに変異遺伝子を導入した群でのみ，IL-1βの産生が亢進することが明らかになった．

個体レベルでの検討では，Nlrc4 Tgマウスの足あるいは全身に寒冷刺激を与えた．その結果，足に寒冷刺激を5分間与えたときには，足背の著明な発赤と腫脹が観察され，全身寒冷刺激後では血清IL-1βの亢進が観察された．以上から，変異Nlrc4によって寒冷刺激に応答した細胞の活性化が増強されることが観察され，それがFCASの病態に直結していると考えられた．

6 炎症病態の分子機構

　Nlrc4 Tgマウスにおける炎症病態の分子機構を知るために，抗CD4，抗CD8，抗Thy1.2，抗Gr1抗体をNlrc4 Tgマウスに投与して，それぞれの細胞集団を除去することでIL-17Aを産生している主要な細胞集団を特定することを試みた．Gr1抗体で好中球を除去すると血清IL-17A値は低下することが観察できた．一方，抗CD4，抗CD8，抗Thy1.2の投与ではIL-17Aの産生低下は観察できなかったことから，T細胞の血清中IL-17Aの産生における役割は低いと考えられた．さらに，IL-1β阻害抗体を投与した場合にもIL-17Aの値の低下が観察された．これらの結果から，血清IL-17Aの産生にはIL-1βとGr1陽性細胞が関与していることが明らかになった．

　次に，各種抗体投与後に足の腫脹を測定することで，炎症病態を制御している分子機構を検討した．その結果，抗CD4，抗CD8，抗Thy1.2抗体を投与した場合には炎症病態は変化しなかったが，抗Gr1抗体投与では炎症病態の軽減が観察できた．さらに，抗IL-1β抗体および抗IL-17A抗体の投与によっても炎症病態は軽減した．つまり，変異Nlrc4 Tgマウスにおいては，Nlrc4の活性化によりIL-1βの産生が亢進し，その結果好中球からのIL-17Aが産生増強されると考えられた．そのIL-17Aによって好中球の浸潤と活性化がさらに促進され，組織での炎症が誘導されていると考えられた．

7 NLRC4の変異と他の病態

　われわれの発表と同時期に海外のグループから，マクロファージ活性化症候群あるいは腸炎を主体とする自己炎症病態がNLRC4の変異に起因しているという報告がなされた[9)10)]．これらの報告で認められている変異の部位は日本人家系の変異部位とは異なることから，NLRC4変異の場所によって引き起こされる病態は異なることが示唆された．

おわりに

　NLRC4は生理的には細菌の侵入を感知するセンサーとして機能するが，われわれの結果からNLRC4が過剰に活性化すると炎症病態が引き起こされることが明らかになった．今後の研究課題としては，NLRC4はヒト炎症性疾患の発症に関与するのかどうかということが明らかにされなくてはならない．また，パイロトーシスを介した細胞死とIL-1βの産生はリンクするが，細胞死そのものがどれくらい病態の進展に関与するかについても明らかにする必要がある．

　疾病の治療という観点からは，NLRP3の変異によるCAPSはIL-1βの阻害により治療効果が得られているが，変異NLRC4による病態もIL-1βの阻害だけで十分かどうかについては今後の検討が必要である．その理由としては，NLRC4変異ではIL-18の産生が過剰に亢進していることが挙げられるため，IL-18の病態との関与については今後明らかにされなくてはならない．薬剤開発という点では，最近NLRP3の阻害剤が報告されているが，IL-1βの阻害に加えてより特異性をもたせるためにはNLRC4を阻害する薬剤の開発も必要になってくると思われる．

文献

1) Chen GY & Nuñez G：Nat Rev Immunol, 10：826-837, 2010
2) Aksentijevich I & Kastner DL：Nat Rev Rheumatol, 7：469-478, 2011
3) Kofoed EM & Vance RE：Nature, 477：592-595, 2011
4) Zhao Y, et al：Nature, 477：596-600, 2011
5) Hu Z, et al：Science, 350：399-404, 2015
6) Zhang L, et al：Science, 350：404-409, 2015
7) Jéru I, et al：Arthritis Rheum, 63：1459-1464, 2011
8) Kitamura A, et al：J Exp Med, 211：2385-2396, 2014
9) Canna SW, et al：Nat Genet, 46：1140-1146, 2014
10) Romberg N, et al：Nat Genet, 46：1135-1139, 2014

<著者プロフィール>
安友康二：1990年徳島大学医学部医学科卒業，2001年より現職．家族性免疫疾患の原因遺伝子を同定する研究から，免疫疾患の病因を知ることをめざしている．

第3章 疾患と細胞死

6. Sharpin欠損マウスを用いた アポトーシスおよび皮膚炎症研究

池田史代

Sharpin欠損マウス（Cpdm）では，多臓器における炎症が誘発される．特に，皮膚炎症が顕著であり，ケラチノサイトにおけるアポトーシス亢進が観察される．この皮膚炎症とアポトーシスの亢進は，腫瘍壊死因子（tumor necrosis factor：TNF）などの炎症性シグナル調整にかかわる多くの因子の遺伝子欠損により抑制される．Sharpinは，LUBAC（linear ubiquitin chain assembly complex）とよばれるE3ユビキチンリガーゼ複合体の制御サブユニットであり，直鎖型ユビキチン鎖依存的な炎症性シグナルを調節する．本稿においては，細胞死と皮膚炎症におけるSharpinの役割を分子学的視点および，生物学的視点よりそれぞれ考察する．

はじめに

最近，細胞死，特にアポトーシスシグナルの制御における，LUBAC E3ユビキチンリガーゼ複合体の関与が示唆された[1〜6]．特に，LUBAC複合体を構成する制御因子の1つであるSharpin[※1]を欠損したCpdmマウス[※2]（chronic proliferative dermatitis mouse）においては，皮膚炎症とケラチノサイトのアポトーシスが顕著である[2, 5, 7, 8]．LUBACは，直鎖型ユビキチン鎖[※3]という，古典的なリジン基（Lys）ではなくメチオニン基（Met）を介して結合するユニークなユビキチン鎖を形成する．直鎖型ユビキチン鎖，およびLUBACのアポトーシス，そして炎症性反応シグナルにおける役割は，近年の研究により少しずつ明らかにされてきた．しかしながら，それらの生物学的機能および制御機構については，いまだ解明されていない部分が多い．本稿においては，最近のSharpin欠損マウス（Cpdm）を用いた細胞死と皮膚炎症制御研究について，

※1 Sharpin
触媒領域をもつHOIP，もう1つの制御因子HOIL-1LとLUBAC複合体を構成し，直鎖型ユビキチン鎖を特異的に誘導する[10]．免疫反応シグナル経路，細胞死，発生，がんの制御に重要な役割を果たす[10]．

※2 Cpdmマウス
1995年に皮膚炎症を自然発症するマウスラインとして報告され[7]，その後Sharpin遺伝子の点変異が報告された[8]．この変異は終止コドンを誘導し，Sharpin欠損マウスとして使われている．

※3 直鎖型ユビキチン鎖
LUBAC E3ユビキチンリガーゼにより形成される，内在性のメチオニン基（Met 1）を介した直鎖状のポリマー．

Skin inflammation and apoptosis in Sharpin-deficient mice
Fumiyo Ikeda：Institute of Molecular Biotechnology（IMBA）

Graphical Abstract

◆ **TNF刺激による活性化シグナルとSharpinの分子的役割**

TNFはその受容体TNFRと結合し，TRADD，TRAF2/5，RIP1，cIAPなどを含むTNFR複合体Ⅰを形成する．TNFはいくつもの下流シグナルを活性化するが，Sharpin，HOIPおよびHOIL-1Lを含むLUBAC複合体（青）は，そのなかでも古典的NF-κBシグナルおよびTNFR複合体Ⅱを介したアポトーシスシグナルを制御する．このシグナル経路においては，多くの因子がユビキチン化されることが知られている（A）．一方，皮膚炎症が顕著であるSharpin欠損マウスにおいては，NF-κBシグナル活性の抑制とTNFR複合体Ⅱシグナル経路の亢進により，ケラチノサイトにおけるアポトーシスと皮膚炎症が観察される（B）．

直鎖型ユビキチン鎖に注目しながら，分子学的な視点，そして，生物学的視点の両サイドから考察する．

1 Sharpinによる細胞内シグナルの制御 ―分子学的視点より

1）生存と死を制御するTNFシグナルとユビキチン

i）TNF刺激によるシグナル伝達とE3ユビキチンリガーゼ

炎症性サイトカインTNFは，その受容体であるTNFR（TNF receptor）と結合すると，細胞内シグナル伝達のためにTNFR複合体Ⅰを構成する因子をリクルートする（**Graphical Abstract**）[9)10)]．TNFR複合体Ⅰ構成因子の1つであるcIAP（cellular inhibitor of apoptosis）E3ユビキチンリガーゼは，その酵素活性がシグナル伝達に必須である．また，その下流において活性化されるLUBAC E3ユビキチンリガーゼ複合体もシグナル伝達に重要な役割を果たす．さらに，cIAP, TRAF（TNFR-associated factor），RIP1（receptor-interacting protein 1）などの複合体構成因子のいくつかは，さまざまな結合型のポリユビキチンにより翻訳後修飾される[9)]．このユビキチン鎖により，下流のシグナル複合体がさらにリクルートされ，TAB2（TAK1-binding protein 2）/ TAK1（TGF-β-activated kinase 1）キナーゼ複合体，IKK（IκB kinase）キナーゼ複合体の活性化，そして下流のシグナルの活性化が連続的に誘導される[9)]．IKKキナーゼ複合体の下流であるNF-κB（nuclear factor-κB）は，抗アポトーシス因子であるc-FLIP〔cellular FLICE（FADD-like IL-1β-converting enzyme）-inhibitory protein〕遺伝子の転写を誘導することから，NF-κBシグナルは抗アポトーシスシグナルとして知られている[9)]．一方，TNFR複合体Ⅰは，TNFR複合体Ⅱを再構成することによりアポトーシス誘導シグナルも活性化することが知られており，TNFシグナルはまさに，生存とアポトーシスのバランスを請け負う重要なシグナル経路であるといえる[9)]．

ⅱ）TNFシグナル経路におけるユビキチン鎖の結合型

先に述べたように，E3ユビキチンリガーゼによる基質のユビキチン化はTNFシグナル伝達において重要な役割を果たしている．E3ユビキチンリガーゼはE2ユビキチン結合酵素と共同してユビキチン鎖の結合型，そして基質を決定する[9)]．ユビキチン鎖の結合型は非常に重要で，結合型により基質の運命が左右される．例えば，TNFR複合体ⅠのE3ユビキチンリガーゼであるcIAPはLys11結合型，Lys48結合型もしくはLys63結合型ユビキチン鎖の形成を誘導することができる[11)]．Lys11もしくはLys63結合型ユビキチン鎖は，シグナル複合体形成の誘導に重要である一方，Lys48結合型ユビキチン鎖は，プロテアソーム依存性の基質分解を誘導する[12)]．よって，cIAP E3ユビキチンリガーゼが，どの結合型ポリマーを形成するのか，そしてどの因子が基質であるかを理解することは非常に重要である．

[キーワード&略語]

Sharpin, LUBAC, 直鎖型ユビキチン鎖, 皮膚炎症, アポトーシス

c-FLIP：cellular FLICE（FADD-like IL-1β-converting enzyme）-inhibitory protein
cIAP：cellular inhibitor of apoptosis
Cpdm：chronic proliferative dermatitis mouse
FADD：Fas-associated death domain
HOIL-1L：heme-oxidized IRP2 ubiquitin ligase-1
HOIP：HOIL-1-interacting protein
IBR：in between ring fingers
IKK：IκB kinase
LDD：linear ubiquitin chain determining domain
LUBAC：linear ubiquitin chain assembly complex
MLKL：mixed lineage kinase domain-like
NEMO：NF-κB essential modifier
NF-κB：nuclear factor-κB
RBR：RING in between RING
RING：really interesting new gene
RIP1：receptor-interacting protein 1
RIP3：receptor-interacting protein 3
TAB2：TAK1-binding protein 2
TAK1：TGF-β-activated kinase 1
TNF：tumor necrosis factor（腫瘍壊死因子）
TNFR：TNF receptor（腫瘍壊死因子受容体）
TRADD：TNFR1-associated death domain
TRAF：TNFR-associated factor

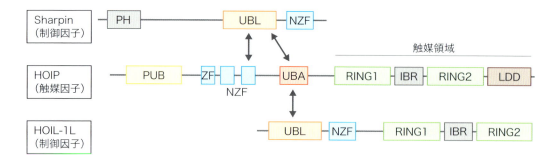

図　LUBAC複合体を構成する因子
LUBAC複合体は触媒因子であるHOIP，2つの制御因子であるSharpinとHOIL-1Lから構成される．HOIPの触媒領域はC末端のRING1-IBR-RING2（RBR），LDDの各部位よりなることから，HOIPはRBR E3リガーゼファミリーに属する．制御因子であるSharpinはそのUBL部位を介して，HOIPのNZF部位と結合する．また，もう1つの制御因子HOIL-1Lは，そのUBL部位を介してHOIPのUBA部位と結合する．制御因子であるSharpinとHOIL-1LがHOIPと結合することが，HOIPの酵素活性に重要であることが明らかになっている．

近年，桐浴らによりユニークなE3ユビキチンリガーゼ複合体，LUBACが発見された[13]．その後の研究成果により，LUBACはHOIP（HOIL-1-interacting protein）というE3ユビキチンリガーゼ活性部位を有する因子，そしてHOIL-1L（heme-oxidized IRP2 ubiquitin ligase-1）とSharpinの2つの制御因子からなることが明らかになった（**図**）[2) 5) 14)]．LUBACの特徴は，形成するユビキチン鎖の結合型特異性が直鎖型（Met1結合型）にあることである．直鎖型ユビキチン鎖は，Lys63結合型ユビキチン鎖と同様に，タンパク質分解ではなく，シグナル制御に重要であると考えられている[12) 15)]．

ⅲ）TNFシグナルにおけるLUBACと直鎖型ユビキチン鎖の役割

LUBAC複合体は，直鎖型ユビキチン鎖を特異的に誘導できる唯一のE3ユビキチンリガーゼとして知られている．この複合体における酵素活性中心はHOIPに存在する（**図**）[13]．HOIPの酵素活性領域であるRING（really interesting new gene）1-IBR（in between ring fingers）-RING2-LDD（linear ubiquitin chain determining domain）は，直鎖型ユビキチン鎖形成に2つの制御因子を必要としない（**図**）．興味深い点は，全長HOIPの場合は，直鎖型ユビキチン鎖形成に，制御因子であるHOIL-1LもしくはSharpinを必要とすることである[16]．これまでに知られているE3ユビキチンリガーゼと同様に，LUBACにおいても，特定基質のユビキチン化が下流シグナル制御に重要な役割を果たす．LUBACの基質としてよく知られるものとしてはNEMO（NF-κB essential modifier）があげられ，NEMOの直鎖型ユビキチン化は下流のNF-κB活性化に非常に重要であることがわかっている（**Graphical Abstract**）[2) 5) 6) 14)]．さらに，NEMOは基質として機能するのみならず，直鎖型ユビキチン鎖を特異的に認識することによってもNF-κB活性の制御に重要な役割を果たしている[17]．

2）SharpinによるTNF依存的アポトーシスシグナル制御

ⅰ）アポトーシスシグナル制御におけるLUBACの役割

先に述べたように，NF-κBシグナルは抗アポトーシスシグナルであり，そのシグナルの制御にLUBACは必須的役割を果たしている．LUBACの構成因子を欠損した細胞では，TNF依存的なアポトーシスが亢進されることが示されている[2) 5) 6)]．では，LUBACによる直鎖型ユビキチン鎖形成は細胞死制御にかかわっているのであろうか．Peltzerらの研究[1]により，マウス胎仔由来線維芽細胞において，HOIPの酵素活性が抗アポトーシス効果に必須であることが示された．この結果は，LUBACによる直鎖型ユビキチン鎖形成が抗アポトーシスに重要であることを示唆する．しかしながら，アポトーシスシグナル経路におけるLUBACの標的基質の存在についてはこれまでのところよくわかっていない．

ⅱ）アポトーシス制御における Sharpin の役割

　LUBAC の制御因子である Sharpin の欠失も TNF 依存性のアポトーシス誘導を顕著に引き起こす[2)5)]．生化学的には，Sharpin の非存在下であっても，HOIP と HOIL-1L は直鎖型ユビキチン鎖形成を誘導できる[13)]ことを踏まえると，非常に興味深い結果である．Sharpin を欠損した細胞において引き起こされるアポトーシスは，TNFR 複合体Ⅱ特異的に機能するカスパーゼ8，および FADD（Fas-associated death domain）（**Graphical Abstract**）を抑制することによって，有意に回復する[2)]ことから，Sharpin の TNFR 複合体Ⅱを介したアポトーシス誘導における機能が示唆される．一方で，HOIL-1L を欠失したマウス胎仔由来線維芽細胞においては，顕著なアポトーシス誘導は観察されない[2)]．これらのデータを総合的に考察すると，Sharpin を含めた LUBAC による基質選択がアポトーシスシグナル制御に重要であると予測される．

2 Sharpin 欠損マウスの表現型とその制御機構―生物学的視点より

1）LUBAC を構成する因子の欠損マウスの表現型

　これまでに，HOIP 欠損マウス[1)]，HOIP 不活型変異体マウス[18)19)]，HOIL-1L 欠損マウス[6)]，Sharpin 欠損マウス（Cpdm）[8)]についての解析が行われている．HOIP 欠損マウス，および HOIP 不活型変異体ノックインマウスは胚発生段階において致死にいたる[1)18)]．また，B 細胞特異的 HOIP-RBR（RING in between RING）部位の欠損は，B 細胞分化および CD40 リガンド依存性の B 細胞内シグナル伝達を抑制する[19)]．HOIP 欠損マウスの胚発生致死の表現型は，TNF もしくは TNFR の欠損により一部解消される[1)]ことから，TNFR シグナルの関与が示唆される．一方，HOIL-1L 欠損マウスは，RBR 部位をターゲットしたマウスで，胚発生段階においては顕著な表現型は観察されない[6)]．興味深いことに，もう1つの LUBAC 制御因子である Sharpin 欠損マウス（Cpdm）においては，皮膚，腸管，食道，肺，リンパ節，胃，関節を含めた多臓器の炎症が観察される[8)]．さらに，T 細胞，B 細胞数の異常，脾腫，二次リンパ組織の形成異常，体重減少が観察される（**表**）．なぜ LUBAC の制御因子である HOIL-1L および Sharpin 両因子のそれぞれの欠損マウスが，表現型の違いを示すのかについては解明されていない．

2）Sharpin 欠損マウス（Cpdm）の皮膚炎症と細胞死の回復

　Sharpin 欠損マウス（Cpdm）における皮膚炎は5週齢頃から観察され，週齢を追うごとにその重症度が増す[7)]．Cpdm マウスの皮膚組織の病理学的解析によると，上皮細胞マーカーであるケラチン14陽性細胞層が，コントロールマウスの皮膚に比較して有意に厚くなっており，また，ケラチノサイトにおける重度のアポトーシスが観察される（**表**）[2)5)]．Cpdm マウスの皮膚炎症の表現型は TNFR1 欠損，もしくは TNF 欠損によって救出されるが[5)]，TNFR2 欠損では救出されない[3)]ことから TNF-TNFR1 シグナルの重要性が示唆される．

　Cpdm マウスの皮膚炎症と細胞死の関係を理解するために，細胞死に重要な因子の欠損マウスを用いた遺伝学的解析が行われてきた（**表**）．ネクロプトーシスシグナル伝達に重要な RIP3（receptor-interacting protein 3），もしくは MLKL（mixed lineage kinase domain-like）欠損マウスは皮膚炎症の発症を遅延させることから[3)]，Cpdm マウスの表現型にはネクロプトーシスが関与していることが示唆される．また，RIP3 の重要な上流因子である RIP1 のキナーゼ不活変異体 $Rip1^{K45A/K45A}$ マウスは Cpdm マウスにおける炎症と生存を救出する[20)]．一方で，アポトーシスに重要である TRADD（TNFR1-associated death domain）の上皮特異的欠損，もしくは FADD の上皮特異的欠損と RIP3 のダブル欠損は Cpdm マウスの皮膚炎症を有意に抑制することから，アポトーシスとの関連も強く示唆される[4)]．非常に興味深いことに，アポトーシスに重要なカスパーゼ8のヘテロ欠損は Cpdm マウスの皮膚炎症の発症を遅延し，カスパーゼ8のヘテロ欠損および RIP3 欠損は Cpdm マウスの多臓器における表現型をほぼ完全に救出する[3)]．さらにカスパーゼ1とカスパーゼ11のダブル欠損（$Ice^{-/-}$）[21)]も Cpdm マウス皮膚炎症表現型と細胞死を救出する．これらの結果を総合的に考察すると，Cpdm マウスの皮膚組織における表現型は，複雑に制御されている細胞死シグナルが深く関与することが理解できる．また，上皮特異的な

表　Sharpin遺伝子改変マウスモデル

遺伝子	遺伝子型	表現型	文献
Sharpin	Sharpin$^{cpdm/cpdm}$	多臓器における炎症（皮膚，胃，肺，肝，関節），アポトーシス（皮膚，肺，肝），脾腫，パイエル板形成不全，血清IgM上昇	7, 8
	Sharpin$^{cpdm/cpdm}$; Tnfr1$^{-/-}$	炎症，アポトーシス，脾腫の改善，パイエル板形成不全	3
	Sharpin$^{cpdm/cpdm}$; Tnfr2$^{-/-}$	Sharpin$^{cpdm/cpdm}$表現型に影響なし	3
	Sharpin$^{cpdm/cpdm}$; Il1r$^{-/-}$	皮膚炎発症時期の遅延	3
	Sharpin$^{cpdm/cpdm}$; Tnf$^{-/-}$	皮膚および肝における炎症の阻止	5
	Sharpin$^{cpdm/cpdm}$; Rip1$^{K45A/K45A}$	生存の回復，炎症（皮膚，肝，関節，肺）の改善，IgM量の回復	20
	Sharpin$^{cpdm/cpdm}$; FADD^{EKO}; Rip3$^{-/-}$	皮膚における炎症およびアポトーシスの改善	4
	Sharpin$^{cpdm/cpdm}$; TRADD^{EKO}	皮膚における炎症およびアポトーシスの改善	4
	Sharpin$^{cpdm/cpdm}$; TNFR1^{EKO}	皮膚における炎症およびアポトーシスの改善	4
	Sharpin$^{cpdm/cpdm}$; Rip3$^{-/-}$	皮膚炎発症時期の遅延，炎症（肝）および脾腫の改善	3
	Sharpin$^{cpdm/cpdm}$; Mlkl$^{-/-}$	皮膚炎発症時期の遅延，炎症（肝）および脾腫の改善	3
	Sharpin$^{cpdm/cpdm}$; Casp8$^{wt/-}$	皮膚炎発症時期の遅延	3
	Sharpin$^{cpdm/cpdm}$; Casp8$^{wt/-}$; Rip3$^{-/-}$	パイエル板形成不全を含めたSharpin$^{cpdm/cpdm}$表現型の改善	3
	Sharpin$^{cpdm/cpdm}$; Casp8$^{-/-}$; Rip3$^{-/-}$	誕生2日後にてほぼ致死にいたるが，生き延びたマウスは皮膚における表現型なし	3
	Sharpin$^{cpdm/cpdm}$; Bid$^{-/-}$	Sharpin$^{cpdm/cpdm}$表現型に影響なし	3
	Sharpin$^{cpdm/cpdm}$; Ice$^{-/-}$	皮膚における炎症およびアポトーシスの改善	21

文献10をもとに作成．

TNFR1欠損，もしくは上皮特異的なTRADD欠損，そしてFADD上皮特異的欠損およびRIP3のダブル欠損により，Cpdmマウスの皮膚炎症が救出されることは，ケラチノサイト内因性の機能に依存すると考察される．

おわりに

2006年にLUBAC構成因子であるHOIPとHOIL-1Lが in vitro において直鎖型ユビキチン鎖を形成することが解明され[13]，2009年にはHOIPとHOIL-1Lおよび，直鎖型ユビキチン鎖がTNFRを介したNF-κBシグナルに重要であることが3つのグループから発表された[6)17)22)]．直鎖型ユビキチン鎖による細胞内シグナル制御は新しい概念であり，シグナリングに重要であるユビキチン鎖としてよく知られるLys63結合型との違いなどを含めて，直鎖型ユビキチン鎖のNF-κBシグナル関与については，研究分野において特に議論が積み重ねられた．2011年にはSharpinがLUBACの3つ目の構成因子であることが発見され，また

Cpdmマウスの遺伝学的解析も同時に行われたことから[2)5)14)]，現在では直鎖型ユビキチン鎖の免疫反応シグナルにおける役割についての概念は確立されたといえる．最近，自己免疫疾患，もしくは筋原性疾患患者においてLUBACを構成する因子の遺伝子変異が同定された[23]ことから，LUBACの疾患における機能も強く示唆されている．Sharpin以外のLUBAC構成因子の欠損マウスがCpdmマウスとは異なる表現型を示すことは非常に興味深く，今後，SharpinのLUBAC構成因子としての機能とSharpin単一分子としての機能の違いが明らかにされることが期待される．さらに，Sharpin依存的なLUBACによる直鎖型ユビキチン化される基質の同定は，Sharpin欠損マウスの表現型をより深く理解するために非常に重要であると考えられる．

文献

1) Peltzer N, et al：Cell Rep, 9：153-165, 2014
2) Ikeda F, et al：Nature, 471：637-641, 2011
3) Rickard JA, et al：Elife, 3：doi:10.7554/eLife.03464, 2014

4) Kumari S, et al：Elife, 3：doi:10.7554/eLife.03422, 2014
5) Gerlach B, et al：Nature, 471：591-596, 2011
6) Tokunaga F, et al：Nat Cell Biol, 11：123-132, 2009
7) Gallardo Torres HI, et al：Pathobiology, 63：341-347, 1995
8) Seymour RE, et al：Genes Immun, 8：416-421, 2007
9) Asaoka T & Ikeda F：Int Rev Cell Mol Biol, 318：121-158, 2015
10) Ikeda F：Immunol Rev, 266：222-236, 2015
11) Silke J & Vucic D：Methods Enzymol, 545：35-65, 2014
12) Ikeda F, et al：Cell, 143：677-681, 2010
13) Kirisako T, et al：EMBO J, 25：4877-4887, 2006
14) Tokunaga F, et al：Nature, 471：633-636, 2011
15) Ikeda F & Dikic I：EMBO Rep, 9：536-542, 2008
16) Stieglitz B, et al：EMBO Rep, 13：840-846, 2012
17) Rahighi S, et al：Cell, 136：1098-1109, 2009
18) Emmerich CH, et al：Proc Natl Acad Sci U S A, 110：15247-15252, 2013
19) Sasaki Y, et al：EMBO J, 32：2463-2476, 2013
20) Berger SB, et al：J Immunol, 192：5476-5480, 2014
21) Douglas T, et al：J Immunol, 195：2365-2373, 2015
22) Haas TL, et al：Mol Cell, 36：831-844, 2009
23) Elton L, et al：Immunol Rev, 266：208-221, 2015

＜著者プロフィール＞
池田史代：大阪大学歯学部卒．同大学院歯学研究科 米田俊之研究室にて，RANKLシグナルの研究により学位取得．同研究室にて研究員，および特任助教として研究に従事した後，2005年よりフランクフルト大学Dikicラボにてポスドク，スタッフサイエンティストとして免疫反応シグナルとユビキチン関連の研究を遂行．'11年よりIMBA（ウィーン）にて，独立グループリーダーとしてユビキチンシグナルの免疫反応における役割に注目して研究を続けている．

第3章 疾患と細胞死

7. 細胞死からみた肝線維化の制御機構

田中 稔

> 肝臓は再生する臓器として知られ，障害が一過的な急性肝炎であれば，適切な再生により修復される．しかし，肝障害が慢性化すると細胞死と再生をくり返し，肝線維化へ進行する．その要因として最も重要な細胞は，線維の主たる産生源となる肝星細胞であるが，肝障害の起点となる細胞死と肝星細胞までの間にはさまざまな細胞種による制御機構が存在する．本稿では障害から肝線維化に至るまでの細胞間相互作用について概説するとともに，特に肝線維化における細胞死の意義や死細胞から放出される因子の役割について，われわれが得た知見を交えつつ論じる．

はじめに

　肝臓は体内最大の臓器であり，その機能は各種生体構成成分の生合成や代謝，解毒，胆汁の産生など多岐にわたる．薬物の多くは肝臓で代謝されることでさまざまな中間代謝物を生成するが，肝毒性を発揮する代謝物はときに肝障害を引き起こす．肝障害の要因としては薬物以外にも，ウイルス感染，免疫異常，代謝異常などがあげられるが，いずれの場合も血液中の多様な免疫細胞による炎症反応を伴った肝細胞死が肝炎の主要な病態となる．肝臓は古より再生する臓器として知られるが，障害が慢性化し再生と破壊がくり返されると，肝臓内にコラーゲンなどの細胞外基質が蓄積する肝線維化が進行し肝臓を硬化させる．肝線維化は再生不良や肝機能の低下，門脈圧の亢進などさまざまな障害の要因となるだけでなく，肝がんの発生母地（が

[キーワード&略語]
肝星細胞，肝類洞内皮細胞，DAMPs，Sema3E，IL-33

- **CTGF**：connective tissue growth factor（結合組織成長因子）
- **DAMPs**：damage-associated molecular patterns（損傷関連分子パターン）
- **HGF**：hepatocyte growth factor（肝細胞増殖因子）
- **ILC2**：type2 innate lymphoid cell
- **MMP**：matrix metalloproteinase（マトリックス分解酵素）
- **PDGF**：platelet derived growth factor（血小板由来成長因子）
- **PGE2**：prostaglandin E2
- **poly (I:C)**：polyinosinic-polycytidylic acid
- **SDF-1**：stromal-derived factor-1
- **Sema3E**：Semaphorin 3E
- **TGF-β**：transforming growth factor β
- **TIMP**：tissue inhibitor of metalloproteinase

Regulatory mechanisms of liver fibrosis from the view point of hepatic cell death
Minoru Tanaka：Department of Regenerative Medicine, Research Institute, National Center for Global Health and Medicine（国立国際医療研究センター研究所細胞組織再生医学研究部）

Graphical Abstract

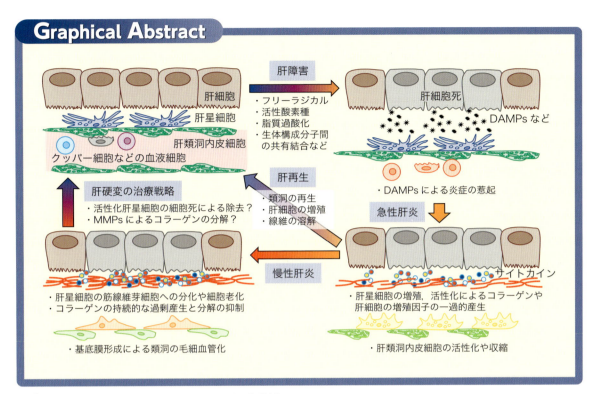

◆ 肝障害後の再生と線維化にかかわる細胞動態

薬物性肝障害では，反応性の高い中間代謝物が肝細胞に障害を与える．DAMPsを含む死細胞から放出される因子は，免疫細胞をはじめとする非実質細胞にさまざまな生体応答を惹起し，肝星細胞の活性化に寄与する．急性肝障害における肝星細胞の一過的活性化は肝再生に寄与する一方，慢性肝障害での持続的活性化は肝線維化の主要な原因となる．

んが発生する場所）ともなる．肝障害後の再生や線維化の研究は，主にラットやマウスを用いた実験動物により行われてきた．日本では肝炎患者の約8割はウイルス感染によるものであるが，B型肝炎ウイルスやC型肝炎ウイルスはマウスやラットなどの実験動物の肝細胞では感染が成立しない．そこで，慢性肝炎時の線維化や再生機構の研究には，主に薬剤を持続的に投与することで慢性肝炎を模倣する方法がとられてきた．このような肝障害モデルを用いた研究から，急性肝障害時の再生と慢性肝障害時の肝線維化では，肝臓内のさまざまな細胞の役割や細胞間相互作用に違いがみられることがわかってきている．

1 肝臓の線維化

1）肝臓の構造と構成細胞

肝臓は肝機能の中心を担う肝細胞とそれ以外の非実質細胞群により構成される（**Graphical Abstract**）[1]．肝臓に流入してきた血液は肝特有の血管網である類洞を通り，中心静脈へ集められるが，その過程で類洞の周囲に存在する肝細胞と血液間でさまざまな物質の交換が行われる．類洞を構成する肝類洞内皮細胞と肝細胞の間にはビタミンAを貯蔵する肝星細胞とよばれる細胞が存在し，肝類洞内皮細胞を裏打ちしている．肝臓にはこれらの細胞以外にも肝常在マクロファージであるクッパー細胞をはじめとするさまざまな免疫細胞が存在し，肝臓の炎症や免疫にかかわる．類洞には通常の血管にみられるような基底膜は存在せず，肝類洞内皮細胞の細胞体には篩板構造（"篩"とはふるいを意味する）とよばれる無数の穴が存在するなど，血漿成分を含むさまざまな物質が肝細胞側へ移行するのに適した構造となっている．そのため，肝臓は他の臓器と比べて基底膜成分の1つであるコラーゲンがきわめて少ない臓器であるが，慢性的な肝疾患ではコラーゲン

などの細胞外基質が肝臓内に蓄積する線維化を認める．肝線維化がさらに進行して硬くなった状態を肝硬変とよぶが，その有効な治療法は確立されていない．

2) 肝臓の再生と線維化

ラットやマウスを用いた薬剤性肝障害モデル実験で使用される四塩化炭素やアセトアミノフェンといった薬剤は，肝細胞で代謝されることで毒性（反応性）の高い中間代謝産物を生成するため，肝細胞自体が障害を受け死に至る．薬剤の投与が単回であれば，急性肝炎を発症した後，肝臓は再生へと向かう（**Graphical Abstract**）．この再生過程では，まず損傷を受けて死に陥った肝細胞からDAMPs[※1]と総称される炎症惹起分子が放出され，障害部位への免疫細胞の遊走とともに，炎症性のサイトカインやメディエーターの放出が促進され，肝炎が引き起こされる．

肝炎下で活性化された肝星細胞は肝細胞の増殖を促すHGFなどのサイトカインだけでなく，コラーゲンも産生するが，このときの線維の産生は，創傷治癒の過程でみられる線維のように，脱落した組織の物理的安定性を保つうえで有益な反応と考えられる．肝障害が一過性であれば，肝細胞が増殖して再生が完了すると，線維は分解され蓄積することはない．しかし，障害の原因がとり除かれずに肝炎が慢性化した肝臓では，活性化した肝星細胞がコラーゲンを産生し続けるとともに，線維の分解にかかわるMMPsの阻害分子であるTIMPの発現が高まることで線維の溶解が阻害され，線維の蓄積が加速する．肝星細胞の活性化にはさまざまな肝構成細胞がかかわることが報告されているが，本稿では肝類洞内皮細胞と免疫細胞に絞って最近の知見を紹介する．

3) 肝臓の線維化における肝類洞内皮細胞の役割

肝類洞内皮細胞は肝星細胞と接触して存在するため，両細胞は互いを制御しあう関係にあるといえる．実際，慢性肝炎下で肝線維化が進行すると，肝星細胞は筋線維芽様細胞に分化転換してコラーゲンを産生し続ける

> **※1 DAMPs**
> damage-associated molecular patterns．本来，細胞内にある内因性分子で，細胞傷害に伴い細胞外に出ることで炎症反応を引き起こす成分の総称．これに対し，外因性の細菌やウイルスの構成成分はPAMPs（pathogen-associated molecular patterns）とよぶ．

とともに，類洞の内皮細胞は篩板構造を消失して基底膜を伴うようになり，類洞が毛細血管化することが知られている．このことは，障害後の肝再生においては，類洞が正常に再生されることも重要な意味をもち，類洞再生の遅延や異常は肝線維化につながりうることを示唆している．

Rafiiらのグループは，この急性肝障害後の再生と慢性肝障害時の線維化の分岐点には肝類洞内皮細胞の性状変化が関与すると報告した[2]．肝類洞内皮細胞にはSDF-1の受容体として，CXCR4とCXCR7の2つの受容体が発現するが，急性の肝障害を受けたマウスではCXCR7の発現が上昇して優位になり，その下流に位置する転写因子Id1がWnt2やHGFなどのアンジオクライン因子を発現させることで肝再生に寄与する．一方，慢性肝障害ではFGFR1からFGFシグナルを受けた肝類洞内皮細胞は，CXCR4の発現増強とCXCR7の発現低下によりCXCR4優位になり，再生に必要なId1からの因子が低下するだけでなく，類洞に隣接するDesmin陽性の肝星細胞様細胞の増加を促すようになり，肝線維化に寄与する．肝類洞内皮細胞特異的なCXCR4やFGFR1のコンディショナルノックアウト（KO）マウスでは，慢性肝障害モデルでの肝線維化が著しく軽減することから，肝障害後の再生と線維化のスイッチの一端は肝類洞内皮細胞により担われていることが示された．

2 肝細胞死からみた肝線維化の制御機構

1) Sema3Eによる類洞の再生と線維化の制御

近年，ショウジョウバエを用いた研究から，組織で実験的に大規模な細胞死を誘導すると，死にゆく細胞はサイトカインなどを産生することで積極的に周囲の細胞の増殖に寄与する「代償性増殖」という概念が提唱されている（第1章-1参照）[3]．マウスの急性肝障害においても，損傷を受けた肝細胞自体がPGE2やIL-11の産生に積極的にかかわり，肝再生に寄与することが報告されている[4,5]．これらの例にとどまらず，最近では炎症，再生，疾患などさまざまな局面において，「情報発信体」としての死細胞に注目が集まっている．

最近，われわれは四塩化炭素投与によるマウス急性肝障害モデルにおいて，障害初期に肝臓でセマフォリン3E（Sema3E）が一過的に高発現することを見出し

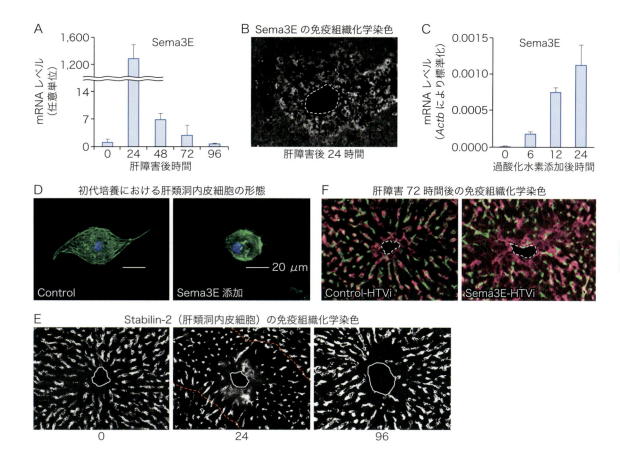

図1　肝障害後のSema3Eの発現と類洞におよぼす活性
A) 四塩化炭素投与による肝障害後の肝臓におけるSema3Eの経時的発現．B) 肝障害後24時間の肝臓における抗Sema3E抗体による免疫染色．肝細胞の損傷部位でSema3Eの強い発現が見られる．C) 初代肝細胞培養系における過酸化水素添加による細胞死誘導後のSema3Eの発現．D) 肝類洞内皮細胞の初代培養系における形態変化．リコンビナントSema3E添加30分後のファロイジン染色像．E) 抗Stabilin-2抗体を用いた免疫染色による肝障害後の肝類洞内皮細胞の可視化．赤の点線で囲まれた部位が壊死巣．F) HTVi法によりSema3Eを持続発現させた肝臓の障害後72時間後の免疫染色像．コントロールでは肝星細胞（p75NTR：マゼンタ）と肝類洞内皮細胞（Stabilin-2：緑）による類洞が正常に再生されたのに対し，Sema3Eを持続発現させた肝臓では孤立して活性化する肝星細胞が多数認められた．文献6をもとに作成．

た（図1）[6]．この障害モデルでは肝細胞が主にネクローシスによる細胞死に陥るが，Sema3Eはこの損傷を受けた肝細胞により産生されていることが，免疫組織化学的染色および初代培養肝細胞を用いた細胞死誘導実験により明らかになった．セマフォリンは神経系の軸索誘導や免疫系などにかかわる膜タンパク質のファミリーを形成するが，3型セマフォリンは分泌因子として機能することが知られている[7]．肝臓内でのSema3Eの標的細胞を調べるために，その受容体であるPlexin D1を発現する細胞を調べた結果，主に肝類洞内皮細胞で発現していることがわかった．そこで，肝類洞内皮細胞を単離し，初代培養系にSema3Eを添加したところ，著しい細胞収縮が誘導された．実際，肝障害後にSema3Eの発現がピークを迎える24時間後の肝切片を観察すると，肝類洞内皮細胞が壊死巣において収縮している像が認められ，その後のSema3Eの発現低下に伴い，類洞が再構築されていく様子が観察された．

次に肝類洞内皮細胞の収縮が肝星細胞におよぼす影響を調べるために，HTVi（hydrodynamic tail vein injection）法[※2]を用いて実験的にSema3Eを肝臓で持続的に発現させ，肝障害後の類洞の再生過程を検証した結果，Sema3Eを持続発現させたマウスでは類洞の

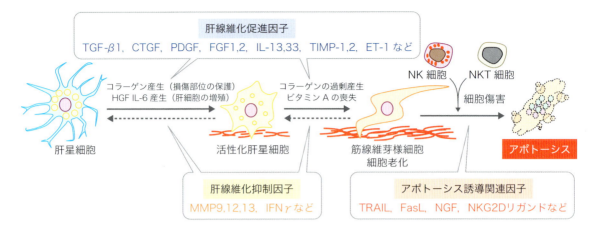

図2　肝線維化の促進または抑制にかかわる分子
肝障害後の肝星細胞の活性化状態の変化および肝線維化の促進または抑制にかかわる主要な分子を示した．

再生は異常をきたし，肝類洞内皮細胞から孤立して活性化状態にある肝星細胞が多数認められた．これらの結果から，急性肝障害では死にゆく肝細胞から一過的に産生されるSema3Eは，肝類洞内皮細胞を収縮させることで裏打ちする肝星細胞の活性化を促し，類洞と肝細胞の再生のタイミングを調節しているものと考えられた．一方，Sema3E KOマウスに慢性肝障害モデルによる肝線維化を誘導すると，有意な軽減が認められた．すなわち，持続的な肝細胞死からのSema3Eの曝露は，類洞の再生を抑制するとともに肝星細胞の活性化を維持することで線維化に寄与する．Sema3Eもまた，類洞の再生と線維化のスイッチにかかわる分子であることが示された．

2）肝線維化にかかわる細胞死と免疫細胞

慢性肝炎下では，活性化した免疫細胞も肝線維化に重要な役割を果たす．肝臓が障害を受けると，主にネクローシスした死細胞からDangerシグナルとして，DAMPsが放出される．DAMPsは自然免疫細胞をはじめとする多くの細胞を活性化し，肝臓内でケモカインやサイトカインを発現させ，さらに多くの免疫細胞を呼び寄せることで炎症が拡大する．この時産生される種々のサイトカインのなかで，肝星細胞に直接作用して活性化に寄与する因子としてはTGF-β，PDGF，CTGFなどが知られる（図2）[8]．このように死細胞は肝線維化のプロセスの最上流に位置するが，近年，肝線維化にかかわるDAMPsの1つとしてIL-33が注目されている．IL-33はIL-1関連サイトカインに属し，積極的に細胞外に分泌される機構は明らかとなっていないが，生体内では主にネクローシス細胞から受動的に放出されて機能することが知られている．最近，McHedlidzeらは，慢性肝障害時にDAMPsとして放出されるIL-33が肝臓内のILC2[※3]（type2 innate lymphoid cells）の増殖と活性化を促進し，ILC2より産生されるIL-13が直接肝星細胞を活性化することで肝線維化に寄与することを報告した[9]．その一方で，興味深いことにIL-33はコンカナバリンA投与による急性肝炎モデルにおいては，保護的に作用することも報告されていることから[10]，急性肝障害における一過的な

※2　HTVi（hydrodynamic tail vein injection）法
マウスの尾静脈より比較的短時間に高圧で溶液を注入することで，生体内の細胞に簡便にDNAやRNAを導入する方法．発現用プラスミドの溶液で行うと肝細胞にも効率よく取り込まれ外来遺伝子の発現が肝臓で持続する．

※3　ILC2
ILCs（innate lymphoid cells）は，自然免疫で働くリンパ球系細胞であり，その発生を制御する転写因子やサイトカイン産生などの機能的な違いに基づき，ILC1，ILC2，ILC3の3つのグループに分類されている．ILC2は，IL-25やIL-33の刺激によりIL-5やIL-13などの2型サイトカインを産生することで，寄生虫の感染防御やアレルギー疾患の病態形成にかかわる．

IL-33の産生は，Sema3Eと同様に組織修復においては有益な役割を果たすものと考えられる．

3 肝星細胞における細胞死と治療戦略

　肝線維化に対する治療をめざすうえで，線維の産生源である活性化肝星細胞を何らかの方法で除去することは有効と考えられるが，生体内には活性化肝星細胞をアポトーシスに導く機構が存在する（図2）．肝星細胞には発生過程を通じて低親和性ニューロトロフィン受容体であるp75NTRが発現する[11]．このp75NTRからの細胞内シグナルは，肝障害初期には肝星細胞の活性化を誘導し肝再生に寄与する一方で，p75NTRの細胞内領域にはデスドメインが存在し，肝再生後期になると肝細胞から産生されるNGF（nerve growth factor）がp75NTRを介して活性化肝星細胞にアポトーシスを誘導する[12)13)]．一方，Loweらは，活性化した後に細胞老化した肝星細胞はNK細胞の受容体（NKG2D）に対するリガンドが高発現するようになり，NK細胞を介した細胞傷害性により除去されると報告している[14]．実際に，四塩化炭素によるマウス慢性肝障害モデルにおいて，抗アシアロGM1抗体によるNK細胞の除去，またはpoly（I：C）投与によるNK細胞の活性化を行うと，活性化肝星細胞の除去が影響を受け，それぞれ肝線維化の増悪または軽減が起こることが示された．また，新津らはコラーゲン特異的なシャペロン遺伝子に対するsiRNAを，ビタミンA結合型リポソームを用いて肝星細胞特異的に導入する系を開発し，活性化星細胞からのコラーゲン分泌を抑制することで，慢性肝障害モデルラットの肝線維化を改善させた[15]．興味深いことに，その後の研究から，分泌されたコラーゲンは活性化肝星細胞自身の生存に重要な役割を果たしており，siRNAが導入された活性化肝星細胞はオートファジー後にアポトーシスに陥ることが示されている[16]．これらの研究からも，活性化肝星細胞に細胞死を誘導するという治療戦略は有用と考えられる．

おわりに

　肝線維化に対する有効な治療法はいまだに確立されておらず，その分子メカニズムの解明や治療法への応用をめざした研究がさまざまな角度から進められている．今回，細胞死を中心として紹介した肝線維化にかかわる制御機構はその一部であり，肝線維化には慢性疾患特有のさらに複雑な制御機構が存在する．特に肝硬変の治療という意味では，線維の過剰産生を止めるだけでなく，蓄積した線維を溶解する機構の解明も重要となるが，その担い手として近年，マクロファージの役割が注目されている[17]．また，他稿にあるように，近年，計画的ネクローシスをはじめとする多様な細胞死の分子機構が明らかになってきており，これまで肝臓病理において単にネクローシスとされていた細胞死にも，その正確な分類や意義が問われつつある．細胞レベルでの解析により礎を築いた細胞死研究は個体レベルへと昇華し，さまざまな疾患の治療法の開発に貢献していくことが望まれる．

文献

1) Miyajima A, et al：Cell Stem Cell, 14：561-574, 2014
2) Ding BS, et al：Nature, 505：97-102, 2014
3) Kashio S, et al：Dev Growth Differ, 56：368-375, 2014
4) Li F, et al：Sci Signal, 3：ra13, 2010
5) Nishina T, et al：Sci Signal, 5：ra5, 2012
6) Yagai T, et al：Am J Pathol, 184：2250-2259, 2014
7) Zhou Y, et al：Trends Biochem Sci, 33：161-170, 2008
8) Lee YA, et al：Gut, 64：830-841, 2015
9) McHedlidze T, et al：Immunity, 39：357-371, 2013
10) Volarevic V, et al：J Hepatol, 56：26-33, 2012
11) Suzuki K, et al：Gastroenterology, 135：270-281, 2008
12) Oakley F, et al：Am J Pathol, 163：1849-1858, 2003
13) Passino MA, et al：Science, 315：1853-1856, 2007
14) Krizhanovsky V, et al：Cell, 134：657-667, 2008
15) Sato Y, et al：Nat Biotechnol, 26：431-442, 2008
16) Birukawa NK, et al：J Biol Chem, 289：20209-20221, 2014
17) Ramachandran P, et al：Proc Natl Acad Sci U S A, 109：E3186-E3195, 2012

＜著者プロフィール＞

田中　稔：1991年，東京大学農学部農芸化学科卒．'96年同大学大学院農学生命科学研究科博士課程修了．農学博士．日本学術振興会特別研究員，神奈川科学技術アカデミー（KAST）研究員，東京大学分子細胞生物学研究所助教，講師，准教授を経て，2014年4月より国立国際医療研究センター研究所細胞療法開発研究室長．発生・再生過程における組織幹細胞の役割について興味をもち研究を行っている．最近は特に肝臓の疾患や再生における細胞死の意義に注目し，新規治療法の開発につながる研究をめざして奮闘しています．

第3章 疾患と細胞死

8. グラム陰性細菌感染によるパイロトーシス
―カスパーゼ11を介した非古典的インフラマソームと宿主細胞死

榧垣伸彦

細胞内に寄生した細菌は宿主の細胞内環境を巧みに利用し増殖する．それに対抗すべく，宿主細胞は，カスパーゼ1または11とよばれるプロテアーゼを活性化し，自殺死（パイロトーシス）に自ら追いやる．その結果，寄生する細菌を細胞外へと放逐するとともに，生体防御反応を惹起する．グラム陰性細菌の侵入を感知し，パイロトーシスを誘導するカスパーゼ11に依存的な非古典的インフラマソーム経路の存在が明らかとなり，致死性敗血症の原因となるLPS（リポ多糖；エンドトキシンの化学的本体）を細胞内で感知する新たなメカニズムの発見やパイロトーシス実行因子ガスダーミンDの同定など，パラダイムシフトを伴うような進捗があった．

はじめに

アポトーシスやネクローシスといった現象は，専門外の人にも広く知られるようになり，細胞死に対する知識，考え方は大きく前進，変化した．パイロトーシス（pyroptosis）は，比較的最近になり発見報告された細胞死であり，カスパーゼ1もしくはカスパーゼ11（ヒトでは，カスパーゼ11の代わりにカスパーゼ4および5をもっている）を介した細胞死であるとメカニズムによって一義的に定義される[1)2)]．多くの場合，カスパーゼ欠損マウスによる解析などの遺伝学的手法によって証明されてきた．これは，形態学が大きな指標となるアポトーシスやネクローシスとは大きく異なる．パイロトーシスは，当初，細胞内で増殖する細胞内寄生細菌に感染したマクロファージなどの自然免疫細胞でみられる宿主細胞死として報告された．形態学的には，パイロトーシスは，アポトーシス様でもあり，ネクローシス様でもあるといわれているが，ネクローシス様の細胞形質膜（以下，細胞膜と略）の破壊を主徴とする．感染あるいは，貪食により宿主細胞内に侵入した細菌は，宿主細胞のパイロトーシスによる自殺死という最終手段によって，細胞外に放逐され増殖の足

[キーワード＆略語]
パイロトーシス，インフラマソーム，カスパーゼ11，ガスダーミンD，LPS

ASC：apoptosis-associated speck-like protein containing a CARD
DAMPs：damage-associated molecular patterns（組織傷害関連分子パターン）
LPS：lipopolysaccharide（リポ多糖）
PAMPs：pathogen-associated molecular patterns

Pyroptosis: host cell death and non-canonical inflammasome
Nobuhiko Kayagaki：Genentech, Physiological Chemistry Department（ジェネンテック）

Graphical Abstract

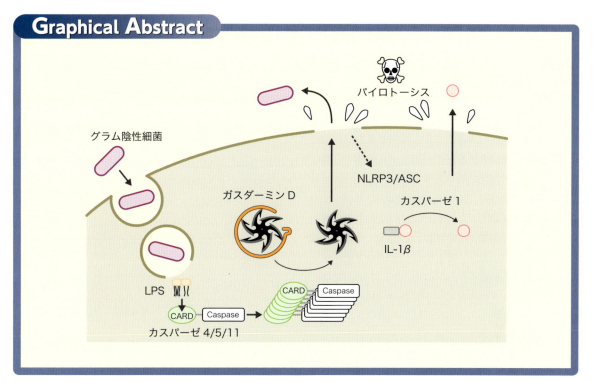

◆ カスパーゼ11非古典的インフラマソーム経路
グラム陰性細菌の感染あるいは貪食により細胞内に侵入したLPSは，カスパーゼ4/5/11のCARDドメインに直接結合し，重合体化により活性化を誘導する．活性化されたカスパーゼ4/5/11は，ガスダーミンDを切断し活性型(p30)へと変換し，ガスダーミンD p30は，細胞膜を破壊することによりパイロトーシスを誘導．ガスダーミンDによる細胞膜損壊は，寄生細菌を細胞外へと放逐すると同時に，危険信号としてNLRP3センサーによって感知され，カスパーゼ1を活性化する．カスパーゼ1は，さらにIL-1βを切断し，これを活性型へと変換する．活性型IL-1βは，ガスダーミンDによって破壊された細胞膜からDAMPsとともに漏出され，炎症反応を起こし，生体に危険信号を送る．

場を失う．細菌由来情報分子〔PAMPs（pathogen-associated molecular patterns）と総称される〕による炎症性インフラマソーム（inflammasome）経路の活性化が，パイロトーシスのトリガーであるとの観点が示されてから，この分野は加速度的に進展し，さまざまなPAMPs，そしてそれらを感知するセンサー群が次々と同定された．本稿では，加熱する研究領域から，カスパーゼ11非古典的インフラマソーム経路によるパイロトーシス誘導メカニズムと生理的役割について，最近同定された細胞膜破壊実行因子ガスダーミンD（gasdermin D）[3)4)]を含めて概説したい．

1 パイロトーシス

1992年，Zychlinskyらは細胞内寄生菌であるフレキシナ赤痢菌に感染したマクロファージが，細胞膜破壊を伴う死に至ることを見出し，これが制御された宿主の自殺死である可能性を報告した[5)]．その後，多種の細菌感染により，宿主細胞死が誘導されること，さらに，カスパーゼ1が，宿主細胞死に重要であることが示された[6)]．カスパーゼ1は別名IL-1β変換酵素（ICE）ともよばれ，不活性型IL-1β前駆体を，切断し活性型へと転換するシステインプロテアーゼであることがよく知られている[7)]．実際，細菌感染が炎症性サイトカインIL-1βを切断活性化することからパイロトーシスと炎症応答とのリンクが示された．その後，

Cooksonらにより，カスパーゼ1依存性の炎症性細胞死をパイロトーシスとよぶことが提唱された[1]．

形態学的には，ネクローシス同様，細胞膜の破損を伴うことが主たる特徴であり，この際，直径2 nm程度の孔（ポア）が形成されるとされている．この，パイロトーシスの主徴である細胞膜の破損により，細胞は膨潤破裂し，細胞内容物が寄生細菌とともに細胞外へと受動的に漏出される．この漏出する細胞内容物にはIL-1βや他の内因性炎症性物質〔IL-1α，HMGB1，ATPなど，DAMPs（damage-associated molecular patterns）と総称[8]〕が含まれ，これらの危険信号を目印として，好中球が感染部位に遊走し，貪食殺菌すると考えられている[9]．好中球は，マクロファージよりもより殺菌力が高くかつ，寿命が短いため，細菌に寄生されるリスクが小さく，より殺菌に特化した細胞といえる．

カスパーゼ1依存性が定義であったパイロトーシスの証明には，多くの実験でカスパーゼ1欠損マウスが用いられた．そのようななか，それまでに用いられたすべてのカスパーゼ1欠損マウスが，じつはカスパーゼ1と11の両者を欠く二重欠損であるという驚くべき事実が2011年に明らかになった[2]．カスパーゼ11（ヒトカスパーゼ4/5）は，カスパーゼ1の遺伝子重複により誕生した哺乳類のみに存在する遺伝子であり，カスパーゼ1に類似したアミノ酸配列および構造をもつ．カスパーゼ1同様，カスパーゼ11も細菌感染によって独立して活性化され，細胞膜破壊を伴う宿主細胞死を誘導することから，カスパーゼ1依存性パイロトーシス，カスパーゼ11依存性パイロトーシスという，似て非なる2経路の存在が示された（図1，2）[2]．実際，カスパーゼ1と11は，同じ基質（ガスダーミンD）を切断し，共通のメカニズムで細胞膜破壊を実行することが，最近の研究結果により明らかとなっている（後述）[3)4]．

2 カスパーゼ1を介する古典的インフラマソーム経路

インフラマソーム経路とよばれるカスパーゼ1を活性化する分子機構の解明について，精力的に行われ，2004年，NLRC4センサーが，腸チフス菌感染を感知

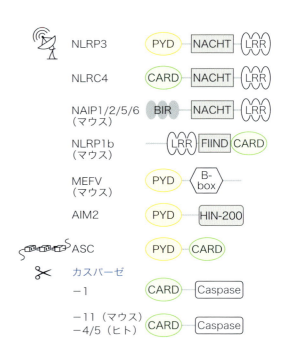

図1 インフラマソーム構成分子のドメイン構造
文献13をもとに作成．

することが示された[10]．その後，NLRP1b（炭疽菌を感知），NLRP3（黄色ブドウ球菌，溶連菌，リステリア菌），AIM2（野兎病菌），MEFV/PYRIN（ディフィシル菌）などのセンサーが次々と同定され，これらのセンサーの多くは，ASC（apoptosis-associated speck-like protein containing a CARD）とよばれるアダプター分子を介して，カスパーゼ1と結合し，これを活性化することが，知られるようになった（図1，2）[11]．センサーに読みとられる，細菌由来のPAMPs情報分子も多数同定されている．例えば，ストレプトリジンO毒素（溶血レンサ球菌）やリステリオリジンO毒素（リステリア菌）などの多くの膜孔形成毒素は，NLRP3によって感知される．これは，直接結合によるものではなく，膜孔形成毒素による細胞膜破壊によって生じる細胞質の恒常性破綻を，NLRP3が何らかの危険シグナルとして感知すると考えられている．この危険信号について，多くの報告があるが，細胞内のカリウム（K^+）の流出が有力候補の1つと目されている[12]．また，NLRP3は，細菌以外にも，各種ウイルスや真菌感染，多様な生体内炎症物質（細胞外のATP，βアミロイド結晶，あるいは痛風や偽痛風の原因となる尿酸

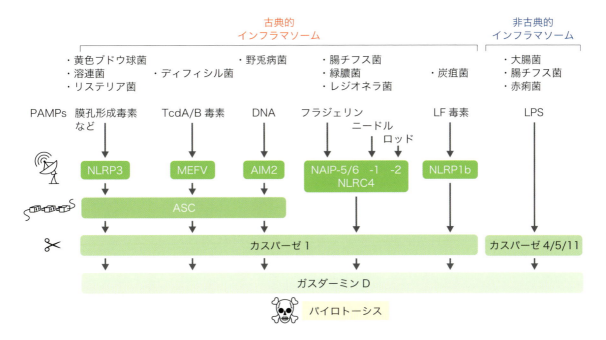

図2　パイロトーシス誘導経路概略図
細菌由来のPAMPs情報分子がセンサーによって読みとられ，カスパーゼ1またはカスパーゼ4/5/11が活性化される．活性化されたこれらカスパーゼは，ガスダーミンDを切断，活性化し，活性型へと変換されたガスダーミンDは，細胞形質膜の破壊を実行する．カスパーゼ1の下流に関しては，ガスダーミンDとともに未知のパイロトーシス実行分子が存在する可能性が示唆されている[4]．

やピロリン酸カルシウム結晶など）に対して過敏に反応する[11]．

3 カスパーゼ11を介する非古典的インフラマソーム経路

1）グラム陰性細菌感染による活性化

前述のとおり，カスパーゼ1インフラマソーム経路については多くの報告があり，その分子メカニズムの理解が大きく進展した．カスパーゼ11については，2011年になりようやく，①大腸菌やコレラ菌などのグラム陰性菌がマクロファージに取り込まれるとカスパーゼ11が活性化され，IL-1βの放出を伴うパイロトーシスが誘導されること，および②カスパーゼ11によるパイロトーシス誘導は，カスパーゼ1を必要としない独立した経路であることが報告された（図2）[2]．

このカスパーゼ11依存性経路は，非古典的（non-canonical）インフラマソーム経路とよばれ，カスパーゼ1に完全に依存した経路〔古典的（canonical）インフラマソーム〕と区別されるようになった[2)13]．その後，フレキシナ赤痢菌，腸チフス菌，レジオネラ・ニューモフィラ菌，類鼻疽菌など多種のグラム陰性細菌感染により，非古典的インフラマソーム経路の活性化が起きることが示された[14)15]．また，カスパーゼ11（ヒトにおいてはカスパーゼ4/5）は，マクロファージ以外の細胞，腸管上皮細胞，ケラチノサイトや単球などにおいても発現が認められ，これらの細胞にパイロトーシスを誘導する[16)17]．

感染実験において，カスパーゼ11を欠損するマウスは，腸チフス菌や類鼻疽菌に対する抵抗性を失い易感染性となることから[15)16]，これら細胞内寄生細菌感染に対抗する生体防御反応機構に必須であることが確認された．パイロトーシス自殺死により，寄生細菌から増殖の場（宿主細胞）を奪うことが，カスパーゼ11の第一義的な役割だと論じられている．赤痢菌の病因因子の1つであるOspC3は，ヒトカスパーゼ4活性を阻害することによりパイロトーシスを阻害する[17]が，これは，生体防御反応から巧妙にエスケープする細菌サ

イドの対抗手段の1つといえる．

2）新しい細胞内LPS感知システム

　カスパーゼ11活性化をトリガーする細菌由来のPAMPs情報分子も特定され，LPS（リポ多糖）であると報告された（**図2，Graphical Abstract**）[18) 19)]．LPSは，グラム陰性細菌の外膜の主構成成分であり，エンドトキシンの化学的本体である．マクロファージを用いた実験では，LPSは単独でカスパーゼ11活性化に十分であるが，その活性化トリガーにはLPSが細胞内に存在する必要があり，細胞外のLPSは，トリガーとならない．さらに，大腸菌感染実験においてLPSの構造変異体菌が，カスパーゼ11活性化能を失っていたことから，LPSがカスパーゼ11活性化に必須であることが証明されている．LPSセンサーとしてToll様受容体4（TLR4，主に細胞表面に局在）がよく知られており[20)]，LPS研究においてはTLR4を基軸とした観点が長年のドグマであった．驚くべきことに，TLR4を欠損する細胞も，細胞内LPSに対して正常に反応し，カスパーゼ11の活性化およびパイロトーシスを誘導することが判明した．これは，TLR4に依存しない新たなLPSを感知する細胞内経路が存在することを示す[18) 19)]．マウスへのLPS投与による致死性エンドトキシンショックモデルにおいて，このカスパーゼ11からパイロトーシスへとつながるTLR4に依存しない経路が，致死の主たる原因の1つであることが示された[2) 13) 18) 19)]．これらの結果は，長らく主流であったTLR4を基軸としたLPS/エンドトキシン研究に，進化的起点を加えるものであった．

　カスパーゼ1が，NLRセンサーなどを用いて，PAMPs情報分子を感知していたことから，当然，カスパーゼ4/5/11上流にも未知のLPSセンサーが細胞内に存在するものと予想された．ところが，この予想は覆され，上流のセンサーは存在しないという報告がなされた[21)]．カスパーゼ4/5/11は，LPSに直接結合することで自らがセンサーとしても働き，上流の特殊なLPSセンサーを必要としない（**図2，Graphical Abstract**）．LPSのリピドAとよばれる特徴的な糖脂質部位が生物活性の中心だが[18) 19)]，このリピドA部位が，カスパーゼ4/5/11のN末端側に存在するCARDドメインに結合し，カスパーゼ4/5/11を重合体化し，その活性化を誘導することが，生化学的な実験から示されている[21)]．他のカスパーゼについては細菌やウイルスなどのPAMPs情報分子と直接結合するという報告は今のところなく，カスパーゼ4/5/11のみに限られた非常にユニークな機能といえる．カスパーゼ4/5/11同様，カブトガニのセリンプロテアーゼであるfactor cは，LPSに直接結合し，自ら活性化することで体液を凝固し，侵入したグラム陰性細菌を物理的に閉じ込める．進化の過程で哺乳類が新たに獲得したカスパーゼ4/5/11が，下等生物のLPS認識様式と類似している点は，非常に興味深い．

3）ガスダーミンD―パイロトーシス実行分子

　パイロトーシスの重要性が次々と明らかとなり，カスパーゼ下流でパイロトーシスを実行する分子の同定が長らく待たれた．カスパーゼは，多数の基質を切断することが知られており，実行分子の同定には困難が予想されたが，2015年に2つのグループが，異なるアプローチ（CRISPR/Cas9によるゲノム編集技術または，ランダム遺伝子変異マウスを用いた網羅的な表現型解析）により，ガスダーミンDの発見に至った[3) 4)]．結論はほぼ同じで，要約すると以下の発見がなされた．①ガスダーミンDは，パイロトーシスに必須．②未刺激時には，ガスダーミンDは，不活性型の前駆体として存在し，パイロトーシスは誘導されない．③活性化されたカスパーゼ4/5/11は，ガスダーミンDを基質として特定のアスパラギン酸残基（$LLSD_{276} \downarrow G_{277}$）で切断する．④切断後，ガスダーミンDのN末端断片（p30）は，活性本体として，細胞膜を破壊し，パイロトーシスを実行．⑤カスパーゼ1も古典的インフラマソーム活性化により，ガスダーミンDを切断し，パイロトーシスを誘導する（**図2，Graphical Abstract**）．ガスダーミンD p30の立体構造や細胞膜破壊のメカニズムついては不明であるが，制御されたネクローシス（ネクロプトーシス）経路においては，MLKLとよばれるシュードキナーゼドメインを有する分子が，細胞膜破壊実行分子であり，このMLKLは活性化によりオリゴマーを形成し，トルネード様とも形容される孔を細胞膜につくり出し，これを破壊するモデル[22) 23)]が示されている．パイロトーシスにおいても類似の分子機構が存在するのか，解明が待たれる点である．

　ガスダーミンD欠損マウスは，カスパーゼ11欠損同様，致死性エンドトキシンショックモデルにおいて抵抗性を示した[4)]．これは，エンドトキシンショックに

おけるパイロトーシスの重要性を再確認すると同時に，敗血症の病態形成を理解するのに一助となる結果である．パイロトーシスによる何らかの組織破壊が，生体死の最終トリガーとなると考えられる．

4）IL-1βの活性化および細胞外への放出

カスパーゼ11活性化により，細胞膜の破壊が起きると同時にIL-1βの切断と細胞外への放出も生じる．これはカスパーゼ11により切断活性化されたガスダーミンD p30が，NLRP3センサーおよびASCアダプターを介して，カスパーゼ1を活性化した結果であることが遺伝学的証拠により示されている（**Graphical Abstract**）[4]．NLRP3は，さまざまな細菌由来膜孔形成毒素による危険信号を感知することが知られており（前述 **2**），ガスダーミンDによる細胞膜破壊が，NLRP3の危険信号となる可能性が高い．活性型IL-1β成熟体は，ガスダーミンDによって破壊された細胞膜のギャップを通じて，細胞外へと受動的に漏出すると考えられる．IL-1βの細胞外への放出に関しては，未知の分泌装置による能動的な排出機構が存在する可能性も予想されている．例えば，ヒト単球や好中球においては，パイロトーシスが検出されない条件でもIL-1βの細胞外への遊離があるとされる[24]．ただし，検出限度以下のパイロトーシスを起こしたわずかな細胞群が，IL-1β漏出を引き起こした可能性もあり，この生細胞からの能動的なIL-1β分泌経路の証明には，単一細胞レベルでのイメージング解析[25]や未知の分泌装置の同定が必要であるといえよう．

おわりに

カスパーゼ11パイロトーシス経路の発見は，その後，TLR4に依存しない新たな細胞内LPS認識機構の存在，LPS-カスパーゼ結合によるPAMPsの直接的感知，細胞膜破壊実行分子ガスダーミンDなど，パラダイムシフトを伴う一連の発見につながった．細胞膜破壊による寄生細菌の宿主細胞外への追放が，パイロトーシスの第一義的役割といわれているが，パイロトーシスが基点となるDAMPs漏出による二次的イベントについては，メカニズム不明のまま炎症性と漠に語られることが多い．また，LPSは，敗血症の原因の1つと目されているが，ヒトカスパーゼ4/5の細菌感染による敗血症の臨床病態形成における役割についても不明であり，今後の研究によるこれらの解明が待たれる．

文献

1) Cookson BT & Brennan MA : Trends Microbiol, 9 : 113-114, 2001
2) Kayagaki N, et al : Nature, 479 : 117-121, 2011
3) Shi J, et al : Nature, 526 : 660-665, 2015
4) Kayagaki N, et al : Nature, 526 : 666-671, 2015
5) Zychlinsky A, et al : Nature, 358 : 167-169, 1992
6) Chen Y, et al : EMBO J, 15 : 3853-3860, 1996
7) Thornberry NA, et al : Nature, 356 : 768-774, 1992
8) Kaczmarek A, et al : Immunity, 38 : 209-223, 2013
9) Miao EA, et al : Nat Immunol, 11 : 1136-1142, 2010
10) Mariathasan S, et al : Nature, 430 : 213-218, 2004
11) Lamkanfi M & Dixit VM : Cell, 157 : 1013-1022, 2014
12) Muñoz-Planillo R, et al : Immunity, 38 : 1142-1153, 2013
13) Stowe I, et al : Immunol Rev, 265 : 75-84, 2015
14) Rathinam VA, et al : Cell, 150 : 606-619, 2012
15) Aachoui Y, et al : Science, 339 : 975-978, 2013
16) Knodler LA, et al : Cell Host Microbe, 16 : 249-256, 2014
17) Kobayashi T, et al : Cell Host Microbe, 13 : 570-583, 2013
18) Kayagaki N, et al : Science, 341 : 1246-1249, 2013
19) Hagar JA, et al : Science, 341 : 1250-1253, 2013
20) Poltorak A, et al : Science, 282 : 2085-2088, 1998
21) Shi J, et al : Nature, 514 : 187-192, 2014
22) Wang H, et al : Mol Cell, 54 : 133-146, 2014
23) Dondelinger Y, et al : Cell Rep, 7 : 971-981, 2014
24) Viganò E, et al : Nat Commun, 6 : 8761, 2015
25) Liu T, et al : Cell Rep, 8 : 974-982, 2014

＜著者プロフィール＞
梶垣伸彦：1992年東北大学薬学部卒．'98年順天堂大学医学部免疫学PhD．2001年ジェネンテックに移動．現Senior Scientist/ラボヘッド．テーマは，自然免疫全般．

第3章 疾患と細胞死

9. 肝臓におけるアポトーシスとオートファジー
—がんにおけるそれぞれの二面性

竹原徹郎

> アポトーシスは多細胞生物が不必要な細胞を除去するためのシステムであり，がん細胞が増殖し進展するためには，この細胞死からの回避機構の存在が必要である．一方，臓器の実質細胞の細胞死は臓器不全につながるイベントであるが，肝臓のように再生能が高い臓器では細胞死と再生が長期にわたって共存する．このような過程が慢性肝疾患であり，遺伝子改変マウスを用いた解析から，肝細胞のアポトーシスの持続が肝がんの発生を引き起こすことが明らかになった．アポトーシスはがんの発生と進展に関して二面性をもっており，同様のことが肝臓におけるオートファジーにおいても観察されている．

はじめに

　アポトーシスとオートファジーは細胞死に関連した細胞応答であり，それぞれ線虫，酵母をモデルとした遺伝的研究が展開したことにより，哺乳類細胞における意義についても爆発的に研究が進んだ領域である．アポトーシスは不必要な細胞を除去するシステムとして，またオートファジーは飢餓時の生存システムとして，ともに臓器や個体の恒常性の維持に必須の生命現象である．アポトーシスとオートファジーは肝がんの発生と進展という過程のなかで，きわめて重要な意義をもっており，また治療的な視点からは諸刃の剣としての二面性を有していることが明らかになりつつある．

[キーワード&略語]
アポトーシス，オートファジー，肝細胞，Bcl-2，肝がん，C型肝炎，非アルコール性脂肪肝炎

HCC：hepatocellular carcinoma（肝細胞がん）
HCV：hepatitis C virus（C型肝炎ウイルス）
NAC：N-acetyl cystein
NASH：nonalcoholic steatohepatitis
　（非アルコール性脂肪肝炎）

1 アポトーシスと肝がん

　Hanahanら[1]はがんを特徴づける形質として6つの生物学的事象をあげているが，そのなかで細胞死に対する抵抗性はがんが進展するうえで必須であると述べている．古典的にはがんの主要な原因はがん遺伝子の過剰発現であり，これらの多くは細胞周期に関連する，あるいはこれを促進する遺伝子であり，細胞に無秩序な増殖能を付与する．しかし，このような無秩序な増殖は一般に細胞死を引き起こし，このことが重要ながん抑制機構になっている．がん抑制遺伝子のいくつかは細胞死を誘導する遺伝子であることが知られており，

Apoptosis and autophagy in liver cancer—the Janus face
Tetsuo Takehara：Department of Gastroenterology and Hepatology, Graduate School of Medicine, Osaka University（大阪大学大学院医学系研究科消化器内科学）

Graphical Abstract

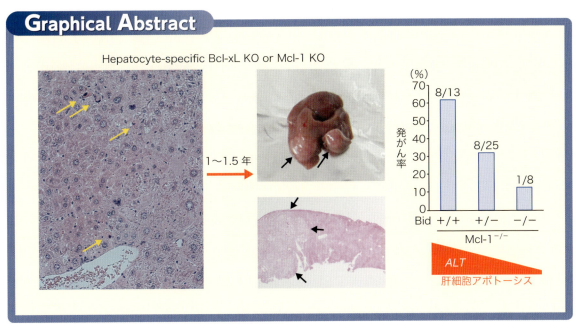

◆ 肝細胞アポトーシスの持続は肝発がんを誘導する

肝細胞特異的にBcl-xLあるいはMcl-1をノックアウト（KO）したマウスは生後早期より肝細胞アポトーシス（黄色矢印）を自然発症し，血清ALT値の上昇が生涯持続する．同マウスは軽度の線維化の進行とともに1年齢以降において高率に肝細胞がん（黒矢印）を発症する．Mcl-1ノックアウトマウスにおいてBH3-onlyタンパク質の1つであるBidを欠損させると，肝細胞のアポトーシスと血清ALT値の上昇は遺伝子量依存的に軽減し，同時に発がん率は著明に低下する．

例えば最も有名ながん抑制遺伝子である p53 の異常は1つの帰結として細胞死誘導を阻害し，結果として腫瘍細胞の増殖を許容する．反対に遺伝子の過剰発現により細胞死抑制を起こす例として最もよく知られているものはB細胞リンパ腫における bcl-2 遺伝子の再構成である．Bcl-2はミトコンドリア経路のアポトーシスを制御するBcl-2ファミリーのプロトタイプであるが，Bcl-2の発見はこのようにがん研究からはじまったといえる．

われわれは肝がんではアポトーシス抑制性Bcl-2関連分子であるBcl-xLが高発現しており，p53 が誘導する細胞死を強力に抑制していることを報告してきた[2]．Bcl-xLは転写レベルでの発現増強以外に，マイクロRNAによる転写後修飾[3]や脱アミド化による翻訳後修飾[4]などの種々のメカニズムで機能増強がみられる．Bcl-xLの発現が増強している肝がんは悪性度が高く，肝切除後の生命予後が不良であることも報告されている[5]．また，Bcl-xLと構造および機能が類似した分子としてMcl-1があるが，肝がんではMcl-1も高発現していることが知られている[6]．このようなアポトーシス抑制性Bcl-2関連分子の発現増強が固形腫瘍の増大を引き起こすことがヌードマウスにおける誘導発現的xenograftモデルで証明されている[7]．以上のことから，Bcl-xLやMcl-1の発現増強は肝がん細胞の生存にとって重要であり，がんの進展に直結した分子イベントであるといえる．

最近，このようなBcl-2ファミリー分子を標的とした薬剤が多く開発されている．アポトーシス抑制性Bcl-2ファミリーはBH3 grooveという共通の構造を有しており，アポトーシスを促進するBcl-2ファミリーであるBakやBaxあるいはBH3-onlyタンパク質のBH3ドメインと結合することによりアポトーシスを抑制している．BH3 mimeticとよばれる一群の薬剤はこのBH3 grooveに結合する小分子であり，アポトーシス促進性分子群を解放することによりアポトーシスを誘導する．このクラスの薬剤のなかで最も詳細に検討

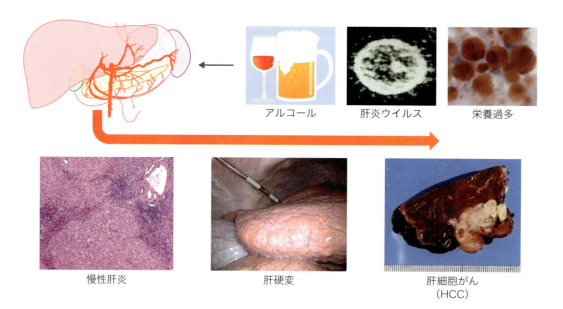

図1 肝炎は肝線維化，肝発がんを誘導する
肝疾患の主要な原因は肝炎ウイルス，アルコール，栄養過多である．原因のいかんにかかわらずアポトーシスを主体とする肝細胞死が誘導され，これが長期に持続する（慢性肝炎）．このような共通の病態を基盤として，臓器不全（肝硬変）や腫瘍（肝細胞がん）が発生する．

2 肝細胞アポトーシスと肝発がん

がんの発症という視点で考えると，肝がんはウイルス肝炎や脂肪肝炎など臓器の炎症を基盤として発症することが特徴である（図1）．このような前がん病変を特徴づける第一義的な異常は上皮細胞の死であり，肝炎の存在の臨床的な指標は肝細胞からの逸脱酵素である血清ALT値の上昇である．慢性肝疾患における肝細胞死については，ピースミールネクローシスやブリッジングネクローシスなどの病理学的な名称から漠然とネクローシスであると考えられてきたが，われわれはウイルス肝炎における細胞死はアポトーシスが主体であることを報告してきた[8]．実際に，C型肝炎[※1]や非アルコール性脂肪肝炎[※2]（NASH）の患者の肝臓ではFas受容体の発現やTUNEL陽性の肝細胞が観察され，肝細胞のアポトーシスの程度と病態に密接な関連があ

されているのがABT-737であり，その経口投与可能な誘導体であるABT-263は血液腫瘍や肺がんを対象に臨床開発段階に入っている．ABT-737はその構造的な特性からBcl-2だけでなくBcl-xL，Bcl-wに対しても阻害活性があるが，Mcl-1，Bfl-1に対しては抑制活性がない．ABT-737を肝がん細胞株に作用させると，ストレス存在下では細胞死が誘導されるが，生理的な状態では細胞死が誘導されない．これは肝がん細胞株がBcl-xLだけではなくMcl-1も高発現しているからである．進行肝がんに対して承認されているソラフェニブはMcl-1の発現を低下させる活性をもっている．われわれはソラフェニブとABT-737の併用は多くの肝がん細胞でアポトーシスを強力に誘導し，これにより肝がんの増殖が抑制されることを示した[7]．このように，Bcl-2阻害薬はがんの細胞死抵抗性を解除し，抗がん剤として期待できる薬剤であるが，多くのがんは複数のアポトーシス抑制性Bcl-2ファミリーを高発現している可能性があり，腫瘍に応じて適切な薬剤の組合わせを検討することが必要である．

> **※1　C型肝炎**
> C型肝炎ウイルスの感染による肝疾患．感染者の70％が持続感染に陥り，慢性肝炎から肝硬変，肝がんを発症する．日本の肝がんの60％超がC型肝炎によるものである．

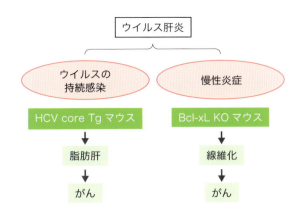

図2　ウイルス肝炎の病態形成
ウイルス肝炎からの肝発がんは一般にウイルスの持続感染の影響と臓器の慢性炎症の2つの側面から説明される．例えばC型肝炎ウイルス（HCV）は古典的ながんウイルスではないが，ウイルスのコア遺伝子を強制発現させたマウスが脂肪肝を経て肝がんを発症することから，HCVの持続感染そのものが発がんを起こしうることが示されている．一方，臓器の慢性炎症は複雑な病態であるが，肝細胞のアポトーシスが長期に持続するということが肝臓の線維化や発がんを起こすうえで十分条件になっていることを，Bcl-xLノックアウトマウスやMcl-1ノックアウトマウスは示している．

ることが示されている[9]．近年，臨床使用可能なカスパーゼ阻害薬が複数開発されており，ウイルス肝炎や脂肪肝炎患者に対する臨床試験が行われている．それによるとカスパーゼ阻害薬の服用により血清ALT値の有意な低下がみられており，これらの慢性肝疾患における血清ALT値の上昇がカスパーゼ依存的な現象であることが証明されている[10)11)]．

われわれは肝臓におけるBcl-xLおよびMcl-1の機能を解析するために，肝細胞特異的なBcl-xL[12]，Mcl-1[13]の欠損マウスを作製した．これらの遺伝子の全身でのノックアウトは胎生致死であることが知られていたが，肝細胞特異的なノックアウトマウスはとも

にメンデルの法則に従って出生し，個体レベルでは明らかな異常は呈さなかった．しかし，肝臓では生後早期より，肝細胞アポトーシス像が散在性に観察され，血清ALT高値を終生持続した．このことは，肝細胞アポトーシスが血清ALT値上昇の十分条件であることを示すとともに，これらのマウスが持続的な肝細胞アポトーシスが臓器に与える影響を解析するうえで優れたモデルになることを示している．これらのマウスでは3カ月齢以降において肝臓の線維化が観察された．肝臓ではアポトーシス小体が肝細胞やクッパー細胞に活発に貪食されており，この際にTGF-βが産生されていた[12]．また，1年齢以降になると高率に肝腫瘍（肝細胞がん）を形成した（**Graphical Abstract**）[14]．腫瘍は組織学的にはヒトの高分化型肝細胞がんに酷似しており，生化学的にもAFPやGlypican3を産生していた．また，Bcl-xL欠損マウスの腫瘍ではMcl-1が，Mcl-1欠損マウスの腫瘍ではBcl-xLが高発現しており，このような生存優位性の獲得が最終的な腫瘍の形成に重要であることが示唆された．Mcl-1欠損マウスにみられる肝腫瘍の形成は，BakあるいはBidを欠損させ，肝細胞アポトーシスを抑制し血清ALT値を低下させることによりその発生率を低下させることが可能であった．アポトーシスを起こしている肝臓では炎症性サイトカインの産生や酸化ストレスの上昇がみられ，NAC（*N*-acetyl cysteine）の投与により酸化ストレスを軽減させると肝腫瘍の発生率は抑制された[15]．肝細胞アポトーシスの持続はミトコンドリアからの活性酸素種（ROS）産生を介して，酸化的DNA傷害を惹起すると考えられる．

ウイルス肝炎からの肝臓の病態形成には肝炎ウイルスそのものの影響があり（**図2**）[16]，またNASHでは蓄積した脂肪酸の組成が疾患の進行に影響することが報告されている．一方，われわれの遺伝子改変マウスを用いた解析は，両者の共通の病態である肝細胞アポトーシスの持続そのものが疾患進行の少なくとも十分条件になっていることを示している．ウイルス肝炎や脂肪肝炎からの疾患進行の抑制には，ウイルス排除や脂肪蓄積の軽減とともに，アポトーシスそのものの抑制が重要な標的になると考えられる．

※2　非アルコール性脂肪肝炎

非飲酒者における脂肪肝を基盤とした肝疾患を非アルコール性脂肪性肝疾患（NAFLD）と総称するが，このなかの10〜30％が肝炎を伴い，肝硬変，肝がんへと進展する（NASH）．日本の肝がんの20％超が非ウイルス性であるが，そのなかの約3分の1がNASHによる発がんであると考えられている．

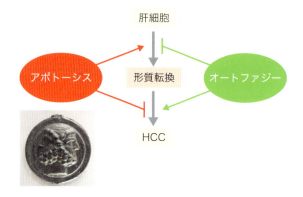

図3 アポトーシスとオートファジーの2面的作用
肝細胞におけるアポトーシスの亢進は発がんを引き起こし，逆にがん細胞が増殖進展するにはがん細胞がアポトーシス耐性を獲得することが必要である．一方，肝細胞におけるオートファジーの抑制は発がんを惹起するが，がん細胞はオートファジーが亢進することにより増殖進展しやすくなる．HCC：hepatocellular carcinoma．

3 パラドックス―アポトーシスとオートファジーの肝がんにおける意義

　アポトーシスが肝がん発症を促進させ，アポトーシスの抑制が肝がんを増大させるということは一見パラドックスであるかのようにみえる．しかし，肝細胞のアポトーシスが臓器の恒常性を破綻させ発がんにつながり，またいったんトランスフォームした細胞にとってはアポトーシス耐性がその生存に重要であるということは生物学的にはきわめて妥当なことである．しかし，臓器レベルで肝がんの発症予防，進展抑制ということを考えると，アポトーシスの抑制はまさに諸刃の剣であり，このような事実を認識することは臨床的にきわめて重要である．このような二面性は，最近注目されているオートファジーにおいても同様であることが明らかになってきている．肝がん細胞にとってオートファジーはストレス応答であり，その生存にとって有利に働く．われわれは進行肝細胞がん治療において

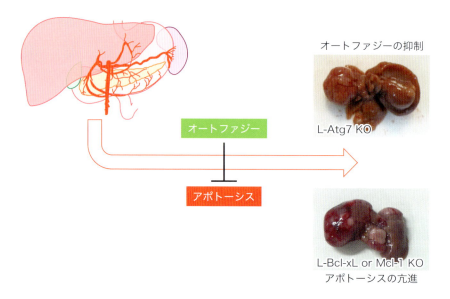

図4 アポトーシスとオートファジーは肝炎を基盤とした線維化，発がんに関与している
非アルコール性脂肪肝炎ではオートファジーの抑制とアポトーシスの亢進が起こっている．遺伝子改変マウスの解析から両者は独立して発がんを誘導しうることが証明されている．オートファジーの抑制はアポトーシスを増強する方向に働いていると考えられている．

最近認可された分子標的薬剤ソラフェニブが肝がんにオートファジーを誘導し，アポトーシス耐性を付与していることを明らかにした[17]．一方，オートファジーを抑制された肝細胞からは，肝がんが高頻度に発生することが報告されている[18]．オートファジーの抑制が発がんを誘導し，また逆にオートファジーが肝がんの抗がん剤感受性を減弱させるという事象も，臓器の恒常性維持，および腫瘍細胞の生存という視点で考えると理解しやすい（**図3**）．

おわりに

近年，NASHにおいてはオートファジーが抑制されていることが報告されている．また，前述したようにNASHを特徴づける病態の1つにアポトーシスの亢進をあげることができる．一般にオートファジーは細胞内の不良タンパク質やオルガネラの品質管理を通して，細胞死に対して抑制的に働くことが知られている．NASHにおいてはオートファジーの抑制がアポトーシスを亢進させている可能性もあり，オートファジーの抑制とアポトーシスの亢進が複雑に絡み合いながら発がんに関与している可能性がある（**図4**）．

文献

1) Hanahan D & Weinberg RA：Cell, 144：646-674, 2011
2) Takehara T, et al：Hepatology, 34：55-61, 2001
3) Shimizu S, et al：J Hepatol, 52：698-704, 2010
4) Takehara T & Takahashi H：Cancer Res, 63：3054-3057, 2003
5) Watanabe J, et al：Surgery, 135：604-612, 2004
6) Sieghart W, et al：J Hepatol, 44：151-157, 2006
7) Hikita H, et al：Hepatology, 52：1310-1321, 2010
8) Mita E, et al：Biochem Biophys Res Commun, 204：468-474, 1994
9) Feldstein AE, et al：Gastroenterology, 125：437-443, 2003
10) Pockros PJ, et al：Hepatology, 46：324-329, 2007
11) Ratziu V, et al：Hepatology, 55：419-428, 2012
12) Takehara T, et al：Gastroenterology, 127：1189-1197, 2004
13) Hikita H, et al：Hepatology, 50：1217-1226, 2009
14) Hikita H, et al：J Hepatol, 57：92-100, 2012
15) Hikita H, et al：Cancer Prev Res (Phila), 8：693-701, 2015
16) Moriya K, et al：Nat Med, 4：1065-1067, 1998
17) Shimizu S, et al：Int J Cancer, 131：548-557, 2012
18) Takamura A, et al：Genes Dev, 25：795-800, 2011

<著者プロフィール>
竹原徹郎：1984年大阪大学医学部卒業，大阪大学医学部第一内科入局，'98年米国マサチューセッツ総合病院消化器内科研究員，2001年大阪大学大学院医学系研究科分子制御治療学助教授，'11年大阪大学大学院医学系研究科消化器内科学教授．研究テーマ：細胞死，免疫，肝炎，肝がん．

第4章 新しいモデル生物と研究手法

1. 線虫をモデル系とした神経軸索再生研究

久本直毅,松本邦弘

> 神経細胞は切断された神経軸索を再生することができ,この再生能は無脊椎動物から脊椎動物まで種を越えて保存されている.近年のレーザー技術の発展により,モデル生物である線虫(*Caenorhabditis elegans*)において神経軸索再生研究が可能となり,その理解が大きく進んだ.本稿では,線虫をモデル系とした研究により明らかになった,神経軸索再生制御機構を中心に紹介する.また,神経軸索再生シグナルと細胞死の制御シグナルの関係性について,最新の知見についても論じたい.

はじめに

神経細胞は,軸索とよばれる長い神経突起を介して神経シグナルを伝達している.この軸索が切断されたとき,神経細胞は基本的に軸索を修復・再生する能力をもっている[1].切断を受けた軸索は,まずその切断部の先端がすみやかに退縮して短くなる(図1).その後,細胞体とつながっている側(近位側)の軸索先端が成長円錐を形成して伸長し,標的となる細胞に再び到達することにより機能的な軸索を再形成する.一方,細胞体とつながっていない側(遠位側)の軸索は,ワーラー変性を起こして最終的に消失する.哺乳動物の場合,運動神経や感覚神経などの末梢神経では軸索が再生するのに対し,脳や脊髄などの中枢神経ではほとんど再生しない[1)~3)].

神経軸索の再生は哺乳動物だけでなく両生類や魚類,さらには無脊椎動物においても起こることが知られている[4)].そこで,より単純なモデル動物,特に分子生物学的・遺伝学的解析に適した無脊椎動物を用いた神経軸索再生研究が,近年注目されている.本稿ではそのようなモデル生物の1つとして,線虫(*C. elegans*)に焦点を当てて紹介する.

1 DLK-p38型MAPK経路による軸索再生制御

線虫(*C. elegans*)は体長1〜2 mmの線形動物であり,体細胞は595個,そのうち302個が神経細胞である.運動神経,感覚神経,介在神経など機能的に分化

[キーワード&略語]
神経軸索再生,*C. elegans*,シグナル伝達

cAMP:cyclic AMP
DAG:diacylglycerol
DLK:dual leucine-zipper kinase
JNK:c-Jun N-terminal kinase
MAPK:MAP kinase
MAPKK:MAP kinase kinase
MAPKKK:MAP kinase kinase kinase

Studies of axon regeneration in *C. elegans*
Naoki Hisamoto/Kunihiro Matsumoto:Department of Biological Science, Graduate School of Science, Nagoya University(名古屋大学大学院理学研究科生命理学専攻)

Graphical Abstract

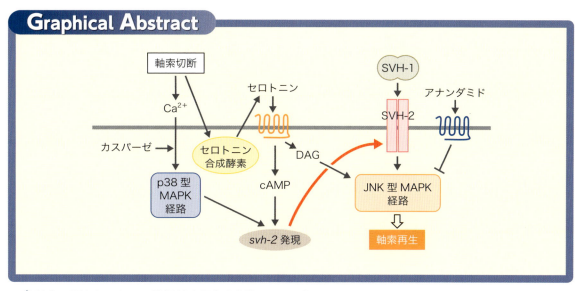

◆ 線虫で明らかになった神経軸索再生を制御するシグナルネットワーク

軸索切断はCa²⁺流入とセロトニンの合成を誘導する．Ca²⁺はp38型MAPK経路を活性化し，セロトニンはcAMPとDAGの産生を誘導する．さらにそれらのシグナルがJNK型MAPK経路を活性化する．

した複数のタイプの神経をもち，それぞれが神経伝達物質としてアセチルコリン，γ-アミノ酪酸（GABA），セロトニン，ドーパミン，ニューロペプチドなどを産生する．線虫において神経軸索の再生が最初に報告されたのは2004年末であるが，これはレーザー技術の発達により顕微鏡下で1本の神経を切断できるようになってはじめて可能となった[5]．その後，2009年にMAPKKKであるDLK-1，MAPKKであるMKK-4およびp38型MAPKの1つPMK-3より構成されるp38型MAPK経路が，MAPKAPK2を介して転写因子C/EBPの線虫ホモログCEBP-1をコードするcebp-1遺伝子のmRNAの安定化を誘導することにより神経軸索再生を促進することが報告された（図2）[6)7)]．DLK-1は，軸索切断によって起こるCa²⁺流入により活性化する[8]．また，p38型MAPK経路はCEBP-1を制御する以外に，微小管の安定化を誘導する因子の活性化と脱重合を行う因子の抑制も報告されている[9]．最近，マウスにおいても線虫DLK-1のホモログDLKが，運動神経および感覚神経のプレコンディショニングによる再生促進に必要であることが報告された[10]．これらのことから，DLK/DLK-1による神経軸索再生制御機構は，種を越えて保存されていると考えられる．

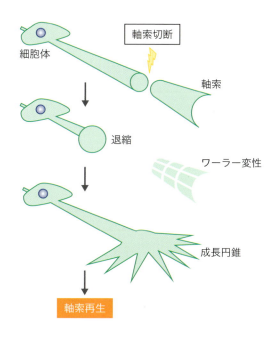

図1 神経軸索再生の模式図

2 JNK型MAPK経路による神経軸索再生制御

MAPKには，p38型以外にERK型およびJNK型があり，線虫からヒトまでよく保存されている[11]．われ

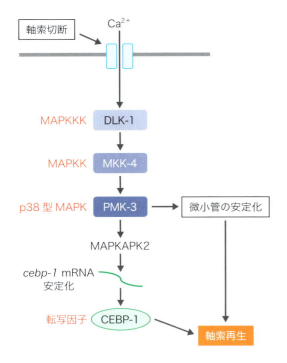

図2　線虫の軸索再生を制御するp38型MAPK経路

われは線虫において，MAPKKKであるMLK-1，MAPKKであるMEK-1およびJNK型MAPKであるKGB-1から構成されるJNK型MAPK経路が，p38型MAPK経路と同様に軸索再生を正に制御することを見出した[12]．さらに，遺伝学を絡めた独自の網羅的RNA干渉スクリーニングにより，JNK型MAPK経路で軸索再生制御に関与する因子（SVH）を複数同定した[13]．ここで，いくつかの*svh*遺伝子について，軸索再生における作用機構を紹介する．

*svh-1*遺伝子はHGF様の増殖因子を，*svh-2*はHGF受容体c-Metのホモログをコードしている[13)14]．SVH-1は，頭部感覚神経の1つであるADLから分泌される．それに対し，SVH-2は通常は神経で発現していないが，軸索を切断された神経においてその発現が誘導される．この発現誘導には，転写因子Etsの線虫ホモログETS-4（SVH-5）とCEBP-1（SVH-8）の両方が必要である[15]．ETS-4はcAMPで活性化されるcAMP依存性プロテインキナーゼAによりリン酸化されるとCEBP-1と複合体を形成し，*svh-2*遺伝子の発現を誘導する．発現誘導されたSVH-2は増殖因子受容体として，SVH-1により活性化され，さらに下流のJNK型MAPK経路を活性化することにより軸索再生が誘導される（図3）．

さらに，cAMPは神経伝達物質セロトニンによる細胞外からのシグナルにより，その産生が誘導される[16]．興味深いことに，このセロトニンシグナルについて，通常の条件下ではセロトニンを産生しない運動神経や感覚神経が軸索切断を受けると，一過的にセロトニンを産生する神経に変化することが明らかになった．このことは，セロトニン非産生神経が軸索切断により，「セロトニン産生神経化」することを意味している．また，この「セロトニン産生神経化」は，転写因子HIF-1がセロトニン合成酵素を発現誘導することにより行われていた．産生されたセロトニンは，軸索切断神経にあるセロトニン受容体を介して切断神経に対して自律的に作用し，cAMP合成を促進する．同時に，活性化された受容体は，DAGの調節を介してプロテインキナーゼCを活性化し，それがMLK-1 MAPKKKのキナーゼ活性化ドメインをリン酸化することにより活性化する（図3）．

*svh-3*遺伝子は，「体内麻薬物質」ともよばれる脂質メディエーターのアナンダミドを分解する酵素をコードしている[17]．アナンダミドは，三量体Gタンパク質を介してDAG産生を抑制し，その結果プロテインキナーゼCの活性化が抑えられ，MLK-1 MAPKKKの活性化がブロックされる．このように，アナンダミドは，JNK型MAPK経路の活性化を抑制することにより，D型運動神経の神経軸索再生を負に制御している（図4左）．D型運動神経の場合，神経軸索は遠位側の軸索先端を忌避して伸長する．ところが，アナンダミドを合成できない変異体では，再生中のD型運動神経の軸索は遠位側の軸索先端を忌避しなくなる．さらに，アナンダミドを異所的に発現させると，発生期におけるD型運動神経の軸索は正常に伸長するが，軸索切断後の再生軸索はアナンダミドの発現部位を忌避するようになる．これらのことから，アナンダミドは再生軸索が遠位側の軸索を忌避するように働く，再生軸索特異的なガイダンス分子として機能すると考えられる（図4右）．

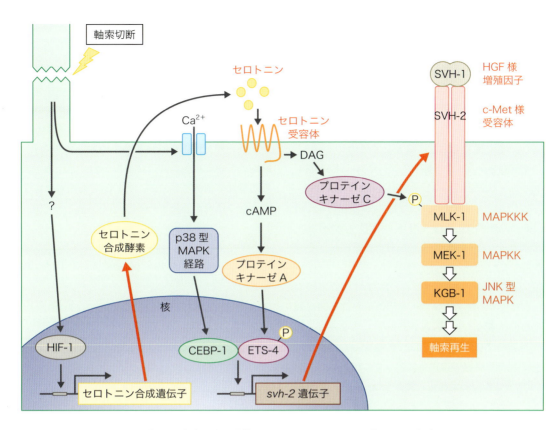

図3 線虫の軸索再生を制御するJNK型MAPK経路とその上流経路

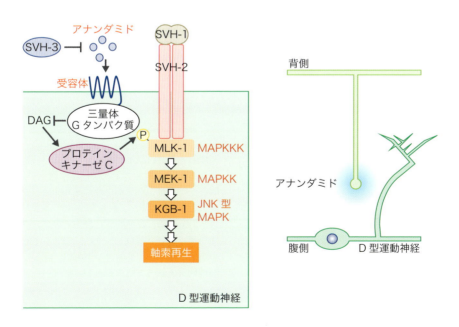

図4 アナンダミドによる軸索再生制御
左図はシグナル経路を，右図はD型運動神経におけるアナンダミドの再生特異的ガイダンスキューとしての役割を模式的に示した．

3 細胞死関連シグナルと神経軸索再生

線虫はプログラム細胞死研究のモデルとして古くから研究されており，これまでにさまざまな発見がなされている[18]．線虫では，EGL-1/BH3 only – CED-9/Bcl-2 – CED-4/Apaf-1 – CED-3/カスパーゼ3からなる経路が，主な細胞死実行経路として機能している．また，死細胞を貪食する経路として，INA-1/PS1型インテグリン – CED-2/CrkII – CED-5/DOCK180 – CED-12/ELMO – CED-10/Rac GTPaseからなる経路と，CED-1/MEGF10, 11, Jedi-1 – CED-7/ABCトランスポーター – CED-6/GULPからなる経路が，それぞれ機能している[18)19]．

最近，CED-3がCa^{2+}シグナルとDLK-1の間で機能することにより，そのカスパーゼ活性依存的に神経軸索再生を促進することが報告された[20]．ちなみに，細胞死実行経路でCED-3の上流で機能するCED-4はCED-3と同様に神経軸索再生に関与するが，EGL-1およびCED-9は神経軸索再生に関与しない．このことから，Ca^{2+}シグナルの下流で未知の因子がCED-4 – CED-3経路を活性化し，それが細胞死を誘導しない形でDLK-1の活性化に関与することが考えられる．現在のところ，神経軸索再生におけるCED-3のカスパーゼ活性の標的はわかっていない．また，神経切断後の遠位側軸索と近位側軸索の再結合に，CED-6とCED-7が関与することが報告された[21]．さらに，最近，われわれは死細胞の貪食を制御するINA-1 – CED-10経路が，Ste20様キナーゼMAX-2の活性化，MLK-1 MAPKKKの活性化を介してJNK型MAPK経路を活性化することにより，幼虫期における神経軸索再生を制御することを見出した．このように，細胞死に関連した多くの因子や経路が，神経軸索再生においても機能することが明らかになりつつある．しかし，その意味するところについては現在のところ不明である．

おわりに

線虫を用いた神経軸索再生研究により，神経軸索再生のシステムについて多くのことが明らかになってきた．また，プログラム細胞死および死細胞の貪食に関与する因子の多くが，神経軸索再生も制御するという予想外の知見が得られはじめている．このことから，細胞死と軸索再生の間には何らかの共通原理が存在する可能性が推測されるが，その同定と理解には今後のさらなる研究が必要である．

文献

1) Liu K, et al：Annu Rev Neurosci, 34：131-152, 2011
2) 山下俊英：中枢神経の軸索再生を制御する分子機構．脳21, 14：108-113, 2011
3) Mar FM, et al：EMBO Rep, 15：254-263, 2014
4) Saijilafu, et al：Neurosci Bull, 29：411-420, 2013
5) Yanik MF, et al：Nature, 432：822, 2004
6) Hammarlund M, et al：Science, 323：802-806, 2009
7) Yan D, et al：Cell, 138：1005-1018, 2009
8) Yan D & Jin Y：Neuron, 76：534-548, 2012
9) Ghosh-Roy A, et al：Developmental Cell, 23：1-13, 2012
10) Shin JE, et al：Neuron, 74：1015-1022, 2012
11) Sakaguchi A, et al：J Biochem, 136：7-11, 2004
12) Nix P, et al：Proc Natl Acad Sci U S A, 108：10738-10743, 2011
13) Li C, et al：Nat Neurosci, 15：551-557, 2012
14) Hisamoto N, et al：Cell Rep, 9：1628-1634, 2014
15) Li C, et al：PLoS Genet, 11：e1005603, 2015
16) Alam T, et al：Nat Commun, 7：10388, 2016
17) Pastuhov SI, et al：Nat Commun, 3：1136, 2012
18) Malin JZ & Shaham S：Curr Top Dev Biol, 114：1-42, 2015
19) Hsu TY & Wu YC：Curr Biol, 20：477-486, 2010
20) Pinan-Lucarre B, et al：PLoS Biol, 10：e1001331, 2012
21) Neumann B, et al：Nature, 517：219-222, 2015

<筆頭著者プロフィール>
久本直毅：名古屋大学大学院理学研究科にて博士（理学）取得．その後，線虫の変異体を用いたシグナル伝達機構の解析を続けている．これまでJNK/p38型MAPK経路によるストレス応答，自然免疫，発生・分化，神経制御などの生命現象について解析してきた．最近は神経軸索再生の研究に焦点を当てており，MAPK経路に限らず神経軸索再生の制御機構全般へと研究領域を広げている．

第4章 新しいモデル生物と研究手法

2. ハダカデバネズミを用いた老化研究

河村佳見，三浦恭子

> ハダカデバネズミはマウスと同程度の大きさながら，平均寿命28年というきわめて長寿な齧歯類である．しかもその生存期間の8割もの間，老化の兆候を示さず，加齢に伴う死亡率の上昇も認められない．さらに，これまで自発的な腫瘍形成は確認されていない．つまりハダカデバネズミは，老化およびがんなどの老化関連疾患に対して顕著な抵抗性を示す哺乳類であり，このことから，「老化・がん化抑制法」の開発のための新たなモデル動物として注目を集めている．本稿では，ハダカデバネズミの特徴，これまでに報告されている老化・老化関連疾患にかかわる研究について紹介する．

はじめに

ハダカデバネズミ（naked mole-rat, *Heterocephalus glaber*）は，その名のとおり，裸で出っ歯の齧歯類である（図1）．体長は8〜11 cm，体重は約40 gとマウスと同程度の大きさで，野生下ではエチオピア・ケニア・ソマリアのサバンナの地下に，トンネル状の巣を形成して集団で生息している．ハダカデバネズミは哺乳類ではきわめて珍しい，昆虫のアリやハチに類似した「真社会性」とよばれる分業制の社会を形成する（図2）．真社会性とは，二世代以上が共存し，繁殖する個体とその繁殖を手伝う不妊個体集団からなる社会形態である．数十から数百匹の個体からなる1つのハダカデバネズミコロニー内で，繁殖は1匹の女王と1〜3匹の王のみが行う．下位の個体は雌雄ともに生殖器が未発達で，ワーカーや兵隊として巣内の仕事に従事する．下位の雌個体を女王から引き離すと，その雌は性成熟がはじまり女王化することから，女王は何らかの方法で巣内の他の雌個体の女王化を抑制していることがわかっている．女王化の抑制および抑制解除時の機構はいまだ不明であり大変興味深い．われわれは，MRI（核磁気共鳴画像法）とCT（コンピューター断層撮影）を用いたハダカデバネズミ三次元標準脳アトラスの作製を完了した[1]．現在，作製した標準脳アトラスをもとに，脳の形態・神経走行が女王とワーカーで差があるのか，ワーカーが女王になるときにどのような変化があるのかを生きたまま追跡し，解析を行っている．

一般的に哺乳類の体重と寿命は正の相関があり（図3），ハダカデバネズミの体重は約40 gとマウスと

[キーワード&略語]
ハダカデバネズミ，老化，がん化，長寿，非モデル動物

ARF：alternative reading frame
INK4a：inhibitor of cyclin-dependent kinase 4a

Aging study using the naked mole-rat
Yoshimi Kawamura/Kyoko Miura：Biomedical Animal Research Laboratory, Institute for Genetic Medicine, Hokkaido University（北海道大学遺伝子病制御研究所動物機能医科学研究室）

Graphical Abstract

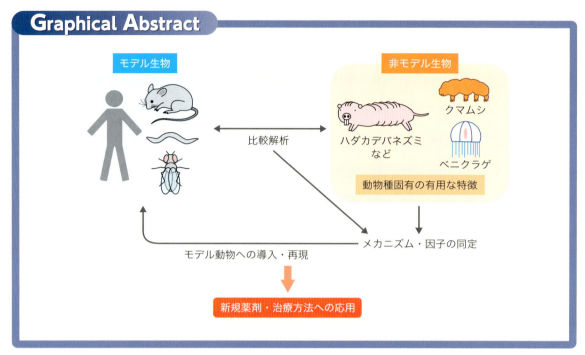

◆ 非モデル生物解析の可能性

次世代シークエンサーなどの発達によって非モデル生物の解析が可能になった．モデル生物との比較解析などから有用な特徴のメカニズム・因子を同定し，新規薬剤・治療法への応用をめざす．

ほぼ同等ながら，推定年齢42歳を超える生存個体が確認されている異例の長寿動物（平均生存期間28年）である．同じ真社会性動物であるアリの女王やシロアリの王・女王は寿命が長いことが知られているが，ハダカデバネズミではこのような性質はコロニー内の役割にかかわらず全個体で認められる．ハダカデバネズミは，生存期間の8割ものあいだ，老化の兆候（活動量・繁殖能力・心臓拡張機能・血管機能の低下など）を示さず加齢に伴う死亡率の上昇も認められない．超高齢（28歳以上）個体では，加齢性変化（筋肉量の減少，加齢性色素であるリポフスチンの沈着など）が確認されているが，これまで飼育下で観察された800匹の個体において自発的な腫瘍形成は確認されていない[2]．つまりハダカデバネズミは，老化およびがんなどの老化関連疾患に対して顕著な抵抗性を示す哺乳類であり，このことから，「老化・がん化抑制法」の開発のための新たなモデル動物として注目を集めている．

図1　ハダカデバネズミ
大きな門歯は口唇の前側に生えており，口を閉じても剥き出しになっている．目は小さく退化し，わずかに光を感じる程度である．

1 ハダカデバネズミの老化耐性

1) テロメアとDNAの安定性

老化に関与する要素の1つとして，テロメアとテロメラーゼが知られている．ハダカデバネズミを含む15

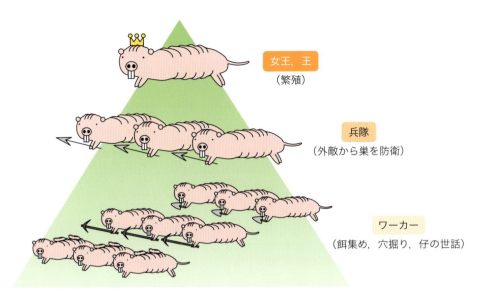

図2 ハダカデバネズミの社会形態
「真社会性」とよばれる分業制の社会を形成しており,繁殖は女王と王のみが行う.他の個体は雌雄ともに不妊で巣内のさまざまな仕事に従事する.文献19より引用.

種のさまざまな平均寿命をもつ齧歯類においてテロメラーゼ活性が調べられたが,活性の高さは寿命の長さではなく体の大きさに逆相関し(カピバラやヌートリアでは活性が低い),またテロメア長については,寿命や体の大きさとは相関がなく長寿な種で顕著に長いということはないことが報告されている[3)4)].

2011年にハダカデバネズミのゲノム解読が完了し,熱産生や視覚,痛覚(ハダカデバネズミは酸による痛みを感じない)に関連する遺伝子とともに,老化耐性・がん化耐性にかかわる遺伝子のいくつかにも種特異的な配列変化が存在することが見出された[5)]. そのうち,テロメラーゼ複合体の1つであるTERF1のアミノ酸配列において,ヒトでテロメアとの結合に必要とされているアミノ酸に種特異的な変異が存在することが判明した.また,4歳齢と20歳齢のハダカデバネズミのトランスクリプトームを調べたところ,テロメア逆転写酵素であるTERTの加齢による発現量変化が生じていなかった.これらのことから,ハダカデバネズミではテロメア維持機構が異なる可能性があり,その長寿とがん化耐性に寄与しているかもしれない.さらに近年,テロメアの保護にかかわるTINF2やDNA修復にかかわるCEBPGのコピー数が増加していることも報告されており[6)],ハダカデバネズミではテロメアおよびゲノムのintegrityを保つ機構が発達している可能性がある.

2)酸化ストレスとタンパク質の安定性

酸化ストレスもまた老化に関与する要因として考えられており,線虫・マウスなどのモデル動物を用いた解析が行われてきた.ハダカデバネズミにおいても解析が行われたが,意外なことに,若い個体においてもマウスと同等のレベルの脂質過酸化・タンパク質カルボニル化・DNA酸化ダメージが認められ[7)],抗酸化活性の増加が寿命延長をもたらしているわけではないと考えられる.一方で,若い個体(2年齢)および高齢の個体(24年齢以上)をマウスの若い個体(6カ月齢)および高齢個体(28カ月齢)と比較したところ,ハダカデバネズミでは高齢になってもタンパク質の構造の安定性に変化がないことや,マウスでみられる高齢でのタンパク質の酸化ダメージ・ユビキチン化の増大も起きないことが報告されている[8)].また,ハダカデバネズミではプロテアソーム活性にかかわるNrf2シグナル伝達系の活性増加やオートファジーの亢進がみられ[8)9)],さらにヒトやマウスと異なりリボソームRNAに切断部位をもつこととタンパク質合成の正確性が高

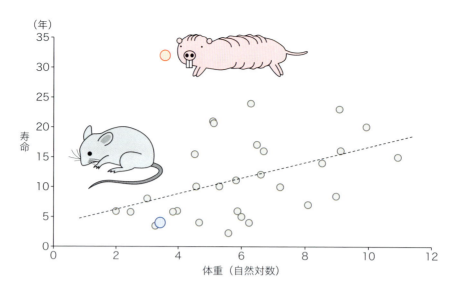

図3　齧歯類の寿命と体重の相関
一般的に体重が重いほど長寿であるが，ハダカデバネズミはマウスとほぼ同程度の体重ながら平均寿命が28年と非常に長寿である．赤丸：ハダカデバネズミ．青丸：マウス．文献20より引用．

いことが報告されている[10]．リボソームRNAに切断部位が存在することと翻訳の精度がどのように関与しているかは不明であるが，これらの研究からタンパク質の安定性に加え，異常タンパク質の除去機構，タンパク質合成の正確性が長寿の実現に重要な役割を果たしていると考えられる．

3）細胞老化

正常細胞は，細胞周期が進行する際にDNA損傷などの修復不可能な異常が生じると，細胞老化が引き起こされて異常細胞の増殖が不可逆的に停止するか，もしくはアポトーシスを起こして細胞が死ぬことが知られている．このことから，細胞老化はアポトーシスと同様に重要ながん抑制機構として機能していると考えられる．しかし，アポトーシスとは異なり，老化細胞は生体内に長期間存在し続け，炎症反応を引き起こすSASP（senescence-associated secretory phenotype）因子や活性酸素種（ROS）を分泌する．これにより周囲の細胞が損傷を受け，ひいてはがん化を引き起こす可能性が生じてくる．

近年，細胞老化の誘導に重要なサイクリン依存性キナーゼ阻害因子の1つである*Ink4a*遺伝子のプロモーター下流に，薬剤誘導性にアポトーシスを誘導する遺伝子をつないだトランスジェニックマウスを用いて，老化細胞を積極的に排除したところ，個体の老化が減弱されることが示された．このことから，老化細胞の蓄積と個体老化に直接的な関係があることが明らかとなった[11)12)]．現在われわれは，ハダカデバネズミ正常線維芽細胞に細胞老化を誘導した際，ヒトやマウスと異なる応答性を見出しており，ハダカデバネズミ個体の老化耐性との関係性について詳細な解析を進めている．

2　ハダカデバネズミのがん化耐性

1）実験的がん化誘導への抵抗性

老化関連疾患の1つとしてがんがあげられるが，ハダカデバネズミのがん化耐性について，その線維芽細胞を実験的に形質転換することでがん化耐性機構を解明しようとする研究が行われた．その結果，ハダカデバネズミ線維芽細胞はマウスと異なり，がん遺伝子である恒常活性化RasとSV40ラージT抗原を導入しただけでは，免疫不全マウスへの移植時に腫瘍を形成せず，ヒトテロメア逆転写酵素であるhTERTを同時に入れた場合にのみマウスと同様に腫瘍を形成することが報告されており，実験的がん化誘導に抵抗性があることが示された[13]．

2）早期接触阻害と高分子量ヒアルロン酸

ハダカデバネズミ線維芽細胞はヒトやマウスと異なり，より低い細胞密度で早期に接触阻害を示すことが報告されている[14]．接触阻害は正常な細胞でみられる現象であり，高密度になって互いに接触すると細胞周期が停止し増殖が抑制される．一方，形質転換した細胞では接触阻害能が失われ，無秩序に増殖して腫瘍を形成する．通常の接触阻害にはサイクリン依存性キナーゼ阻害因子であるp27kip1が関与しているが，ハダカデバネズミではそれよりも早い段階でINK4aが作用し早期接触阻害を引き起こすことが明らかとなった．培養過程で生じた早期接触阻害能を失ったハダカデバネズミ変異細胞では，ヒトやマウスと同様に高密度まで増殖できるが，その際にはp27kip1によって増殖が停止する．このように，ハダカデバネズミ細胞では密度が上昇するとまずINK4aが発現し，細胞増殖を抑制するが，その機構が破綻した場合でもp27kip1が発現することで異常な増殖を防ぐ二重のバリアを形成していることが報告された．

近年，この早期接触阻害には，ハダカデバネズミで高発現している高分子量ヒアルロン酸がかかわっていることが報告された[15]．ハダカデバネズミ細胞から培地中に分泌される高分子量ヒアルロン酸を酵素で分解すると，細胞は早期接触阻害を示さなくなった．次にハダカデバネズミ細胞においてヒアルロン酸合成酵素をノックダウンあるいはヒアルロン酸分解酵素を過剰発現させると，遺伝子導入によって形質転換し免疫不全マウスに移植した際，本来ならば腫瘍化しない前述の2種のがん遺伝子の導入で腫瘍を形成するようになった．ただ，この高分子量ヒアルロン酸を他種に発現させた場合にがん化耐性を獲得するかはいまだ未解明であり，さらに他の研究室では早期接触阻害自体がみられないという意見[16]もあるため，今後の進展が待たれる．

3）INK4/ARF遺伝子座の特殊性

INK4/ARF遺伝子領域は前述のINK4aと同じINK4ファミリーに属するINK4b，INK4aおよびARFという3つの代表的ながん抑制・老化関連遺伝子をコードしている．最近の研究で，ハダカデバネズミは種特異的にINK4aとINK4bのハイブリッドアイソフォームを形成していることがわかった[17]．このアイソフォームのがん化耐性・老化耐性における役割はまだ未解明であるが，INK4aやINK4bと同様にストレス刺激によって発現上昇がみられ，細胞周期抑制機能をもっていることが示された．また，前述のゲノム解読から，ハダカデバネズミのINK4aとARF遺伝子には早期終止コドンが存在し，マウスやヒトと比較してアミノ酸配列が短くなっていることが判明した．この配列変化により，種々の遺伝子機能に影響を及ぼすことが想定されるが，いまだ詳細な解析はなされていない．われわれは分子生物学的な解析基盤の確立を目的として，ハダカデバネズミのINK4aとARF遺伝子のクローニング，抗体作製などを行ってきた．今後，INK4aおよびARFの種特異的な配列変化による詳細な機能差，個体のがん化耐性・老化耐性への寄与の有無を明らかにしていきたい[18]．

おわりに——新規モデル動物の有効性

ハダカデバネズミが実験室で飼育され，真社会性動物であることが報告されたのは1981年のことであるが，それから20年が経過しても生存し続け，がんにもならないことがわかってきた．現在，ハダカデバネズミの平均寿命は28年と報告されているが，30歳を超える個体も出てきており，今後さらに平均寿命が延びるかもしれない．ハダカデバネズミが老化耐性・がん化耐性をもつことがわかってから10年近くが経ったが，根本的なメカニズムについてはいまだ未解明な部分がきわめて多いのが現状である．

これまでの実験動物を用いた疾患研究は，ゲノム配列が解読されており，かつヒトでは難しい実験的操作が可能な，モデル動物を用いた分子生物学的研究がほとんどであった．しかし，次世代シークエンサー技術などの急速な発展により，ヒトや従来のモデル動物には存在しない疾患耐性や組織再生機構などの有用な特徴をもつ非モデル生物を，分子生物学的に解析することが可能となってきた．われわれは，ハダカデバネズミの老化・がん化耐性というきわめて有用な特徴を分子生物学的に解明するために日本で唯一のハダカデバネズミ研究室を立ち上げ，現在約200匹のハダカデバネズミを飼育している．これまでにiPS細胞誘導を実験系として用いることで，ハダカデバネズミ個体のがん化耐性に関与すると考えられる特殊な遺伝子発現制

御機構を見出している（宮脇ら，論文リバイス中）．また，低酸素適応機構やエネルギー代謝にも着目して解析を進めている．近年発達が著しいゲノム編集技術なども用い，根本的な老化・がん化耐性メカニズムの解明に向けてさらなる研究を進めていく予定である．

このように，今まで研究対象とすることが難しかった有用な特徴をもつ非モデル動物を新たなモデルとして研究し，医療や創薬などに応用することは，今後10〜20年で飛躍的に発展していくと考えられる．

文献

1) Seki F, et al：Front Neuroanat, 7：45, 2013
2) Buffenstein R：J Comp Physiol B, 178：439-445, 2008
3) Gorbunova V, et al：Age (Dordr), 30：111-119, 2008
4) Seluanov A, et al：Aging Cell, 7：813-823, 2008
5) Kim EB, et al：Nature, 479：223-227, 2011
6) MacRae SL, et al：Aging Cell, 14：288-291, 2015
7) Andziak B, et al：Aging Cell, 5：463-471, 2006
8) Pérez VI, et al：Proc Natl Acad Sci U S A, 106：3059-3064, 2009
9) Lewis KN, et al：Proc Natl Acad Sci U S A, 112：3722-3727, 2015
10) Azpurua J, et al：Proc Natl Acad Sci U S A, 110：17350-17355, 2013
11) Baker DJ, et al：Nature, 479：232-236, 2011
12) Chang J, et al：Nat Med, 22：78-83, 2016
13) Liang S, et al：Aging Cell, 9：626-635, 2010
14) Seluanov A, et al：Proc Natl Acad Sci U S A, 106：19352-19357, 2009
15) Tian X, et al：Nature, 499：346-349, 2013
16) Deweerdt S：Nature, 509：S60-S61, 2014
17) Tian X, et al：Proc Natl Acad Sci U S A, 112：1053-1058, 2015
18) Miyawaki S, et al：Inflamm Regen, 35：42-50, 2015
19) 河村佳見，他：ハダカデバネズミ なぜそんなに長生きでがんにならない？．化学と生物，52：189-192, 2014
20) 宮脇慎吾，他：ハダカデバネズミの不思議―がんにならず長生きするには―．現代化学，530：32-34, 2015

＜筆頭著者プロフィール＞
河村佳見：2002年九州大学農学部・生物資源環境学科卒業．'08年大阪大学大学院・生命機能研究科博士課程修了，博士（理学）．同年慶應義塾大学医学部・生理学教室幹細胞分離グループ特別研究助教．'13年同大学生理学教室ハダカデバネズミ研究ユニット特任助教．'14年より北海道大学・遺伝子病制御研究所・動物機能医科学研究室助教．研究テーマ：ハダカデバネズミの老化耐性機構の解明．ハダカデバネズミの不思議に日々驚かされています．

第4章 新しいモデル生物と研究手法

3. メダカを用いたパーキンソン病研究

上村紀仁

> パーキンソン病（PD）は運動障害を主徴とする神経変性疾患であり，中脳黒質緻密部ドパミン神経細胞の脱落に伴うドパミン欠乏が症状の主な原因である．神経細胞死にはαシヌクレイン（α-Syn）の蓄積が深くかかわっていると考えられているが，その機序には不明な点が多い．疾患の病態解明と新規治療法開発のために動物モデルは必要不可欠であるが，PD研究においては，病態をよく再現するモデルがないことが疾患克服の大きな障害となってきた．これまでわれわれはメダカを用いてPD研究に取り組んできた．本稿では，われわれが見出した知見とともに，最新の知見も併せて概説する．

はじめに

パーキンソン病（PD）は運動障害を主徴とする進行性の神経変性疾患であり，病理学的にはαシヌクレイン[※1]（α-Syn）の凝集体であるレビー小体形成を伴う黒質緻密部ドパミン神経細胞死を特徴とする．ドパミン補充療法にて一時的に症状が改善するが，長期的には緩徐に症状が増悪する．現在，わが国の患者数は15万人以上で，超高齢化社会を迎えるにあたりさらなる患者数増加が予想され，予防法の確立と新規治療法開発が求められている．

PDにおける神経細胞死は，少なくとも一部はアポトーシスによると考えられている．PD患者剖検脳の解析では，黒質緻密部にクロマチン凝集を伴いTUNEL陽性となる核が，またドパミン神経細胞にBaxとカスパーゼ3の発現増加が観察されると報告されている[1]．しかし，その他の細胞死の機序の関与については不明な点が多い．これは，死後脳の観察の限界や，病態をよく再現する動物モデルがないことに起因する．神経細胞死の原因については，α-Synの蓄積が細胞毒性を引き起こすとの考えが主流である．α-Synの蓄積と凝集は，細胞内小胞輸送障害，シナプス小胞放出障害，ミトコンドリア機能障害や酸化ストレスを引き起こす

[キーワード&略語]
パーキンソン病，動物モデル，メダカ

α-Syn：α-Synuclein（αシヌクレイン）
MEF：mouse embryonic fibroblast
　（マウス胎仔由来線維芽細胞）
PD：Parkinson's disease（パーキンソン病）
TH：tyrosine hydroxylase
　（チロシンヒドロキシラーゼ）

※1 αシヌクレイン
140アミノ酸残基からなるタンパク質で，特にプレシナプスに多く分布する．生理的機能に関しては不明な点が多いが，ノックアウトマウスの解析からは，シナプス小胞の開口放出に対して抑制的に働くと考えられている．

Parkinson's disease research using medaka fish
Norihito Uemura：Department of Neurology, Graduate School of Medicine, Kyoto University（京都大学大学院医学研究科臨床神経学）

◆メダカを用いたパーキンソン病の再現

パーキンソン病（PD）は固縮，振戦，寡動，姿勢反射障害などの運動障害を特徴とする神経変性疾患である．病理学的には中脳黒質緻密部ドパミン神経細胞の脱落を認め，神経細胞内封入体であるレビー小体が観察される．レビー小体の主要構成成分はαシヌクレインである．本研究は，メダカを動物モデルとしてパーキンソン病を再現し，その病態解明と治療法開発を目的とする．メダカの脳にも，ヒト中脳黒質緻密部に相当するドパミン神経細胞（間脳ドパミン神経細胞）が存在し，チロシンヒドロキシラーゼ（TH）免疫染色にて観察することが可能である．メダカ脳の模式図 1：終脳（線条体），2：視蓋，3：間脳，4：小脳，5：延髄．

ことが報告されている[2]．

疾患研究において動物モデルが果たす役割は大きい．これには病態の解明，薬剤候補化合物の薬効検証があげられる．しかし，PDの病態を忠実に再現した動物モデルはいまだに作製されておらず，PDの克服の大きな障害となっている．特に，疾患研究で頻用される齧歯類（マウス，ラット）でよいPDモデルが作製されていないことが大きい．

PDの90〜95％は孤発性であるが，その一部（5〜10％）は家族性である（表）．孤発性PDに関しては，さまざまな環境要因や遺伝的要因が考えられている．環境要因としては，加齢，嗜好品，活動強度，金属への曝露，頭部外傷，農薬への曝露などの報告がある．遺伝的要因としてはゲノムワイド関連解析（GWAS）によって，いくつかの遺伝子のSNPがPD発症のリスクになることが報告されている[3]．しかし，いずれの要因も単独でPDの病態を再現できるものではなく，これまで主に家族性PD原因遺伝子の解析から孤発性PDの病態を解明するという戦略で研究が進められてきた．これまでわれわれは，複数の遺伝子改変メダカを作製，解析している．まず動物モデルとしてのメダカの特徴を概説し，遺伝子改変メダカの研究結果を最新の知見と併せて紹介する．

1 パーキンソン病研究におけるメダカの特徴

モデル動物は大きく脊椎動物と無脊椎動物に分類され，脊椎動物のなかでは魚類，齧歯類，霊長類がPDの研究に用いられてきた．一般に，ヒトに近い動物種で観察された病態ほど，ヒトの病態に近い現象を反映していると考えられる．しかしその反面，高等な動物種になるほど，飼育が困難，高コスト，世代交代が長い，遺伝子操作が困難，といった動物モデルとして使用しにくい面がある．

メダカは扱いや飼育が容易，多産（メスは10〜20個/日の卵を産む），遺伝子操作が比較的容易，稚魚は体が透明，といった特徴をもつ．寿命は2年程度で，世代交代は2〜3カ月である．メダカの脳は哺乳類の脳とやや異なり，大脳皮質が見当たらない．しかし，解剖学的に線条体に投射するドパミン神経細胞，すなわちヒト黒質緻密部に相当するドパミン神経細胞を有する[4]．無脊椎動物にはα-Synが存在せず，すなわちこれらの動物種では，他の遺伝子操作や薬剤投与の結果としての内因性α-Synの動態や，その神経細胞に対する毒性を観察することはできない[5]．一方で，メダカを含む脊椎動物にはα-Synが存在し，この点はPD

表 パーキンソン病の原因遺伝子

遺伝子座	遺伝子	遺伝形式	レビー小体
PARK1	α-Syn（ミスセンス変異）	AD	＋
PARK2	Parkin	AR	－
PARK4	α-Syn（三重複）	AD	＋
PARK5	UCHL1	AD	Unknown
PARK6	PINK1	AR	Unknown
PARK7	DJ-1	AR	Unknown
PARK8	LRRK2	AD	＋／－
PARK9	ATP13A2	AR	Unknown
－	GBA	AR（ゴーシェ病）	＋

PARK1～9は家族性パーキンソン病の代表的な原因遺伝子である．GBAはゴーシェ病の原因遺伝子であるが，そのヘテロ接合型変異が孤発性パーキンソン病の最も強力な危険因子であることが知られている．AD：autosomal dominant（常染色体優性遺伝），AR：autosomal recessive（常染色体劣性遺伝）．

研究において利点といえる．

遺伝子組換え体の作製に関しては，メダカでは外来遺伝子を導入するトランスジェニック法に加えて，TILLING（targeting induced local lesions in genomes）法が確立している[6]．これはエチルニトロソウレア（ENU）という変異原をオスに曝露させることにより，精子のDNAに点変異を起こさせ，その変異を引き継いだ個体を得る方法である．当初，われわれはこの方法で遺伝子改変メダカを作製していたが，現在はTALENsやCRISPR/Cas9がメダカにも用いられるようになり，ゲノム編集がさらに容易になっている[7)8)]．

❷ Parkin/PINK1変異メダカ

Parkin変異は若年性PDの原因となるが，病理学的にはほとんどの症例でレビー小体を認めない．PINK1変異も若年性PDの原因となり，ホモ接合体変異での剖検例は報告がないが，ヘテロ複合体変異患者に関しては典型的なレビー小体が報告されている．Parkinは細胞質に存在するユビキチンリガーゼで，PINK1はミトコンドリアに局在するセリン・スレオニンキナーゼである．Parkin，PINK1の研究が大きく進んだのは，2006年のショウジョウバエを用いた研究報告である[9)10)]．この研究では，Parkin欠失体とPINK1欠失体にミトコンドリアの形態異常を伴う筋肉の変性や精子の異常による不妊という共通した表現型が認められ，PINK1欠失体の表現型はParkinの強制発現によって改善するがその逆は成立せず，ショウジョウバエでは遺伝学的にPINK1はParkinの上流に存在することが推察された．この成果は，Parkinが傷害ミトコンドリアに集積し，PINK1とともにオートファジーによる分解（マイトファジー※2）を促進することを示した研究結果につながった[11)]．マウスParkin欠失体とPINK1欠失体の報告もされたが，ミトコンドリア機能の低下や薬剤に対する脆弱性がみられたものの，ドパミン神経細胞脱落やミトコンドリアの形態異常はみられなかった．さらに，Parkin，PINK1，DJ-1三重欠失マウスの報告もされたが，ドパミン神経細胞脱落は認められなかった[12)]．この結果は，マウスがこれら遺伝子欠失に対する代償機構をもっている可能性を示唆する．なお，これらモデル動物ではα-Synの蓄積がみられたという報告はない．

われわれはTILLING法にてParkin，PINK1それぞれの欠失メダカ（ナンセンス変異体）を作製した[13)]．Parkin，PINK1単独欠失体は軽微な運動障害を認める

> **※2　マイトファジー**
> 傷害ミトコンドリアを分解して品質管理を行う選択的オートファジーの一種である．脱分極したミトコンドリアでPINK1が安定化し，Parkinがミトコンドリアに局在することによってマイトファジーが開始される．

のみだが，これら二重欠失体は運動機能障害を認め（図1A），進行性のドパミン神経細胞脱落と（図1B），一部TH陽性ドパミン神経細胞がTUNEL陽性となることが観察された（図1C）．さらに，Parkin, PINK1 二重欠失体のみでミトコンドリア機能の低下を認めた（図1D）．われわれはこれらの結果をマウス胎仔由来線維芽細胞（MEF）で再現できるか試みた．野生型やParkin, PINK1単独欠失MEFと比較してParkin, PINK1二重欠失MEFにて，ミトコンドリア機能低下，一本鎖DNA染色とアネキシンV染色陽性細胞数増加，切断型カスパーゼ3の増加を認めた．以上の結果から，われわれは，脊椎動物においてはPINK1がParkinの上流にあるという経路のみならず，それぞれが相補的に働く経路が存在するという仮説を提唱した（図1E）．最近，Parkin欠失による基質PARISの蓄積がミトコンドリア異常を惹起することや[14]，マイトファジーがPINK1単独でも起こりParkinはこれを促進することなどが報告され[15]，これらがわれわれの仮説を支持するものになるかもしれない．

3 *ATP13A2* 変異メダカ

*ATP13A2*変異患者では，ドパミン補充療法に反応する若年発症のパーキンソン症状以外にも，認知機能障害や錐体路兆候などの多彩な症状を呈する．病理学的に神経セロイドリポフスチン沈着症を呈した家系のなかに，*ATP13A2*変異が報告されている．α-Synの蓄積については報告がない．原因タンパク質のATP13A2はリソソームに存在するP型ATPaseであり，陽イオントランスポーターと考えられている．細胞実験では，ATP13A2の発現がMn^{2+}の細胞毒性を緩和するという報告がある一方で[16]，最近，ATP13A2がZn^{2+}のトランスポーターとして働き，Zn^{2+}の細胞毒性を緩和するという報告がある[17]．

われわれはTILLING法にてスプライシングの異常を起こす*ATP13A2*変異メダカを作製した[18]．この*ATP13A2*変異メダカでは，正常な*ATP13A2* mRNAの発現が約20％に低下していた．このホモ接合型変異メダカは運動機能障害を示さなかったが（図2A），12カ月齢において軽微なドパミン神経脱落を示した（図2B）．また，脳においてカテプシンDの発現とその活性低下（図2C），電顕にてリソソーム蓄積病でみられる指紋様構造物を認め（図2D），リソソームの障害が示唆された．カテプシンDはα-Synの分解にかかわる酵素として知られているが，調べた範囲では*ATP13A2*変異メダカの脳でα-Synの蓄積は明らかでなかった．最近，ATP13A2欠失マウスの解析が報告されたが，この変異マウスでは神経細胞のリソソーム異常とリポフスチン沈着，進行性の運動症状を認めたものの，ドパミン神経細胞変性やα-Synの蓄積はみられなかった．さらに，ATP13A2/α-Syn二重欠失マウスの解析でも表現型は改善せず，α-Synは病態に関与しないと考察されている[19]．

4 *GBA* 変異メダカ

*GBA*はリソソーム蓄積病として知られるゴーシェ病の原因遺伝子である．GBAはリソソーム内にてグルコセレブロシドをセラミドとグルコースに分解する．ゴーシェ病は常染色体劣性遺伝形式をとる．以前からゴーシェ病患者やその血縁者にPDが多いことが知られていたが，最近，*GBA*の変異がPD発症の最も強い危険因子であることが明らかとなった[20]．*GBA*のヘテロ接合型変異（ゴーシェ病キャリアー）はPDを約5倍発症しやすく，ホモ接合型変異（ゴーシェ病患者）は約20倍PDを発症しやすい[21]．日本人においては，PD患者の約1割が*GBA*のヘテロ接合型変異をもつと報告されている[22]．また，*GBA*変異をもつPD患者の剖検脳には孤発性PDと同じレビー小体が認められ，孤発性PDの発症機序解明にも重要と考えられる．これまで実験的には，*GBA*変異に伴う酵素活性低下がα-Synの蓄積を促し，α-Synの蓄積は小胞体からリソソームへのGBA輸送を阻害することによって，病態の悪循環を形成することが提唱されている[23]．

われわれはTILLING法にてGBA欠失メダカ（ナンセンス変異体）を作製した[24]．ヒトやマウスではGBA酵素活性を欠損すると生後間もなく致死となるが，GBA欠失メダカは月単位で生存し，病態の進行が観察可能であった．GBA欠失メダカは2カ月齢で回転する異常行動を示し，5カ月齢までに死亡した．病理学的な解析では，ドパミン神経細胞のみならずセロトニン神経細胞の脱落がみられ，非選択的な進行性の神経細

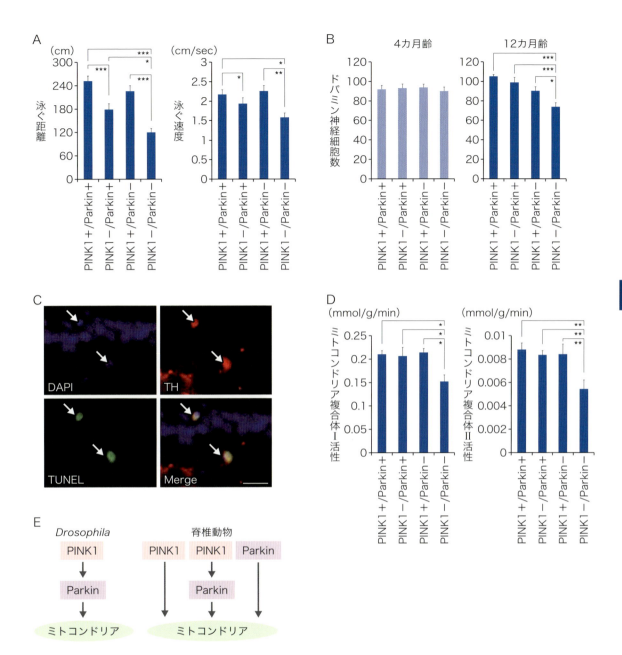

図1　Parkin/PINK1 二重変異メダカの解析

A) 12カ月齢における一定時間での泳ぐ距離と速度．Parkin/PINK1二重欠失メダカは両者の低下を示した．B) 4カ月齢と12カ月齢のドパミン神経細胞数．Parkin，PINK1単独欠失メダカはドパミン神経細胞脱落を示さないが，Parkin/PINK1二重欠失メダカは進行性のドパミン神経細胞死を示した．C) Parkin/PINK1二重欠失メダカ脳においてTH陽性ドパミン神経細胞がTUNEL陽性となることが観察された．スケールバーは10μm．D) Parkin/PINK1二重欠失メダカは12カ月齢においてミトコンドリア複合体Ⅰ/Ⅱの活性低下を示した．E) ショウジョウバエの研究結果よりPINK1がParkinの上流でミトコンドリア保護的に働くことが示されたが，Parkin/PINK1二重変異メダカの解析から脊椎動物においてはParkinとPINK1がそれぞれ単独でも機能している可能性が考えられる．$*P < 0.05$，$**P < 0.01$，$***P < 0.001$．文献13をもとに作成．

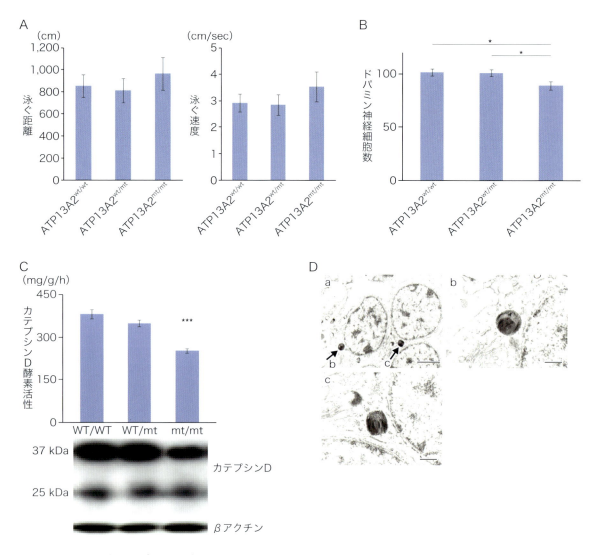

図2　ATP13A2変異メダカの解析
A) 12カ月齢における一定時間での泳ぐ距離と速度．B) 12カ月齢におけるドパミン神経細胞数．ATP13A2ホモ接合型変異メダカはドパミン神経細胞数の減少を示した．C) 脳におけるカテプシンD酵素活性とウエスタンブロット．ATP13A2ホモ接合型変異メダカにおいてカテプシンD酵素活性の低下と発現量低下を示した．D) ATP13A2ホモ接合型変異メダカの神経細胞電顕像．細胞質に指紋様構造を認めた（矢印）．スケールバーはa：2 μm，b,c：400 nm．$*P<0.05$，$***P<0.001$．文献18をもとに作成．

胞脱落を認め（**図3A**），一本鎖DNA（ssDNA）陽性細胞を認めた（**図3B**）．電顕ではオートファゴソームの蓄積を伴う軸索の腫脹が散見され（**図3C**），免疫染色でもオートファゴソームのマーカーであるLC3の蓄積が多数観察された（**図3D**）．さらに，メダカα-SynがLC3蓄積部位すなわち軸索腫脹部に蓄積していることを見出した（**図3D**）．一方，電顕で神経細胞体を観察すると，リソソームに線維状構造物が蓄積している様子がみられた（**図3E**）．通常，軸索においては遠位部にてオートファゴソームが形成され，細胞体側に輸送されてリソソームと融合するとされている．GBA欠失メダカの病理学的，形態学的な解析から，リソソーム障害がこのオートファゴソームの輸送を阻害して軸索内への蓄積を引き起こし，同部位にα-Synが蓄積していると考えた（**図3F**）．

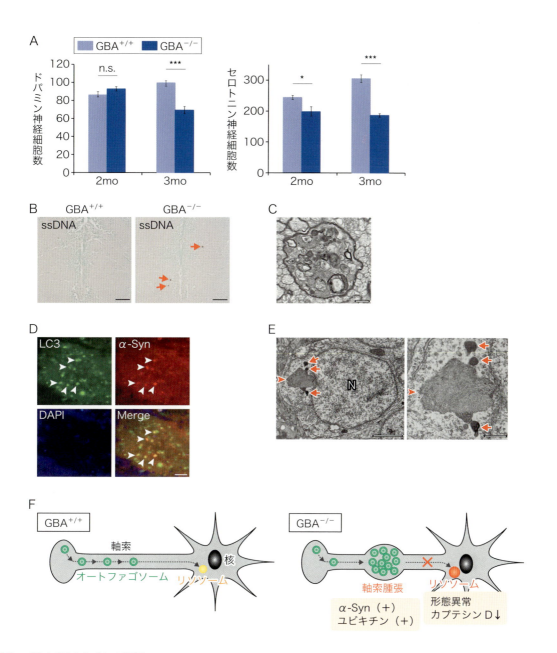

図3　GBA変異メダカの解析
A) 2カ月齢と3カ月齢におけるドパミン神経細胞数とセロトニン神経細胞数．GBA欠失メダカは非選択的な進行性の神経細胞死を示した．**B)** 一本鎖DNA（ssDNA）染色像．GBA欠失メダカにおいてssDNA陽性の死細胞を認めた．スケールバーは50 μm．**C)** GBA欠失メダカの電顕像．内部にオートファゴソームの蓄積を伴う軸索の腫脹が観察された．スケールバーは500 nm．**D)** GBA欠失メダカのLC3とα-Synの蛍光二重免疫染色像．α-Syn蓄積はLC3蓄積部位と共局在した．スケールバーは20 μm．**E)** GBA欠失メダカの神経細胞電顕像．リソソーム内に線維状構造物の蓄積を認めた．矢印：リソソーム，矢じり：線維状構造物の蓄積，N：核．スケールバーは左図2 μm，右図500 nm．**F)** 病理学的解析結果のサマリー．軸索においては遠位部にてオートファゴソームが形成され，オートファゴソームは逆行性に輸送されリソソームと融合するとされている．GBA欠失メダカにおいてはリソソーム障害によりオートファゴソームの輸送が障害され，軸索内にオートファゴソームが蓄積し，同部位にα-Synも蓄積していると考えた．$^*P<0.05$，$^{***}P<0.001$．文献24をもとに作成．

おわりに

　今回紹介した家族性PDの原因遺伝子変異メダカの解析によって，ミトコンドリア機能障害，オートファジー・リソソーム系の障害がPDの病態に深く関与していることが考えられた．しかし，PDの病態はα-Synを中心として多様な機序が関与していると考えられ，いまだに不明な点が多い．最近は，神経細胞内の病態のみならず，神経炎症やα-Synの神経細胞間の伝播も注目を浴びている．

　先述したように，メダカにおいてもTALENsやCRISPR/Cas9が用いられるようになり，遺伝子破壊がさらに容易になった．メダカは遺伝学的手法によって疾患の病態解明に大きく貢献できる可能性がある．今後，さらにPDの病態解明が進むとともに，新規薬剤の開発につながる成果を期待したい．

文献

1) Tatton NA：Exp Neurol, 166：29-43, 2000
2) Cookson MR：Mol Neurodegener, 4：9, 2009
3) Satake W, et al：Nat Genet, 41：1303-1307, 2009
4) Rink E & Wullimann MF：Brain Res, 889：316-330, 2001
5) Dawson TM, et al：Neuron, 66：646-661, 2010
6) Taniguchi Y, et al：Genome Biol, 7：R116, 2006
7) Ansai S, et al：Genetics, 193：739-749, 2013
8) Ansai SY & Kinoshita M：Biol Open, 3：362-371, 2014
9) Park J, et al：Nature, 441：1157-1161, 2006
10) Clark IE, et al：Nature, 441：1162-1166, 2006
11) Matsuda N, et al：J Cell Biol, 189：211-221, 2010
12) Kitada T, et al：J Neurochem, 111：696-702, 2009
13) Matsui H, et al：Hum Mol Genet, 22：2423-2434, 2013
14) Stevens DA, et al：Proc Natl Acad Sci U S A, 112：11696-11701, 2015
15) Lazarou M, et al：Nature, 524：309-314, 2015
16) Gitler AD, et al：Nat Genet, 41：308-315, 2009
17) Tsunemi T & Krainc D：Hum Mol Genet, 23：2791-2801, 2014
18) Matsui H, et al：FEBS Lett, 587：1316-1325, 2013
19) Kett LR, et al：J Neurosci, 35：5724-5742, 2015
20) Sidransky E, et al：N Engl J Med, 361：1651-1661, 2009
21) Bultron G, et al：J Inherit Metab Dis, 33：167-173, 2010
22) Mitsui J, et al：Arch Neurol, 66：571-576, 2009
23) Mazzulli JR, et al：Cell, 146：37-52, 2011
24) Uemura N, et al：PLoS Genet, 11：e1005065, 2015

＜著者プロフィール＞
上村紀仁：2005年京都大学医学部卒業，研修医として勤務した後，'10年京都大学大学院医学研究科博士課程入学（臨床神経学分野）．メダカを用いてGBA変異とパーキンソン病に関する研究を行った．'15年京都大学博士（医学），同年より神経内科特定助教．

第4章 新しいモデル生物と研究手法

4. アポトーシスとパイロトーシスのイメージング

劉霆，三浦正幸，山口良文

生体内における細胞死の生理的意義を理解するうえで，細胞死がいつどこでどのように生じるか知ることも重要となる．「制御された細胞死」のうちアポトーシスは，古くから研究が進んだこともあり多様な検出手法が存在している．一方，その他の制御された細胞死は，近年その存在および分子機構が明らかになってきたため，いまだ特異的な検出手法が存在しないものも多い．本稿では，どちらもカスパーゼ活性化を伴う制御された細胞死，アポトーシスとパイロトーシスに的を絞り，その検出法について最近のわれわれの研究も交え概説する．

はじめに

近年，生体内には多様な細胞死様式とそれぞれ異なる実行機構の存在が明らかになってきた．次なる課題として，細胞死様式おのおのの生物学的意義の解明があるが，同時にこれまで区別し得なかった異なる細胞死様式を見分ける手法の開発も必要とされる．しかし，特異的検出法が存在する「制御された細胞死」はアポトーシスのみで，他の細胞死様式を見分ける手法はきわめて少ないというのが現状である．本稿では，細胞死実行因子カスパーゼが関与する2種類の制御された細胞死，アポトーシスとパイロトーシスについて，これまでに報告された検出手法を概説する．

1 アポトーシスとパイロトーシス

1）アポトーシスの特徴・分子機構

「細胞の自殺」として広く知られているアポトーシス

[キーワード&略語]
アポトーシス，パイロトーシス，カスパーゼ，制御された細胞死，ライブイメージング

BRET：bioluminescence resonance energy transfer
FLICA：fluorescent labelled inhibitor of caspases
FRET：fluorescence resonance energy transfer
LDH：lactate dehydrogenase（乳酸脱水素酵素）
LPS：lipopolysaccharide（リポ多糖）
PI：propidium iodide
SCAT3：sensor for caspase-3 activation based on FRET
TUNEL：TdT-mediated dUTP nick-end labeling

Detection of apoptosis and pyroptosis by imaging analysis
Liu Ting/Masayuki Miura/Yoshifumi Yamaguchi：Department of Genetics, Graduate School of Pharmaceutical Sciences, The University of Tokyo（東京大学大学院薬学系研究科遺伝学教室）

Graphical Abstract

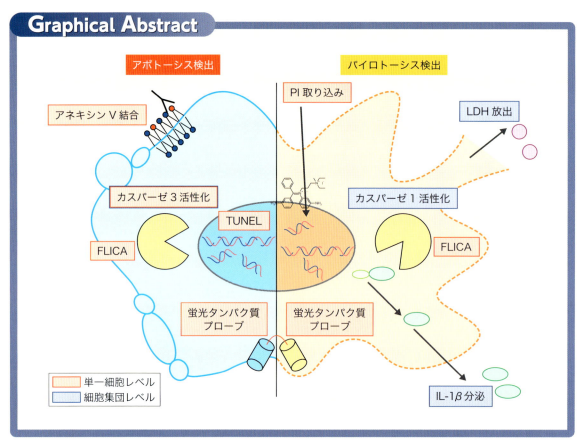

◆ アポトーシスおよびパイロトーシスの主な検出法

アポトーシスの検出については，活性化型カスパーゼ3を直接検出する方法（免疫組織化学やウエスタンブロッティング，FLICAを用いたフローサイトメトリー）に加え，カスパーゼ3活性化後に生じる細胞内変化を検出する方法（DNA切断末端を検出するTUNEL法や細胞表面に露出するホスファチジルセリンを検出するアネキシンV蛍光ラベル体を用いたフローサイトメトリー），さまざまな蛍光タンパク質プローブを用いた方法など多数開発されている．パイロトーシスの検出については，ウエスタンブロッティングによる活性化型カスパーゼ1の検出やELISAによるIL-1β分泌の検出，細胞外に放出されるLDH量の測定など多くの細胞を用いたバルクアッセイが中心であった．しかしながら，近年では，活性化型カスパーゼ1特異的に結合するFLICAを用いたフローサイトメトリー解析や蛍光タンパク質プローブを用いた単一細胞レベルでの解析が可能になりつつある．

は，器官発生や免疫，疾患といった幅広い文脈で重要な働きを果たしている[1]．多くのアポトーシス細胞では，システインプロテアーゼであるカスパーゼ3が，カスパーゼ8やカスパーゼ9といった開始カスパーゼによって切断・活性化され，多様な細胞内基質を切断することにより核の凝集やDNAの断片化，アポトーシス小胞の形成といった形態的な特徴を引き起こし，最終的に細胞は死に至る．アポトーシスの初期過程では，細胞膜透過性自体は保持されるため，細胞内容物の漏出は比較的伴わず，炎症反応などを惹起しにくい

とされる．アポトーシス細胞はまた，カスパーゼ依存的に"Eat-me"シグナルを細胞膜表面へ露出させ，貪食細胞により捕食されすみやかに組織から除去される．このような貪食細胞によるすみやかな除去のため，周辺細胞への炎症惹起効果は限定的とされる．

2）パイロトーシスの特徴・分子機構

パイロトーシスはマクロファージや樹状細胞，T細胞などの免疫担当細胞で観察される炎症性の細胞死で，核の凝集や細胞の膨張，細胞膜の破裂といったネクローシス様の形態的特徴をもつ[2,3]．このとき，炎症

性サイトカインであるインターロイキン-1β（IL-1β）やその他の細胞内容物が細胞外に分泌・放出されるため，周辺細胞に炎症性のシグナルが伝わると考えられている．これらの細胞が細菌・ウイルスなどの病原体による感染や組織傷害由来のDangerシグナルなどのストレスに曝されると，インフラマソームとよばれる細胞内タンパク質複合体を介し，炎症性カスパーゼが活性化される[4]．ヒトではカスパーゼ1に加え4，5，12が，マウスではカスパーゼ1，11，12が炎症性カスパーゼとして分類される．カスパーゼ1の活性化を誘導するインフラマソームは典型的インフラマソーム経路とよばれ，多様なDangerシグナルを感知するパターン認識受容体（NLRP3，NLRC4，AIM2など）およびアダプタータンパク質ASC，そしてカスパーゼ1によって構成される[5]．一方，カスパーゼ4，5，11は細胞内に曝露された細菌の細胞壁成分であるLPS（lipopolysaccharide）と直接結合することで活性化する非典型的インフラマソーム経路を構成するとされる[6,7]．

インフラマソームを構成するこれらのカスパーゼはすべてパイロトーシスを誘導するが，これらの炎症性カスパーゼの活性化がパイロトーシスを誘導する詳細な分子機構は長年不明であった．最近の報告により，炎症性カスパーゼの切断を受けたガスダーミンDのN末端ドメインが非典型的経路によるパイロトーシスの誘導に決定的な役割を果たすことが明らかになった[8,9]．一方，典型的経路におけるガスダーミンDの関与についてはまだ議論の余地が存在する．興味深いことに，炎症性細胞死の特徴でもある，炎症性サイトカインインターロイキン-1βやインターロイキン-18の前駆体の切断・成熟とその放出を制御するのは，炎症性カスパーゼのうちカスパーゼ1のみである．

2 細胞死の検出法

アポトーシスとパイロトーシスはともにカスパーゼの活性化を必要としているにもかかわらず最終的なアウトプットは全く異なるため，その検出法もさまざまなものが存在する（**Graphical Abstract**）．

1）アポトーシスの検出

アポトーシスの検出法は多数開発されている．組織学的解析に汎用されている簡便な手法は，活性化型カスパーゼ3に対する抗体染色である．活性化型カスパーゼ3に対する抗体は，その切断端配列を検出するものが主であり，組織切片での免疫染色やウエスタンブロッティングによる検出に用いることができる．同様に組織学的解析に汎用される手法として，TUNEL（TdT-mediated dUTP nick-end labeling）法である．その詳細は他書に譲るが，この手法はカスパーゼの活性化ではなくアポトーシス時に生じるDNA末端を検出する．免疫染色などと組合わせが容易なため，比較的後期のアポトーシス細胞の組織学的検出法として汎用されるが，近年，アポトーシス以外の非アポトーシス性細胞死もしばしばTUNEL陽性となることも報告されている点に注意が必要である．また，活性化カスパーゼに特異的に結合する蛍光プローブFLICA（fluorescent labelled inhibitor of caspases）は免疫化学組織やフローサイトメトリーに使用されている．アポトーシス細胞膜表面に露出するホスファチジルセリンを検出するアネキシンVの蛍光ラベル体を用いた手法も，フローサイトメトリーにしばしば用いられる．

一方，アポトーシス細胞を遺伝学的にコードした蛍光タンパク質プローブを用いて検出する手法も多く報告されている．死細胞はすみやかに消失するため，その周辺組織への影響や動態を一細胞レベルで観察するためにはこうした手法が必要となる．例えば，分泌型アネキシンV-YFPを発現させることで，発生期の死細胞を一細胞レベルで可視化できることがゼブラフィッシュにおいて示されている[10]．カスパーゼ3活性化を検出するプローブとしては，カスパーゼ3の基質配列であるDEVD配列の切断を指標とするものが多数報告されている．カスパーゼ3による切断により，局在が変化するもの[11]，プロテアソームによる分解シグナルが外れプローブが安定化するもの[12]，立体構造が変化し蛍光を発するようになるもの[13]などが知られる．

われわれの研究室では，DEVD配列によって2つの蛍光タンパク質ECFPとVenusを連結しFRETが生じるようにしたプローブSCAT3（sensor for caspase-3 activation based on FRET）を作製した[14]．SCAT3が活性化カスパーゼ3により切断されるとFRETの解消が生じるので，ECFP励起時に生じるECFPとFRETによるVenusの蛍光比（SCAT3 V/C比）を指標としてカスパーゼの活性化を生細胞で可視化することが可

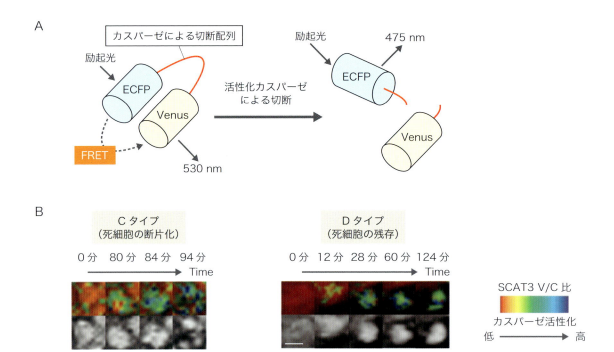

図1 蛍光タンパク質プローブSCAT3を用いた，カスパーゼ3活性化の可視化
A）SCATによるカスパーゼ活性化検出の原理．B）SCAT3を用いた，マウス神経管閉鎖期胚での細胞死検出．カスパーゼ3活性化をすみやかに生じ断片化する細胞（Cタイプ）と，Cタイプに比べ緩やかにカスパーゼ3活性化を生じさらにそのまま長時間残存する細胞（Dタイプ）とが，部位特異的に観察された．文献18をもとに作成．

能である（**図1**）．SCAT3は生体内でのカスパーゼ活性化およびアポトーシス動態を解明するうえで非常に有用であることが，ショウジョウバエ蛹胚[15) 16)]，ゼブラフィッシュ胚[17)]，マウス胚[18)]（後述）を用いた研究などにより示されている．

2）パイロトーシスの検出

パイロトーシスの検出には，制御因子である炎症性カスパーゼ（カスパーゼ1，4，11）の活性化や，細胞膜破裂に伴うLDH（lactate dehydrogenase）の放出やPI（propidium iodide）の取り込みなどが主な指標として用いられてきた．カスパーゼ1が活性化するとp20とp10のヘテロ四量体を形成するため，ウエスタンブロッティングによってその切断体を検出することがカスパーゼ1活性化検出法として最も頻繁に行われている．具体的な手法については以下の参考文献に詳しく記載されているのでぜひ参照されたい[19)]．カスパーゼ1活性化検出にはELISA法によるIL-1β分泌の検出も一般的に行われている．また，最近の研究でガスダーミンDの切断がパイロトーシスの誘導に必要十分であると報告された[8) 9)]ことから，これをウエスタンブロッティングで検出することがこれからのスタンダードになるかもしれない．一方，LDHは通常細胞質に存在する酵素で，細胞膜の透過性上昇や破裂によって細胞外に放出されるため，細胞外に存在するLDH量を測定することはネクローシス様細胞死の検出に広く利用されている．しかしながら，これら生化学的なバルクアッセイは多くの細胞や組織全体の状態を評価するのには適しているが，個々の細胞においてカスパーゼ1活性化やIL-1β分泌，パイロトーシスがどう制御されているかを知ることは困難である．では，単一細

胞レベルでパイロトーシスを検出することは可能だろうか．

免疫組織化学染色やフローサイトメトリーは，単一細胞の解像度をもって細胞内のタンパク質の存在や酵素の活性化を検出する手法として汎用される．細胞死を検出する核染色プローブであるPIは，これらの手法に適用可能だが，細胞膜透過性の上昇を伴うネクローシス様細胞死を広く検出してしまうため，パイロトーシス特異的ではない．また，特異的な制御因子であるカスパーゼ1の場合，活性化されるとすぐに分泌されるあるいは半減期が短いという特異な性質をもつ[20)21)]ため，これらの手法による解析も工夫が必要であると考えられた．近年，前述のFLICAを用いたフローサイトメトリーによる血球系細胞の解析が，HIVによるCD4 T細胞の細胞死がカスパーゼ1依存的なパイロトーシスであることを示す際に利用されており，その有効性が示唆されている[22)23)]．さらに，FRET（fluorescence resonance energy transfer）やBRET（bioluminescence resonance energy transfer）をもとに作製された蛍光タンパク質プローブも開発されており，ライブイメージング解析も可能になりつつある[24)25)]．われわれの研究室でも，カスパーゼ1活性化を単一細胞レベルでリアルタイムに観察できる蛍光タンパク質プローブSCAT1を開発しその有用性を確認した（**図2**）．SCAT1は前述のSCAT3のリンカー部位に含まれるカスパーゼ切断配列をカスパーゼ1の至適切断配列であるYVADに置換したものである．

3 FRETプローブによるライブイメージング事例

1）神経管閉鎖時に観察されるアポトーシスの可視化

哺乳類の脳神経発生過程では広範にアポトーシスが観察される．われわれは，SCAT3を全身性に発現するトランスジェニックマウスを用いて，脳神経発生の初期過程である神経管閉鎖におけるアポトーシス細胞動態のライブイメージングを行った[18)]．その結果，少なくとも2種類のアポトーシス動態が観察された（**図1**）．1つは，培養細胞系で観察されるような，細胞質の断片化を伴う典型的なアポトーシス細胞であり，Cタイプ（conventional type）細胞とよぶ．これらCタイプ細胞は断片化にはすみやかに消失したことから，周辺細胞に貪食されたのではないかと考えられる．もう1つは，上皮層から飛び出した後断片化を伴わずに丸くなり，そのまま周囲に留まったアポトーシス細胞である．滞留時間の長いものでは3時間以上留まっており，その様子が踊っているようだったので，これらをわたしたちはDタイプ（dancing type）と名づけた．これらDタイプ細胞はアポトーシスに特有な核の断片化は観察されるので，死細胞と見なされる．

こうした細胞死動態の違いがどのように生じるのかは現時点では解明できていないが，その生じる領域やカスパーゼ活性化動態が両者の間で異なっていた．Cタイプ細胞は主に閉鎖した正中線付近や表皮付近で観察されたのに対し，Dタイプ細胞は神経管が閉鎖する前の神経上皮の端側で非常に多く観察された．また，Cタイプ細胞では実行型カスパーゼの基質SCAT3の切断（〜15分）と細胞の断片化（〜30分）が短時間のうちに生じたのに対し，Dタイプ細胞ではSCAT3の切断も比較的遅く（〜25分），かつ細胞が丸くなり長時間（〜3時間以上）残存した．

このように実際の生体組織では，細胞の種類やその部位により，アポトーシス実行後の細胞形態変化やその後の処理のされ方が異なっていることが，ライブイメージング観察により明らかとなった．これらの細胞死動態の違いは，上皮組織から脱落する際の形態形成駆動力生成や[26)27)]，代償性細胞増殖誘導など[28)]，近年報告されたアポトーシスの異なる役割の産出に寄与する可能性も考えられ，興味深い．

2）単一マクロファージにおけるパイロトーシスとIL-1β分泌の可視化

マクロファージはさまざまな組織において病原体の除去や死細胞の貪食，T細胞への抗原提示など広く免疫応答に関与する単球由来の細胞である．また，マクロファージはさまざまなDangerシグナルに応答し，インフラマソーム-カスパーゼ1経路の活性化によりパイロトーシスおよびIL-1β分泌を引き起こすことが知られている．しかしながら，これらの現象が時空間的にどのような関係をもつのか，特に，カスパーゼ1活性化のアウトプットである細胞死とサイトカイン分泌がどう結びついているのかについては，前述のように適切な研究ツールが不足していたためあまり研究され

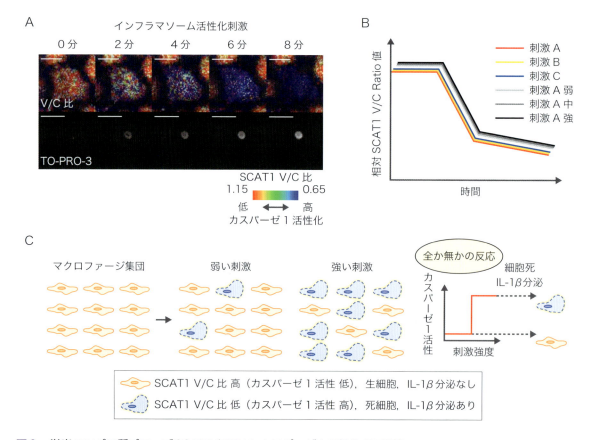

図2 蛍光タンパク質プローブSCAT1を用いたカスパーゼ1活性化の可視化
A) SCAT1発現マクロファージを用いたライブイメージング観察．SCAT1発現マクロファージに対しインフラマソーム活性化刺激を与えると，SCAT1 Venus/ECFP Ratio（SCAT1 V/C比）が非常に短い時間で低下（＝カスパーゼ1の活性化）する様子が観察される．このとき，細胞死を検出する核染色プローブであるTO-PRO-3の蛍光強度が上昇することから細胞死が起きていることがわかる．文献25より転載．**B)** カスパーゼ1活性化動態は刺激の種類・強度によらずほぼ一様である（模式図）．異なるインフラマソーム活性化刺激をSCAT1発現マクロファージに与えた際に，観察されたSCAT1 V/C比変化動態（カスパーゼ1活性化動態を反映）はほぼ一様であった．同様に，刺激の強度を変化させると，細胞死の割合あるいはIL-1β分泌量は濃度依存性を示したにもかかわらず，SCAT1 V/C比変化は刺激強度によらずほぼ一定の動態を示した．**C)** カスパーゼ1の活性化は単一細胞レベルではデジタルに引き起こされる（モデル図）．単一マクロファージにおいては，カスパーゼ1活性化のための刺激強度の閾値が存在し，この閾値を超える刺激を受けとったマクロファージはIL-1βを分泌するとほぼ同時に細胞死に至る．細胞集団として弱い刺激を受けた場合，カスパーゼ1の活性化を引き起こす細胞の割合は低く，強い刺激を受けた場合，その割合は高くなると考えられる．

てこなかった．

そこでわれわれはカスパーゼ1活性化を可視化する蛍光タンパク質プローブSCAT1を用いたライブイメージング観察によりこの問題に取り組んだ．SCAT1を全身性に発現させたトランスジェニックマウスから腹腔マクロファージを回収し，さまざまなインフラマソーム活性化刺激を与えたときのカスパーゼ1活性化を単一細胞の解像度でライブイメージング観察を行った．その結果，カスパーゼ1活性化は細胞死を起こす細胞でのみ誘導され，細胞死が起きない細胞ではカスパーゼ1活性化が起きないという明確な違いが観察された（**図2**）．また，SCAT1 V/C比変化を指標とするカスパーゼ1活性化動態は，刺激の種類・強度によらずほぼ一様であった．これらは，インフラマソーム刺激によるカスパーゼ1の活性化とそれに引き続く細胞死は刺激の強さに応じた連続的（アナログ）な活性化でなく，全か無かのデジタルな様式で起こることを示している（**図2**）．

さらに，単一細胞からのサイトカイン分泌を可視化する検出系を用いた解析を行う[29]と，炎症性サイトカインIL-1βの急激な放出（IL-1βバースト）がカスパーゼ1活性化に引き続き非常に短い時間内に生じ，かつカスパーゼ1を活性化した細胞のみから生じることが明らかとなった．このようなインフラマソーム-カスパーゼ1経路のデジタル制御は病原体感染などの急性炎症のみならず，自己炎症性疾患やがん，糖尿病といった慢性炎症が関与する疾患の病態にも寄与している可能性がある．このプローブを用いてさまざまな急性および慢性炎症モデルマウスでカスパーゼ1活性化を可視化することで，生体内で炎症応答が単一細胞レベルでどのように制御されるかを解明することも可能であり，新たな病態発症機構の解明や治療法開発への発展が期待される．

おわりに

以上見てきたように，アポトーシスとパイロトーシスというカスパーゼが関与する2種類の細胞死においても，死細胞動態はその細胞系譜や置かれた状況によって変化しうることが明らかとなった．今後，新しく見出されてきた多種多様な細胞死の制御機構が解明されるにつれて，その細胞死特異的な新規検出法の開発も可能となるだろう．それにより，これまで予見され得なかった新しい死細胞動態や細胞死の役割が明らかになり，多細胞生物体における細胞死の意味の理解がいっそう深まることを期待したい．

文献

1) Fuchs Y & Steller H：Cell, 147：742-758, 2011
2) Bergsbaken T, et al：Nat Rev Microbiol, 7：99-109, 2009
3) Lamkanfi M：Nat Rev Immunol, 11：213-220, 2011
4) Schroder K & Tschopp J：Cell, 140：821-832, 2010
5) Lamkanfi M & Dixit VM：Cell, 157：1013-1022, 2014
6) Kayagaki N, et al：Nature, 479：117-121, 2011
7) Shi J, et al：Nature, 514：187-192, 2014
8) Kayagaki N, et al：Nature, 526：666-671, 2015
9) Shi J, et al：Nature, 526：660-665, 2015
10) van Ham TJ, et al：FASEB J, 24：4336-4342, 2010
11) Bardet PL, et al：Proc Natl Acad Sci USA, 105：13901-13905, 2008
12) Zhang J, et al：Nat Commun, 4：2157, 2013
13) Nicholls SB, et al：J Biol Chem, 286：24977-24986, 2011
14) Takemoto K, et al：J Cell Biol, 160：235-243, 2003
15) Takemoto K, et al：Proc Natl Acad Sci USA, 104：13367-13372, 2007
16) Nakajima Y, et al：Mol Cell Biol, 31：2499-2512, 2011
17) Campbell DS & Okamoto H：J Cell Biol, 203：657-672, 2013
18) Yamaguchi Y, et al：J Cell Biol, 195：1047-1060, 2011
19) Jakobs C, et al：Methods Mol Biol, 1040：103-115, 2013
20) Keller M, et al：Cell, 132：818-831, 2008
21) Walsh JG, et al：J Biol Chem, 286：32513-32524, 2011
22) Doitsh G, et al：Nature, 505：509-514, 2014
23) Monroe KM, et al：Science, 343：428-432, 2014
24) Compan V, et al：J Immunol, 189：2131-2137, 2012
25) Liu T, et al：Cell Rep, 8：974-982, 2014
26) Toyama Y, et al：Science, 321：1683-1686, 2008
27) Monier B, et al：Nature, 518：245-248, 2015
28) Mollereau B, et al：Cell Death Differ, 20：181, 2013
29) Shirasaki Y, et al：Sci Rep, 4：4736, 2014

<筆頭著者プロフィール>

劉霆：東京大学大学院薬学系研究科博士課程在学中．学部時代から生命現象を正に「見る」ことができるライブイメージング技術に魅了され，当遺伝学教室の門を叩き，カスパーゼ1活性化の可視化に関する研究を始める．現在は，「自分にしかできない研究」を常に意識しながら，カスパーゼ1活性化がそのアウトプットを制御する分子機構解明をめざして日々奮闘している．

索 引

数字

- I 型インターフェロン β ······ 102
- 2 光子顕微鏡 ················· 87
- 2 光子レーザー ··············· 90

和文

あ

- アジュバント ················· 95
- アネキシン V ················ 196
- アフリカツメガエル ··········· 21
- アポトーシス ········ 19, 82, 121, 155, 170, 195
- アポトーシス細胞 ············· 98
- 異所性脂肪蓄積 ··············· 138
- イモリ ······················ 21
- インターフェロン-γ ·········· 130
- インターロイキン-1β ········· 197
- インフラマソーム ··· 31, 121, 164
- 炎症 ·················· 29, 108, 149
- 炎症性カスパーゼ ············· 197
- 炎症性疾患 ··················· 119
- エンドトキシン ··············· 164
- エンドトキシンショック ······················ 34, 168

か

- オートファジー ······ 55, **131**, 170
- オートファジー細胞死 ······ 55, 58
- 海馬歯状回 ·················· **88**
- ガスダーミン D ·············· 168
- カスパーゼ ········ 20, 29, **32**, 78
- カスパーゼ 1 ····· 131, **165**, 197
- カスパーゼ 4/5 ··············· 167
- カスパーゼ 8 ··········· 26, 27, 63
- カスパーゼ 11 ·········· 134, 164
- 家族性寒冷蕁麻疹 ············· 148
- 活性酸素種 ··················· 126
- 肝がん ······················ 170
- 肝細胞 ······················ 172
- 肝細胞死 ····················· 139
- 肝線維化 ····················· 158
- 肝臓 CLS ····················· 139
- 肝類洞内皮細胞 ··············· 159
- 寒冷刺激 ··············· 148, 149
- がん化 ······················ 181
- がん原性細胞 ················· 19
- 寄生胞 ······················ 129

- 嗅覚入力 ····················· 90
- 嗅球 ························ **88**
- 虚血壊死 ····················· 105
- クラミジア含有小胞 ··········· 134
- グルコシルセラミド ··········· 95
- グルタミノリシス ············· **41**
- クロスプレゼンテーション ··· 83
- 好中球 ······················ 126
- 好中球細胞外トラップ ········ 124

さ

- 再生 ························· 18
- 細胞競合 ····················· 18
- 細胞内寄生菌 ················· 34
- 細胞老化 ····················· 184
- サルモネラ含有小胞 ··········· 134
- 酸化ストレス ············ 50, 183
- シアロアドヘジン ············· 83
- 脂質酸化依存的細胞死 ········· 42
- シスチントランスポーター ··· 38
- 自然免疫 ··············· 110, 124
- 脂肪組織炎症 ················· 137
- 脂肪組織線維化 ··············· 137

※**太字**は本文中に『用語解説』があります

索引

脂肪組織リモデリング……… 137
樹状細胞………………… 99
腫瘍随伴マクロファージ…… 81
ショウジョウバエ………… 21
心虚血再灌流傷害………… 52
神経軸索再生…………… 177
神経変性疾患…………… 92
真社会性………………… 181
新生ニューロンの再生……… 89
スクランブラーゼ………… 68, 75
スティーブンス・ジョンソン症候群
　………………………… 142
制御性T細胞…………… 100
生体イメージング技術……… 87
成体脳のニューロン新生…… 87
成虫原基………………… 19
接触阻害………………… 185
ゼブラフィッシュ………… 21
線虫…………………… 176
阻害剤………………… 50
組織リモデリング………… 136

た・な

代償性増殖……………… 18
遅発性神経細胞死………… 105
腸炎モデル……………… 101
直鎖型ユビキチン鎖…… **151**, 154

デキストラン硫酸（DSS）
　誘導大腸炎モデル………… 84
テロメア………………… 182
動物モデル……………… 188
トキソプラズマ………… 129
ニューロンの細胞死………… 89
ネクローシス……30, 53, 116, 196
ネクロプトーシス…… 24, 25, 63,
　　　　　　　　116, 144, 155
脳虚血………………… 105
脳梗塞………………… 105
脳室下帯……………… 87, **88**
脳傷害………………… 92

は

パーキンソン病…………… 187
敗血症……………… 103, 169
パイロトーシス…… 29, 164, 195
パターン認識受容体……… 124
ハダカデバネズミ………… 181
非アルコール性脂肪肝炎
　………………… 135, **173**
脾臓辺縁帯……………… 82
ヒドラ………………… 21
皮膚炎症……………… 155
肥満…………………… 136
肥満細胞……………… 99
肥満細胞欠損マウス……… 103

非モデル生物…………… 182
フェロトーシス………… 37, 39
フェントン反応…………… 38
プラナリア……………… 21
フリッパーゼ…………… 74
ペナンブラ……………… 106
ヘモサイト……………… 20
放射線障害………… 110, 111
ホスファチジルセリン…… 34, 68,
　　　　　　　　　74, 98

ま～ら

マイトファジー………… **189**
マクロファージ………… 137
慢性炎症……………… 135
メダカ………………… 188
メタボリックシンドローム… 135
ユビキチン鎖…………… 153
ライブイメージング……… 199
リポ多糖…………… **120**, 164
リン脂質ヒドロペルオキシド
　………………………… 39
リン脂質ヒドロペルオキシドグルタ
　チオンペルオキシダーゼ … 37
リンパ節辺縁洞…………… 82
レドックス……………… 33
老化…………………… 181

索引

欧文

A・B

alarmin	**119**
alternative autophagy	57
ARF	185
Atg5	132
Atg5依存的オートファジー	57
Atg7	132
Atg9a	132
Atg14	132
Atg16L1	132
ATP	34
ATP11C	76
ATP13A2	190
α-Syn	187
αシヌクレイン	**187**
Bcl-2	171
Beclin1	57

C・D

C. elegans	176
CCL8	**85**
CCV	134
CD64	84
CD169マクロファージ	81
CD300a	99
CDC50A	76
CLS	**136**
Cpdmマウス	**151**
CypD	65
C型肝炎	**172**
DAI	65
DAMPs	31, 93, 108, 113, **160**, 166
Danger theory	93
DLK-p38型MAPK経路	176
DSS誘導大腸炎	**84**

E～G

E3ユビキチンリガーゼ	153
EAE	**82**
eat meシグナル	74
FCAS	148
ferroptosis	37
Find-me signal	34
FRETプローブ	199
Gasdermin D	33
GBA	190
GBP	132
GKS-IRG	**132**
GMS-IRG	**132**
GPx4	37, 42

H～J

HIV	34
HL-60	53
HOIL-1L	154
HOIP	154
HTVi法	**162**
IFN-γ	130
IFN-γ誘導性GTP分解酵素	132
IL-1β	32, 166
IL-18	32
IL-33	**162**
ILC2	**162**
IM-54	53
INK4a	185
IRG	131
JAK/STATシグナリング	22
JNK	20, 60
JNK型MAPK経路	177

L～M

lactate dehydrogenase	198
LC3	**131**
LDH	198
LPS	164
LUBAC	151
MAPキナーゼ	22

MFG-E8	99, **100**
Mincle	94, 137
MLKL	25, 27, 64
NASH	135
NEMO	154
NETosis	125
NETs	125
NF-κB	119, 153
NF-κB経路	**120**
NLRC4	146, 148
NLRP3	166

P

P_2X_7	33
P4型ATPaseファミリー	75
p47免疫関連GTPase	131
p53	111, 112, 113
p62	134
p65グアニル酸結合タンパク質	132
PAMPs	165
pannexin-1	33
Parkin	189
PD	187
PHGPx	37
PINK1	189
PKR	65
PRR	107
PRXs	109
PS	98

R

RIPK1	24, 63
RIPK3	25, 63, 116
ROS	21

S

SCV	134
Sema3E	160
Sharpin	**151**
SJS	142
SQSTM1	134

T

TEN	142
TLR	111, 113
TLR4	102, 168
TMEM16F	69
TNF	118, 151
TNFα	26
Toll-like receptor 4	33, 102
toxic epidermal necrolysis	142
TRIF	64
TUNEL	197

W・X

Wgシグナリング	22
Wnt/β-カテニンシグナリング	21
Xkr8	71

◆ 編者プロフィール

田中正人（たなか　まさと）

1988年東京医科歯科大学医学部卒業．'95年同大学院医学系研究科博士課程修了．大阪大学医学部助手，同助教授，理化学研究所チームリーダーを経て，2011年より現職．死細胞貪食に伴う免疫制御機構とその意義，およびマクロファージサブセットの役割について研究を進めている．'14年より新学術領域「細胞死を起点とする生体制御ネットワークの解明」の領域代表を務める．

中野裕康（なかの　ひろやす）

1984年千葉大学医学部卒業．呼吸器内科医としての臨床研修を経て，千葉大学大学院医学研究科博士課程修了．'95年順天堂大学医学部免疫学助手．2000～'03年戦略的創造研究推進事業「さきがけ」PRESTO研究員（兼任）．'14年より東邦大学医学部生化学講座教授．死細胞から放出される因子（ダイイングコード）がどのようにして生体の恒常性維持に関与するのか，また細胞死の制御異常がどのようなメカニズムでさまざまな疾患の発病に関与するかを明らかにしたいと思っている．趣味；読書，映画，MLB観戦．

実験医学　Vol.34　No.7（増刊）

細胞死　新しい実行メカニズムの謎に迫り疾患を理解する

ネクロプトーシス、パイロトーシス、フェロトーシスとは？死を契機に引き起こされる免疫、炎症、再生の分子機構とは？

編集／田中正人，中野裕康

実験医学 増刊

Vol. 34　No. 7　2016〔通巻575号〕
2016年5月1日発行　第34巻　第7号
ISBN978-4-7581-0354-1
定価　本体5,400円＋税（送料実費別途）

年間購読料
　24,000円（通常号12冊，送料弊社負担）
　67,200円（通常号12冊，増刊8冊，送料弊社負担）
郵便振替　00130-3-38674

© YODOSHA CO., LTD. 2016
Printed in Japan

発行人　一戸裕子
発行所　株式会社　羊　土　社
　　〒101-0052
　　東京都千代田区神田小川町2-5-1
　　TEL　　03（5282）1211
　　FAX　　03（5282）1212
　　E-mail　eigyo@yodosha.co.jp
　　URL　　http://www.yodosha.co.jp/
印刷所　株式会社　平河工業社
広告取扱　株式会社　エー・イー企画
　　TEL　　03（3230）2744㈹
　　URL　　http://www.aeplan.co.jp/

本誌に掲載する著作物の複製権・上映権・譲渡権・公衆送信権（送信可能化権を含む）は（株）羊土社が保有します．
本誌を無断で複製する行為（コピー，スキャン，デジタルデータ化など）は，著作権法上での限られた例外（「私的使用のための複製」など）を除き禁じられています．研究活動，診療を含み業務上使用する目的で上記の行為を行うことは大学，病院，企業などにおける内部的な利用であっても，私的使用には該当せず，違法です．また私的使用のためであっても，代行業者等の第三者に依頼して上記の行為を行うことは違法となります．

JCOPY ＜（社）出版者著作権管理機構　委託出版物＞
本誌の無断複写は著作権法上での例外を除き禁じられています．複写される場合は，そのつど事前に，（社）出版者著作権管理機構（TEL 03-3513-6969，FAX 03-3513-6979，e-mail : info@jcopy.or.jp）の許諾を得てください．

Book Information

実験医学別冊
現象を見抜き検出できる！
細胞死実験プロトコール

好評販売中

アポトーシスとその他細胞死の顕微鏡による検出から，DNA断片化や関連タンパク質の検出，FACSによる解析まで網羅

刀祢重信，小路武彦／編

この細胞死は
アポトーシスか？
それとも…？
自分で解析できる！

- ◆定価（本体 6,400 円＋税）
- ◆B5 判 224 頁
- ◆ISBN978-4-7581-0181-3

発行 羊土社

アポトーシス研究のヒントになる1冊

アポトーシス研究者必見！
基礎の解説から，有用な化合物や抗体までをまとめた1冊。生化学で定評のあるシグマ アルドリッチならではの充実したラインナップをご紹介しております。

掲載情報
- ・研究者インタビュー
- ・プログラム細胞死の解説
- ・パスウェイマップ 他

掲載製品群
- ・誘導剤，阻害剤，調節因子
- ・検出キット
- ・抗体

資料請求はこちら　http://goo.gl/2XsHDJ
「製品カタログ」の「ライフサイエンス」より，『アポトーシス特集』をご選択ください

SIGMA-ALDRICH
シグマ アルドリッチ ジャパン
http://www.sigma-aldrich.com/japan

Book Information

実験医学別冊
NGSアプリケーション
RNA-Seq 実験ハンドブック

新刊

発現解析からncRNA、シングルセルまであらゆる局面を網羅！

鈴木 穣／編

次世代シークエンスの最注目手法，待望の実験書が登場！

- ◆定価（本体 7,900 円＋税）
- ◆A4 変型判 282 頁
- ◆ISBN978-4-7581-0194-3

あなたの細胞培養、大丈夫ですか？！

好評販売中

ラボの事例から学ぶ結果を出せる「培養力」

中村幸夫／監
西條 薫，小原有弘／編

誰もが行う細胞培養．
誰も知らない罠だらけ？！

- ◆定価（本体 3,500 円＋税）
- ◆A5 判 246 頁
- ◆ISBN978-4-7581-2061-6

発行 羊土社

バイオサイエンスと医学の最先端総合誌

実験医学

2016年より WEB版購読プラン開始！

医学・生命科学の最前線がここにある！
研究に役立つ確かな情報をお届けします

定期購読のご案内

【月刊】毎月1日発行　B5判
定価（本体2,000円＋税）

【増刊】年8冊発行　B5判
定価（本体5,400円＋税）

定期購読の4つのメリット

1　注目の研究分野を幅広く網羅！
年間を通じて多彩なトピックを厳選してご紹介します

2　お買い忘れの心配がありません！
最新刊を発行次第いち早くお手元にお届けします

3　送料がかかりません！
国内送料は弊社が負担いたします

4　WEB版でいつでもお手元に
WEB版の購読プランでは、ブラウザからいつでも実験医学をご覧頂けます！

年間定期購読料　送料サービス
海外からのご購読は送料実費となります

通常号（月刊）
定価（本体24,000円＋税）

通常号（月刊）＋増刊
定価（本体67,200円＋税）

WEB版購読プラン　詳しくは実験医学onlineへ

通常号（月刊）＋WEB版※
定価（本体28,800円＋税）

通常号（月刊）＋増刊＋WEB版※
定価（本体72,000円＋税）

※WEB版は通常号のみのサービスとなります

お申し込みは最寄りの書店、または小社営業部まで！

発行　羊土社

TEL 03（5282）1211
FAX 03（5282）1212
MAIL eigyo@yodosha.co.jp
WEB www.yodosha.co.jp　▶▶ 右上の「雑誌定期購読」ボタンをクリック！